U0233829

国家社科基金丛书
GUOJIA SHEKE JIJIN CONGSHU

西部地区生态问责研究

The Study on Ecological Accountability in the Western Region of China

卢智增　著

人民出版社

目　　录

导　　论

一、选题缘起及研究意义

（一）选题缘起

我国改革开放并建立社会主义市场经济后，国民经济保持着飞速发展，取得了举世瞩目的成绩。然而，伴随我国社会经济快速发展，生态环境问题也日益严峻。在这些成绩取得的同时，我国一些地方的生态环境也付出了沉重的代价，少数地方经济快速发展甚至是以牺牲生态环境为代价换来的。经济的增长势必向自然环境索取大量的资源，形成了经济发展、生态资源、生态环境三者之间不可调和的尖锐矛盾。同时，随着人口的快速增长、资源消耗过多，使得生态环境问题变得越来越严重。自然环境灾害和事故不断增多，生态环境保护压力变得越来越沉重，大气污染、全球气候变暖、酸雨侵蚀、海洋污染、水污染和水资源短缺、废弃排放物增多、土壤污染、水土流失等生态环境问题，影响着人们的生存质量，危害着人们的身体健康，阻碍着社会经济的可持续发展。

自国家西部大开发和东部产业向中西部转移以来，西部地区的经济建设同样取得了巨大的进展。但也对生态环境造成了一定程度的破坏，使西部地区面临着不容忽视的生态环境恶化问题,如土壤板结程度加剧、毒害物质污染、水土流失恶化、土地荒漠化速度加快、草原和森林覆盖率降低、生物多样性减少等。《中国西部经济发展报告》指出,西部生态整体偏弱,虽然局部范围有所改观,与过去相比得到一定程度的缓解;但整体的生态环境脆弱、治理能力较差,可持续发展能力低下,"从结构性破坏到功能性紊乱演变的恶性循环发展趋势"并没有得到根本性改变。这些环境问题直接影响到西部地区社会经济和自然生态的可持续发展。

面对严峻的生态环境问题,人类必须承担起保护和治理生态环境的责任。就其生态责任主体而言,应该包括政府、企业和公民个人,然而,过去相当长一段时期内,大多数学者对生态责任主体的探讨仅局限于企业和公民,对政府生态问责方面的研究甚少。在环境保护与经济发展矛盾加剧和少数地方政府生态责任缺失的双重现实下,社会公众对政府履行生态责任的要求日益迫切。作为依法拥有公共权力、代表公共利益的政府无疑成为生态环境保护的责任主体。政府本身具有强大的资源优势和社会动员能力,在生态环境保护,尤其是责任担当方面扮演着主导性的角色。近些年来,西部地区少数地方政府及其环保部门不作为,忽视生态环境保护,致使生态环境问题不断增多。由此可见,西部地区有的政府履行生态环境保护责任的缺失在一定程度上阻碍了西部地区环境保护工作的顺利进行。

历史上,人类发展经历了从农业文明到工业文明的历程,如今,已经进入了更高的文明——生态文明,这是当今世界又一次划时代的伟大变革。为了加强生态环境治理,党的十七大首次提出"生态文明",把生态文明作为全面建设小康社会的新要求之一,并且提出要壮大循环经济规模,有效控制主要污染物排放,有效提高生态环境质量,在节约能源资源和保护生态环境的基础上优化产业结构、增长方式和消费模式。党的十八大则首次提出建设"美丽中国",首次把生态文明建设与经济建设、政治建设、文化建设、社会建设并列为建设中国特色社会主义"五位一体"总体布局之一,要求"把生态文明建设放在突出地位"，将"中国共产党领导人民建设社会主义生态文明"写入党章，作为行动纲领，从而掀起了生态文明研究的高潮，这无疑凸显了政府生态责任的价值。2013 年 5 月 24 日，习近平总书记在十八届中央政治局第六次集体学习时强调，保护生态环境必须依靠制度、依靠法治。只有实行最严格的制度、最严密的法治，才能为生态文明建设提供可靠保障。……对那些不顾生态环境盲目决策、造成严重后果的人，必须追究其责任，而且应该终身追究。①2015 年 5 月，中共中央、国务院印发了《关于加快推进生态文明建设的意见》。同年 9 月，中共中央、国务院印发了《生态文明体制改革总体方案》。同年 10 月，生态文明首次写入国家经济社会发展五年规划纲要。同年 12 月，中共中央办公厅、国务院办公厅印发了《生态环境损害赔偿制度改革试点方案》。2016 年 5 月，国务院办公厅印发了《关于健全生态保护补偿机制的意见》。同年 7 月，《中国共产党问责条例》出台，将问责作为从严治党的利器。同年 8 月，中共中央办公厅、国务院办公厅印发了《关于设立统一规范的国家生态文明试验区的意见》《国家生态文明试验区（福建）实施方案》。同年 12 月，中共中央办公厅、国务院办公厅印发了《生态文明建设目标评价考核办法》。2017 年 2 月，中共中央办公厅、国务院办公厅印发了《关于划定并严守生态保护红线的若干意见》。党的十九大报告进一步指出，开展生态文明建设必须加快生态文明体制改革，着力解决突出环境问题，改革生态环境监管体制，建设美丽中国。在 2018 年召开的全国两会上，十三届全国人大一次会议第三次全体会议通过宪法修正案，明确将"生态文明"写入宪法。2018 年 3 月，国务院组建生态环境部，进一步规范明确生态环境保护职能。

近年来，"生态责任""重大决策终身追究""责任倒查机制""环境决策""环境绩效考核"等字眼不断出现在人民群众的视野中，这表明了对地方政府

---

① 中共中央文献研究室编：《习近平关于全面深化改革论述摘编》，中央文献出版社 2014 年版，第 104、105 页。

的"生态责任追究"走向了一个新的时代。但是由于社会、历史、国情、经济、文化等因素的影响,地方政府生态责任追究机制在实施的过程中面临着一些困境,如生态责任追究弱化、生态追究范围狭窄、异体追究缺失、追究程序不规范、追究行为失范等。只有要求地方政府积极履行生态责任和生态建设的义务,将政府生态责任加以具体化、明确化,并配有相应的保障机制和约束机制,才能使政府生态责任行为真正落到实处,才能为政府生态环境保护工作提供支持与保障。因此,强化政府生态问责体系建设,提高政府生态责任追究问题研究正是解决环境问题的关键所在,建立和完善地方政府生态责任追究机制,迫在眉睫。① 但是目前国内对政府生态问责制的研究比较少,针对西部地区政府生态问责制的研究更是少之又少。

2003 年非典疫情掀起的"问责风暴"开启了我国行政问责的实践,并成为全社会共同关注的一个热点问题,之后,长沙、天津、重庆、昆明、海口、深圳、太原等陆续出台了一系列有关行政问责的地方性法规,行政问责的方式逐渐趋于多样化。2005 年 3 月 5 日,温家宝同志强调要"强化行政问责制,对行政过错要依法追究"。2008 年,温家宝同志再次强调,要推行行政首长问责制,把握问责重点,严肃依法落实责任追究。2009 年,我国制定了第一部全国范围内关于行政首长问责的规范性法律文件——《关于实行党政领导干部问责的暂行规定》。

生态问责制既是我国生态环境建设的一种保障机制,又是我国政府行政权力重要的监督制度。尽管中央政府在顶层设计上越来越重视政府环境责任,但在实际操作过程中,还存在着问责制度滞后、相关配套制度建设不够完善、可操作性不够强等问题。我国实施的行政问责制主要是同体问责和"上问下责",异体问责和"下问上责"还不够完善,人大、司法机关、民众等异体问责主体的问责作用尚未充分发挥。虽然同体问责有很强的必要性和可行性,

---

① 卢智增、庞志华:《地方政府生态责任追究机制研究》,《四川行政学院学报》2015 年第 5 期。

但这种只依靠单一的行政系统内部的同体问责也存在一定的弊端,可能使行政官员的责任难以得到有效追究,不利于建设责任政府、法治政府、服务政府。异体问责也是社会主义民主发展的要求,具有很强的效力和公信力,能体现民主性、公正性、彻底性。因此,在生态文明建设中,构建多元化的地方政府生态责任追究机制,是实现责任政府的必由之路,是民主政治发展的必然趋势,是实现生态文明的重要保障。

为此,党的十七大报告指出,要健全人大质询、罢免制度。党的十八大报告首次提出,要完善质询、问责、经济责任审计、引咎辞职、罢免等制度,要将党内监督、民主监督、舆论监督、法律监督等各种监督形式结合起来,并建立决策问责和纠错制度,强化领导责任、减少决策失误、及时纠正错误决策和挽回损失。2014年4月,第十二届全国人民代表大会常务委员会第八次会议修订并通过了史上最严格的《中华人民共和国环境保护法》,确立了多主体、全方位的生态问责体系。党的十八届四中全会进一步指出,要综合党内监督、人大监督、民主监督、行政监督、司法监督、审计监督、社会监督、舆论监督等多种监督形式,建立纠错问责机制,健全问责方式和程序,形成监督合力,提高监督效果。这些为政府生态问责的发展开辟了良好的环境。2015年7月,中央全面深化改革领导小组第十四次会议审议通过了《环境保护督察方案(试行)》《党政领导干部生态环境损害责任追究办法(试行)》《关于开展领导干部自然资源资产离任审计的试点方案》等一系列有关生态问责政策性文件。2016年12月,《中共中央　国务院关于推进安全生产领域改革发展的意见》指出,"坚持党政同责、一岗双责、齐抓共管、失职追责"。2017年6月,中共中央办公厅、国务院办公厅印发《领导干部自然资源资产离任审计规定(试行)》,对领导干部自然资源资产离任审计工作提出了具体要求。

基于此,从西部地区生态文明建设的实际出发,研究政府生态责任追究机制创新,具有一定的理论研究价值和实际应用意义。

（二）研究意义

1. 理论意义

首先,本研究有利于创新生态问责制基本理论的研究。我国生态问责实践时间晚,有些方面还不够完善,如生态问责尚未形成系统的分析方法和制度设计,生态问责主体的作用没有得到有效发挥。因此,对生态问责进行专门研究,可以丰富该领域的研究成果,对探索西部地区政府生态责任追究机制,具有一定理论指导意义,有助于为生态文明建设中的政府责任问题研究提供一种新的视角,有助于为生态文明建设、责任政府建设提供新的研究视阈。

其次,本研究有利于借鉴域外经验,丰富生态责任政府的内涵。国外一些国家已经形成比较成熟的生态问责机制,通过对国外生态问责制度深入系统的研究,有利于寻找努力的方向,可以为建立西部地区政府生态责任追究机制提供经验借鉴,使政府生态责任追究成为一种"良制",从而加快对生态问责制实践经验的总结和升华。

最后,本研究有利于丰富生态文明建设理论。理论上来说,提出政府的生态责任,是从积极响应公众保护生态环境、建设美好家园、促进社会可持续发展、实现人与社会和谐相处的社会实际现状出发,将生态环境保护提高到了一个前所未有的高度。政府生态责任的提出,是新时代赋予责任政府的新内涵,它是在政府以往的政治责任、法律责任、道德责任、行政责任基础上的逻辑延伸与扩展。而地方政府生态责任追究机制的提出,则是为了厘清各级政府在生态环境保护中的权利与义务,将其以法律的形式确定下来,便于各级政府更加清楚自己的生态责任,能够更好地履行生态环境保护职责并担当起生态责任。对该课题的研究,是落实中国特色社会主义事业"五位一体"总体布局,建设美丽中国和实现中国梦的初步践行。建设美丽中国和实现中国梦,务必要遵循生态文明发展的客观规律,把生态环境保护作为政府的主要工作。政府生态责任追究机制的确立,能够保证政府在生态环境保护中的主导性地位,更加地规范政府履行生态责任职责,因此,建立健全政府生态责任追究机制,有利于政府正确地处理人与自然资源的关系,促进社会经济的可持续发展。

2. 实践意义

首先,有利于推进美丽中国的建设和发展。加快推进生态文明建设是加快转变经济发展方式、提高发展质量和效益的内在要求,是坚持以人民为中心、促进社会和谐稳定的必然选择,是全面建设社会主义现代化国家、实现中华民族伟大复兴中国梦的时代抉择,是积极应对气候变化、维护全球生态安全的重大举措。加快生态问责研究,对于地方政府官员切实增强责任感和使命感,牢固树立尊重自然、顺应自然、保护自然的理念,坚持绿水青山就是金山银山,对于实现社会公平与正义、维护人民群众的合法权益、扩大社会主义民主、促进社会和谐稳定、建设美丽中国都具有非常积极的意义。因此,本研究通过对西部地区政府生态职能履行现状的考察和研究,发现地方政府生态责任履行过程中存在的问题和不足,进而分析产生这一问题的原因,并借鉴国内外关于生态责任履行过程中的先进技术和成功经验,为西部地区政府实现生态文明建设责任提供可行的路径选择,进一步完善生态文明建设责任的运行机制,真正落实西部地区政府履行生态文明建设和监管的生态文明责任,深入持久地推进生态文明建设,加快形成人与自然和谐发展的现代化建设新格局,从而实现西部地区生态文明的可持续发展,开创社会主义生态文明新时代。

其次,有利于促进政府生态责任的履行。在"五位一体"总体布局下,如何实现生态和谐,明确生态责任体系,解决西部地区政府生态责任追究机制存在的问题与不足,将会是地方政府解决"市场失灵"的法宝。在新的发展时期,我国将会不可避免地遇到生态环境问题带来的巨大挑战,政府生态责任担当同样面临着巨大的压力。为解决当前我国存在的生态环境问题、缓解生态环境问题带来的压力、遏制生态环境问题的进一步恶化、促进社会经济持续健康发展,为建设美丽中国提供良好的环境条件,生态责任追究机制的确立和完善将会起到关键性的作用。因此,实施生态问责,是建设民主政治和责任政府的内在要求,是当今生态文明建设的客观需要,可以促使政府由"权力政府"转变为廉洁、高效的"责任政府",提高地方政府的生态服务水平;有助于转变政府生态管理职能,强化政府在经济发展中的生态责任,推进资源节约型和环境友好型社会建设,构建新的经济发展方式;有助于缓解当地生态环境持续恶化的压力,从根本上整治当地的生态环境问题,进一步防止生态环境问题加剧恶化,促进西部地区的整体发展,推进我国生态文明建设的进程。

最后,有利于推动生态文明进程,实现"美丽中国梦"。通过构建政府生态责任追究机制,推进生态伦理,进一步提高环境部门及相关企业对国家利益、集体利益和人民群众利益高度负责的自觉性,形成责任重于泰山的价值取向,推动社会主义生态文明发展,重塑政府的权威和形象,大大提高我国政府的行政效能,提升政府执行力和公信力。构建政府生态责任追究机制,有利于地方政府坚持节约资源和保护环境的基本国策,把生态文明建设放在突出的战略位置,融入经济建设、政治建设、文化建设、社会建设各方面和全过程,协同推进新型工业化、信息化、城镇化、农业现代化和绿色化,以健全生态文明制度体系为重点,优化国土空间开发格局,全面促进资源节约利用,加大自然生态系统和环境保护力度,大力推进绿色发展、循环发展、低碳发展,弘扬生态文化,倡导绿色生活,加快建设美丽中国,使蓝天常在、青山常在、绿水常在,实现中华民族永续发展。

二、研究综述及研究方法

（一）研究综述

1. 国外研究综述

行政问责制中的"问责"一词最早出现在西方,但是先于资本主义产生的年代,问责仅仅局限于行政系统内部,并不算是真正意义上的问责。早在古希腊雅典时期和古罗马共和国时期,智者们就已经在实践中探索如何防止权力的滥用。到了近代,洛克、孟德斯鸠、卢梭等思想家们进一步阐释了问责思想。资本主义产生以后,公民的权利意识不断增强,问责成为保护公民权利的有效手段,成为当时民主政治体系的重要组成部分。随着社会的进步,理论不断发展,法治不断完善,行政问责也得到了一定的发展。国外一些国家已经形成了一套比较完善的生态问责理论和运行制度。

（1）政府责任研究

西方学者同样关注政府生态责任,西方学者普遍认为,民主政治的核心问题和重要价值就是"责任"。罗伯特·格瑞指出,责任在西方政治哲学和民主政治体制中具有中心地位。① 在詹姆斯·W.费斯勒、唐纳德·F.凯特尔看来,责任是民主制度最基本的问题。② 英国戴维·皮尔斯认为,生态问题是由于市场失灵或政府失灵或两者都失灵造成的。美国丹尼尔·A.科尔曼强调了政治与生态的相互作用,不能让政府逃避责任。

《布莱克维尔政治学百科全书》对"责任"的含义作了解释,在政治领域,

---

① Robert Gregory, "Accountability in Modern Government", *Handbook of Public Administration*, London: SAGE Publication, 2003, pp.557-558.

② ［美］詹姆斯·W.费斯勒、唐纳德·F.凯特尔:《行政过程的政治——公共行政学新论》,陈振明、朱芳芳等译校,中国人民大学出版社 2002 年版,第 429 页。

责任就是与某个特定的机构或者特定的职位相联系的职责,它要求公职人员在担任一定职务的同时必须承担一定的工作,履行一定的职能。① 英国学者A.H.Birch 认为,"责任"有三层含义:其一,指满足社会公共需求和公共利益的公共行政体制;其二,指义务和道德责任;其三,指政府的整体责任。② B.盖伊·彼得斯提出,"责任"不仅包含道德责任,还包含民主责任、管理责任,责任要求公职人员不仅要对外部机构负责任,还必须遵守一般法律,遵守特定的法律,遵守行政系统内部的各种行为规则。③

西方学者普遍认为,"责任"这一概念与职责、透明、负责、义务等相近,政府责任则是政府的义务、法律责任、回应性的整体概念。如果政府机关及其公职人员不履行其职能,不履行义务,就必须承担相应的责任。政府只有正确履行其社会义务和职责,才是民主政府、责任政府。斯塔林认为,衡量政府责任的完善程度,主要看政府是否具备了六个因素,即回应性、公正性、诚实性、效率、法定程序、承担主体等。④

西方学者还对政府责任进行了分类研究。罗伯特·本恩将政府责任分为财政责任、公平责任和绩效责任。⑤ 罗姆瑞克认为,政府及其工作人员应该承担的责任有官僚责任、法律责任、政治责任、职业责任等四种。⑥ 龙通、罗斯把责任分为政治责任、管理责任、顾客责任、职业责任等四种。⑦ 詹姆斯·W.费

---

① 邓正来主编:《布莱克维尔政治学百科全书》,中国政法大学出版社 1992 年版,第652 页。

② A. H. Birch, *Representative and Responsible Government*, London: Unwin University Books, 1964, pp.17–21.

③ [美]B.盖伊·彼得斯:《官僚政治》(第五版),聂露、李姿姿译,中国人民大学出版社2006 年版,第 313 页。

④ Graver Starling, Managing the Public Sector, Homewood: The Dorsey Press, 1986, pp.115–125.

⑤ Robert D.Behn, *Rethinking Democratic Accountability*, *Washington: Brooking* Institution Press, 2001, p.6.

⑥ Romzek, Barbara S., *Where the Buck Stops: Accountability in Reformed Public Organizations in Patricia*, San Francisco: Jossey-Buss, 1998, p.197.

⑦ Lawton Alan, Rose Aidan, *Organisation and Management in the Public Sector*, London: Pitman, 1991, p.23.

斯勒、唐纳德·F.凯特尔则把政府责任分为财政责任、项目责任、程序责任等三种。

（2）生态保护研究

马克思在 19 世纪曾指出：人与自然的关系是人类社会永恒存在并不断变化发展、对立统一的辩证关系，人与自然的和谐相处是两者关系的主要内容与理想目标。20 世纪初，西方生产力的高速发展给社会带来巨大财富的同时，也给人类赖以生存的生态环境带来了巨大破坏，甚至严重危胁到了人类社会生活及长远发展，迫使人类不得不开始重视生态环境问题。20 世纪 30 年代，经济学家阿瑟·庇古在《福利经济学》一书中针对工业发展过程中导致的污染现象提出征收环境税的相关建议，他主张依据污染所造成的危害向排污者进行征税，通过政府征税的方式，在产品生产过程中增加其污染成本，从而将外部成本内在化，这就是著名的"庇古税"理论。

1962 年，美国环境保护运动的主要倡导者，即美国海洋生物学家蕾切尔·卡逊，在她的著作《寂静的春天》中提到技术革命给人类生存环境带来了巨大破坏，并强烈指责是人类自身行为带来了环境污染及生态灾难。该著作引起了人类对生态环境问题的思考与重视，推动了西方人士对生态环境的研究进程。1972 年，罗马俱乐部的报告《增长的极限》指出，人类社会持续的工业化与人口飞速增长将给世界环境带来难以承受的压力，地区环境问题将提升为世界性问题。该报告很大程度上警示了人类社会环境持续恶化的可能。同时，著名学者理查德·乔治在其著作《经济伦理学》中指出："世界各国都已经开始认识到自然界所能提供的资源量并非是无限的，在全球工业化的进程中，人类已经为此付出了巨大的代价。整个生态系统处于一种如此平衡之中，我们对其造成的每一次改变都会引发诸多的连锁反应"。[①] 他主要从人类伦理道德的角度思考，强调要对自然资源进行合理的开采并注意对生态环境的

---

① ［美］理查德·T.德·乔治：《经济伦理学》（第五版），李布译，北京大学出版社 2002 年版，第 33 页。

保护。

20 世纪 80 年代后,全球经济萧条与能源危机的爆发进一步促进了人类生态环境意识的觉醒,世界各国不得不开始积极探索人类社会发展与生态环境协调发展的途径。1992 年,联合国在里约热内卢召开关于环境与发展的会议,会议通过了《关于环境与发展的里约热内卢宣言》和《21 世纪议程》,从战略高度确立了经济、生态、社会协调发展、可持续发展的基本理念,同时明确指出生态环境的保护是全人类共同的责任。① 在联合国的领导带动下,世界各国也纷纷根据自身生态环境情况建立合适的环境管理机构及制度。

(3)生态责任研究

进入 20 世纪以来,随着工业化、科学技术发展促进经济增长的同时,生态失去了平衡,生态环境遭到严重破坏,与此同时,一些学者开始重新审视人类发展与自然的关系。20 世纪 30 年代,英国经济学家庇古从经济学角度对环境污染问题进行了研究,他认为,政府可以通过对生产企业征税的方式,促使企业节约资源,减少环境污染。1933 年,美国生态学家 A.莱奥波尔德抨击了人类中心主义的伦理观,提出环境破坏的根源就是经济决定论、一切向钱看。② 1962 年,美国女作家蕾切尔·卡逊的著作《寂静的春天》问世。她在书中用通俗易懂的语言,描绘了滥用农药的后果就是给生态环境带来灾难性的破坏,认为生态系统之间是相互联系、相互影响的,任何一方受到破坏,将会严重地影响各系统之间的平衡。蕾切尔·卡逊的观点引起了全世界对环境问题的关注,进而促使各国将环境问题视为重要的政治议题。

1972 年,斯德哥尔摩人类环境会议将生态环境问题作为全球性问题进行讨论,并通过了《联合国人类环境宣言》。1992 年 6 月,里约热内卢环境与发展大会提出了生态、社会、经济为一体的可持续发展战略,确立了国际社会在环境

---

① 黄志斌:《绿色和谐管理理论——生态时代的管理哲学》,中国社会科学出版社 2004 年版,第 36—39 页。

② 叶平:《人与自然:西方生态伦理学研究概述》,《自然辩证法研究》1991 年第 11 期。

与发展过程中的责任与原则,并通过了《21世纪议程》《关于环境与发展的里约热内卢宣言》《关于森林问题的原则声明》等。Jessica Fahlquist认为生态环境也是公共物品,也具有非竞争性和非排他性,政府理所当然成为环境责任的主要承担者。

《布莱克法律词典》对"责任政府"进行了阐释,认为责任政府就是指这样的政府体制,即政府必须对其公共政策和国家行为负责,如果政府的重要政策失败,或者议会对其投不信任票,则说明政府的大政方针不令人满意,政府必须辞职。① 斯蒂瓦特(Stewart)认为,政府及其组成人员必须对其行为向议会或人民作出合理的解释。② 戴维·佩珀在其著作《生态社会主义:从深生态学到社会正义》中,构建了生态社会的新型理论体系,认为根据需要分配资源也是一项基本的环境原则。美国环保运动的倡导者丹尼尔·A.科尔曼在其著作《生态政治:建设一个绿色社会》中深刻地剖析了生态环境的罪责由谁来承担的问题,他认为生态环境的破坏不仅仅只是追究个人行为,而是要正视环境灾难发生的深层次原因,并尖锐地指出应该让政府和企业来承担责任,通过确立生态责任、参与型民主、环境正义等价值观,实施生态型政治战略来改善生态环境问题。

从以上的分析可知,国外一些国家是在工业化造成严重环境问题的背景下,开始关注生态环境问题,同时认识到了政府在生态环境保护中的责任,提出了许多具有价值性、建设性的理论。然而,他们更多的是比较重视人类社会经济发展和全球性的环境问题研究,对于政府生态责任追究方面的研究却比较单薄。

(4)生态问责制内涵、主题研究

欧文·E.休斯在其著作《公共管理导论》中提出,责任机制,就其本质而言,就

---

① Henry Campbell Black's Law Dictionary,6ᵗʰ Editon,Sao Paulo:St.Paul Minn,West Plishing Co.,1990,p.1180.

② 王行宇:《我国责任政府建设研究》,郑州大学硕士学位论文,2004年。

是一种民主制度。行政问责制的最基本含义,就是政府的任何行动都是代表公民所进行的行动,而且要对公民汇报和承担责任。① 也就是说,在政府与公民之间形成了一种责任机制。问责制要求政府机关及其公职人员必须对其行为负责。

世界银行的专家认为,行政问责是一个前瞻性的话题,要求公职人员对其公共行政决策、公共行政行为及结果负责,并接受失责的惩罚。②

古德诺(Frank Johnson Goodnow)率先提出了责任理论和责任体系构建两个方面的设想。③ 查尔斯·吉尔伯特也从不同的层面和途径上,构建了行政责任机制的模型。④ 罗斯(S. Ross)和休斯(Owen Hughes)在行政问责制的逻辑方面作了较大的贡献。杰·M.谢菲尔茨在1985年的著作《公共行政实用词典》中⑤,对行政问责的含义进行了阐释,认为行政问责制就是"根据民主、道德的基本概念和特别法律的要求,行政官员被要求对其行政责任给予回应"。罗伯特·本恩在前人研究的基础上进一步完善,认为行政问责实际上是一种单一直线的关系,问责的主要原因在于政策制定者对自身制定的政策负有监督责任,同时由于自身的职位关系也在一定程度上受选民的监督。⑥

国外学者重点关注的是"谁对谁问责"和"对什么问责"两大研究主题。根据"谁对谁问责"这一主题,有的学者将问责划分为专业问责(professional accountability)、等级问责(bureau-cratic accountability)、法律问责(legal

---

① [澳]欧文·E.休斯:《公共管理导论》(第二版),彭和平等译,中国人民大学出版社2001年版,第264—265页。

② 世界银行专家组:《公共部门的社会问责:理念探讨及模式分析》,宋涛译校,中国人民大学出版社2007年版,第13页。

③ Joseph Zimmerman, *Curbing Unethical Behavior in Government*, New York: Greenwood Press, 1994, pp.173-174.

④ Charles Gilbert, *Grover Starling*, *Managing the Public Sector*, Home Wood: Dorsey Press, 1986, pp.115-125.

⑤ Jay M. Shafritz, *The Facts on File Dictionary of Public Administration*, New York: Facts on File Publication, 1985. p.9.

⑥ Robert D.Behn, "The New Public Management Paradigm and the Search for Democratic Accountability", *International Public Management Journal*, 1998, No.1.

accountability）、政治问责（political accountability）四种类型。根据"对什么问责"这一主题，学者们拓展了奥多纳提出的分类模型，将问责划分为垂直问责（vertical accountability）和平行问责（horizontal accountability）两种类型，并侧重于财政问责、绩效问责、审计问责等研究。① 罗美泽克在《公共行政与政策国际百科全书》中指出，行政问责主要有四种实现机制，即法律问责、政治问责、管理问责、职业道德问责等。

西方学者还形成了两种问责研究取向，即"作为德性的问责"与"作为机制的问责"。前者将问责视为积极性的概念，作为公共行政人员的行为规范和评价标准。后者将问责视为消极性的概念，作为规范公共行政人员的制度安排。

（5）生态问责的制度建设研究

国外在关于生态问责方面的研究主要侧重于环境保护法律制度方面。1899 年，美国出台了第一部环境保护法《河川港湾法》。1970 年，美国环境保护的"宪法"也被称为美国环境保护领域的"大宪章"——《国家环境政策法》开始生效。这部"大宪章"的主要目的在于促进人与自然之间的充分和谐，减少对环境的伤害，促进人类健康与福利。美国为了环境保护政策得以正常实施，除采用了命令式控制外，法律制度也起着核心的作用，正因为如此，美国在环境保护方面取得了较好的成绩。

Thanh Nguyet、Phan、Kevin Baird 通过对环境管理实践的研究，分析了制度压力（强制、模仿和规范）对生态问责的影响。具体来说，影响生态问责体系全面性的要素主要包括：政府施加的压力、适当的监管压力和公共激励，以及雇员、顾客、专业团体、媒体和社区。研究表明，有更全面的生态问责体系的组织被发现具有更高的环境绩效。② Roger Burritt、Stephen Welch 认为公共部

---

① 谷志军、王柳：《中西不同政治生态中的问责研究述评》，《甘肃行政学院学报》2013 年第 2 期。

② Thanh Nguyet, Phan, Kevin Baird, "The Comprehensiveness of Environmental Management Systems：The Influence of Institutional Pressures and the Impact on Environmental Performance", *Journal of Environmental Management*, 2015（160）, pp.45-56.

门的环境承担状况应由合理的指标体系测量并向社会公布,试图构建一种
"政府生态问责绩效框架"来激励公共部门积极承担环境责任。Sumit Lodhia、
Kerry Jacobs,Yoon Jin Park 探索了 19 个澳大利亚联邦部门在年度报告和可持
续性报告中所披露的环境信息的类型和范围,认为政府环境报告是生态问责
的一种重要表现形式。①

　　William R. Sheate 认为欧盟环境评估为环境监管提供了一个平台,有利于
强化政府生态问责,并主张以立法的形式保障非政府组织和其他环保人士在
英国与欧盟生态问责中的权力地位,更大程度地承担环境行政决策的责任。②
詹姆斯·N.罗西瑙在其著作《没有政府的治理》中,认为环境治理包含四个要
素,即谁来治理,为什么要治理,如何治理,治理的结果是什么。哈里森和凯瑟
琳分析了政府生态环境治理的影响,认为要加强政府的环境管理力度。在全
球环境治理中跨区域问责研究方面,Michael Mason 认为跨国环境损害的增长
不仅导致各国之间的新义务,也使公共和私营部门的跨界环境绩效受到了民
主问责的影响。在此基础上,提出建立一种"跨区域、跨国界环境损害协同治
理民主问责制",主张共同承担全球环境责任。③

　　Daniel R. Mandelke 从法律与环境保护关系视角出发,认为环保督察离不
开法律制度,它需要法律制度提供威信和保障。④ Larry Macdonald 通过研究
人与环境之间的关系,认为环境保护法律制度能够有效防止和减少人类对环

---

　　①　Sumit Lodhia,Kerry Jacobs,Yoon Jin Park,*Driving Public Sector Environmental Reporting:The Disclosure Practices of Australian Commonwealth Departments*,The Disclosure Practices of Australian Commonwealth Departments,2012,pp.631-647.

　　②　William R. Sheate,*Purposes,Paradigms and Pressure Groups:Accountability and Sustainability in EU Environmental Assessment,1985 - 2010*,Environmental Impact Assessment Review,2012,pp.91-102.

　　③　Michael Mason,"*Transnational Environmental Obligations:Locating New Spaces of Accountability in a Post-Westphalian Global Order*",Transactions of the Institute of British Geographers,2001,26(4).

　　④　Daniel R.Mandelke,*NEPA Law and Litigation:The National Environmental Policy Act1:01*,New York:Clark Boardman Callaghan,1992,pp.81-83.

境与自然生物的伤害。① Steven R. Brown 认为,美国全面而完善的法律体系为环保督察提供了强有力的法律保障,保证了环境保护的实施效果。② Marie A. Cover 通过对美国预防与惩罚相结合的法律运行机制进行分析,认为美国在环保领域所取得的骄人成绩离不开美国三位一体的环境管理体系。③ Huiyu Zhao、Robert Percival 分析探讨了美国环保督察所取得的成绩的影响因素,认为美国环境保护政策得以正常实施,法律制度起着核心作用。④

此外,国外学者认为,在环境治理方面,公众的力量是不容忽视的。环境治理过程具有渐进性,既需要建立合理的制度,更需要社会组织及全体公民的积极参与,我们在享受大自然赋予我们的一切资源的同时,我们有义务保护生态环境。Evans A.M.、Campos A. 以案例的研究方式,分析了政府在环境保护中利用公众力量所取得的效果,从而提出政府应呼吁公众参与环保督察的建议。⑤ Kingston R.认为公众参与环保督察能及时解决环境问题及有效预防潜在环境污染。⑥ Papathanasiou J.、Kenward R. 在前人的基础上对公众参与进行分析,深入探讨及分析了公众参与环保督察的效果,认为公众是环境保护的代言人,在一定程度上催化了环境法的完善。⑦

---

① Larry Macdonald, *Outline of American Environmental Law System*, Beijing: China Environmental Science Press, 2005, pp.232–237.

② Steven R. Brown, "In Search of Budget Parity: States Carry on in the Face of Big Budget Shifts, Ecosystem", *The Journal of the Environmental Counsel of States*, Summer, 2005(21), pp.3–7.

③ Marie A. Cover, "A Perspective of the Role of Federal and Local Governments in the U.S.Environmental Management System", *Environmental Science Research*, 2006(19), pp.126–132.

④ Huiyu Zhao, Robert Percival, "Comparative Environmental Federalism: Subsidiarity and Central Regulation in the United States and China", *Global Environmental Law*, 2017(6), pp.531–549.

⑤ Evans A. M., Campos A., "Open Government Initiatives: Challenges of Citizen Participation", *Journal of Policy Analysis and Management*, 2013, 32(1), pp.172–185.

⑥ Kingston R., "Public Participation in Local Policy Decision-making: The Role of Web-based Mapping", *The Cartographic Journal*, 2007, 44(2), pp.138–144.

⑦ Papathanasiou J., Kenward R., "Design of a Data-driven Environmental Decision Support System and Testing of Stakeholder Data-collection", *Environmental Modelling & Software*, 2014, 55(13), pp.92–106.

（6）国外研究述评

就研究成果来看，国外一些国家已经结合自身实践探索建立起了一套符合自身国情、较全面的生态问责制度，并积极将其应用于实践之中，不断补充与完善。就研究趋势来看，由于国外一些国家对生态问责的概念内涵、相关理论、法律体系、制度建设、实践应用等方面的研究较为成熟，其研究重点倾向于生态问责制度及有效机制的完善与创新上。从研究方法来看，西方研究更注重案例分析以及对国外理论的吸收与实践。国外生态问责制建设以美国、德国、日本、法国、新加坡等国家为代表，对我国生态问责制建设具有参考价值和借鉴意义。

总体而言，国外对政府生态责任的研究主要侧重于从宏观的角度描述并解释问题，而鲜有从微观的角度研究具体的政策建议。他们的研究主要集中在三个方面：一是从行政法学的角度展开，重视对政府环境保护立法、执法问题的研究；二是从政府经济学的角度展开，重视在技术操作层面对政府生态管制手段的研究；三是研究方法上，国外学者侧重于定性研究方法和案例研究方法，侧重于描述和解释问责期望的特点、变化和产生的结果，而很少研究这些期望与行为选择之间的相互关系，较少采用定量的统计分析和实验设计。[①]国外学者的研究存在一定的局限性：一是没有明确提出政府生态责任的概念；二是过多重视对人类经济社会未来发展和所谓的"全球问题"的研究，而不重视政府生态责任的基本原理、范畴、科学体系等基础性问题的探讨；三是过多关注政府的生态法律责任，而忽视政府的其他责任，如行政责任和道德责任等。

2. 国内研究综述

我国学术界对行政问责制的研究缘起于 2003 年的非典疫情。目前，我国

[①] 谷志军、王柳：《中西不同政治生态中的问责研究述评》，《甘肃行政学院学报》2013 年第 2 期。

的生态问责制,无论在理论研究上还是在实践上仍处于一个初级阶段。因此,关于生态问责制的研究还不够成熟,研究成果也不是很多,影响力不是很大。国内学者主要围绕以下几个问题进行研究。

(1)政府生态责任研究

一是政府责任研究。张成福、党秀云认为,政府责任有主观责任和客观责任之分,前者是指政府公务员内心对责任的感受,后者则是由法律规定的和上级交付的客观应尽的义务。① 毛寿龙认为,政府责任包括道义层面的责任、政治层面的责任、民主层面的责任、法律层面的责任等四个层面。

在政府责任实现机制方面,陈国权认为,要加强立法机构追究,完善司法机关追究,健全行政机关追究,建立行政救济追究等,防止政府及其公务员逃避责任。② 张康之认为,信念先于责任,信念是责任的支柱,因此,要高度重视新的伦理关系、价值观念和道德意志,通过构建行政伦理,推动责任政府建设。③ 杨开锋、吴剑平认为,要以法律形式规范政府责任,加强政府责任立法,制定统一的《政府责任法》。④

二是政府生态责任内涵研究。中国工业化早期,其实也在走着西方国家的老路,即"先污染后治理"的西方模式。受到其模式的影响,中国的生态环境遭到了破坏,因此从 20 世纪 90 年代开始,政府生态责任问题逐渐引起大家的重视,国内学者开始进行政府生态责任方面的研究,我国政府也开始探索生态治理的有效机制。但从目前来看,直接以政府生态责任追究为题的专题研究方面,成果还比较薄弱。

李鸣指出,政府生态责任,就是政府对保持良好的生态环境必须承担的义

---

① 张成福、党秀云:《公共管理学》,中国人民大学出版社 2001 年版,第 324 页。
② 陈国权:《论责任政府及其实现过程中的监督作用》,《浙江大学学报(人文社会科学版)》2001 年第 2 期。
③ 张康之:《公共行政中的责任与信念》,《中国人民大学学报》2001 年第 3 期。
④ 杨开锋、吴剑平:《中国责任政府研究的三个基本问题》,《中国行政管理》2011 年第 5 期。

务和责任。李亚将政府生态责任界定为,政府所承担的保护环境和治理环境,组织企业、公众和社会组织参与环境治理,保证生态平衡发展的责任。① 谢菊将广义的政府生态责任分为政府对自然、对市场、对公众、对自身的生态责任。② 蒲文彬认为,政府生态责任既是政治责任,又是行政法律责任,也是道德责任,政府实现其生态责任的途径有政治、行政、法律、伦理道德等途径。③ 龙献忠认为,政府生态责任是政府积极地履行其在生态环境保护方面的应尽义务与法定职责。邓贤明认为,狭义上的政府生态责任主要有政府的生态管理责任、生态服务责任、生态协助责任、生态治理责任。④

三是政府生态责任意义研究。何跃、黄沁指出,政府在生态文明建设过程中需要主动承担生态责任。黄爱宝认为,责任政府是指具有民主理念和服务理念以及对社会成员负责的理念,并将之贯穿与其制度安排和操作行为等公共权力运作的全部过程和环节之中去的政府。生态责任是政府义不容辞的责任。⑤

四是政府生态责任缺失研究。卢风认为,我国个别政府官员本身生态价值观念缺乏。刘佳奇认为,目前我国生态保护领域政府执法不力的重要原因之一就是政府责任追究制度存在一定的不足。⑥ 邓贤明认为,政府生态责任缺失是由于生态管理主体缺位、生态约束机制缺乏、官员生态责任意识淡薄等造成的。⑦ 姚海娟认为,在经济发展中出现了政府生态责任观念的缺失、政府生态责任法制的缺失、政府生态责任监管的缺失等问题。⑧ 翟新明认为,地方政府生态责任缺失主要表现在生态责任理念淡薄、生态环境保护制度创新不

① 李亚:《论经济发展中政府的生态责任》,《光明日报》2005 年 5 月 25 日。

② 谢菊:《论生态责任》,《北京行政学院学报》2007 年第 4 期。

③ 蒲文彬:《贵州在生态文明创建过程中的政府生态责任的探究》,《生态经济(学术版)》2011 年第 1 期。

④ 邓贤明:《责任政府视域下政府生态责任探析》,《前沿》2011 年第 7 期。

⑤ 黄爱宝:《责任政府构建与政府生态责任》,《理论探讨》2007 年第 6 期。

⑥ 刘佳奇:《我国政府环境责任追究制度的问题及完善》,《沈阳工业大学学报(社会科学版)》2011 年第 1 期。

⑦ 邓贤明:《责任政府视域下政府生态责任探析》,《前沿》2011 年第 7 期。

⑧ 姚海娟:《政府生态责任的缺失与重构》,《求索》2011 年第 6 期。

足、生态环境保护执行和监管不力等方面。①

（2）生态责任追究机制研究

一是政府生态责任追究的内涵研究。关于行政问责含义的研究，周亚越认为，行政问责指的是各级政府根据所在职位应承担的责任与义务的实际履行情况，并承担履行过程中出现的一些不良后果。杨雨认为，行政问责即特定主体根据一定的程序对特定的对象未履行或者不当履行法定职能责任的追究。薛瑞汉认为，行政问责作为一种责任追究，符合民主政治和责任政府的相关要求，问责主体按照法定程序，对于行政机关的人员违规操作或者没有正确履行相应义务而必须承担的责任和后果，即通过特定的问责主体对问责对象责任的监督，从而有效防止政府机关人员权力的滥用。② 张创新、赵蕾认为，行政问责制是一种事后监督制度，主要是对不履行法定义务的政府及其公务员所进行的责任追究。③

生态责任追究很大程度上指的是对政府及其相关主体的责任界定，是一种将政府生态责任落实到具体行动中的管理模式，是对不顾生态环境、盲目决策、造成严重生态后果的官员追究其责任。不同的专家学者对于生态责任追究有不同的看法。范俊荣认为，生态问责制是一种责任追究制度，追究的对象是在环境治理过程中造成负面影响的政府及环保部门的官员。④ 康建辉、李秦蕾认为，生态问责是指特定的问责主体依照一定程序对各级政府、环保部门以及行政人员的环境违法行为予以责任追究的一种责任追惩制度，此界定将政府环境条件限制在"环境违法行为"，范围狭窄。⑤ 肖萍从生态问责制的理

---

① 翟新明：《地方政府生态责任解析》，《陕西理工学院学报（社会科学版）》2013年第3期。

② 薛瑞汉：《完善我国行政问责制的对策建议》，《云南行政学院学报》2007年第2期。

③ 张创新、赵蕾：《从"新制"到"良制"：我国行政问责的制度化》，《中国人民大学学报》2005年第1期。

④ 范俊荣：《从政治人理性的视角完善环境问责》，《环境与可持续发展》2009年第4期。

⑤ 康建辉、李秦蕾：《论我国政府环境问责制的完善》，《环境与可持续发展》2010年第4期。

论体系出发,认为环境保护问责机制是一整套科学的、健全的制度,其中包含有关生态问责的主体、客体、条件、方法等内容。① 谢中起等从生态问责制的基本特质和结构体系两方面对生态问责制的理论进行了探究,认为生态问责制具有效应双重性、向度全程性、形式多元化、内容普遍性和结果多样性的基本特质,其结构体系主要包括生态问责主体、客体、内容、程序、方法和结果等要素。② 黄爱宝以中国特色社会主义理论体系为基础提出构建具有中国特色的环境行政问责制的设想,认为构建生态责任终身追究制有利于进一步增强政府的生态责任心、生态公信力、生态公平性以及生态治理能力。③ 根据各位学者的研究,简单地说,生态责任追究遵循的是"谁出差错,谁承担责任"的逻辑。学者们普遍认为,开展生态责任追究,既能促使政府完善生态文明的管理模式和运行机制,加强环境管理,又能强化对政府履行生态责任的监督和约束。

二是政府生态责任困境及路径研究。胡鞍钢从环境的公共产品属性出发,认为要加强生态保护供给和提高财政投资使用率。李文星认为,西部地区应高度重视并建立跨区域的环境保护合作机制。李鸣认为,政府生态责任运行机制包括法律、道德目标管理、综合决策统筹协调、经济投入、电子网络、评价监督、激励创新等运行机制。④ 叶加洪、张凡提出通过建构人民主权作为制度建设的起点,加强公民社会的培育,作为制度完善的内原动力和问责制度建设的重点,确立实质绩效等路径完善地方政府的问责制度。⑤ 许继芳提出"从强化立法机关的政治问责机制、完善司法机关的法律问责机制以及搭建传媒

---

① 肖萍:《环境保护问责机制研究》,《南昌大学学报(人文社会科学版)》2010年第4期。

② 谢中起、龙翠翠、刘继为:《特质与结构:环境问责机制的理论探究》,《生态经济》2015年第5期。

③ 黄爱宝:《政府生态责任终身追究制的释读与构建》,《江苏行政学院学报》2016年第1期。

④ 李鸣:《我国政府生态责任运行机制研究》,《学术论坛》2007年第3期。

⑤ 叶加洪、张凡:《论我国地方政府问责的特点及完善路径》,《法制与社会》2010年第30期。

与公众的社会问责机制等方面建构政府环境责任的多元问责机制",落实政府环境责任。刘佳奇提出了完善政府环境责任追究制度的建议,即环境基本法权责的重新定位、建立环境公益诉讼制度、重视对政府环境责任的追究等措施。① 叶彩虹、吴学兵从生态文明的角度探讨了生态问责制的建设困境及改善措施。② 司林波等从生态问责制法律制度、环境审计、环境影响评价和环境诉讼四个方面,通过比较国际生态问责制的模式、特点及发展趋势,提出了我国生态问责制的完善路径。③ 胡洪彬通过分析我国问责制的发展历程,指出未来我国特色生态问责制的完善将从问责参与、问责介入、问责操作、问责公开、问责评价五个方面进行创新。④

三是生态问责立法规范和法律制度研究。黄名述探讨了西部生态环境问题及原因、依法治理生态环境的措施等。乔世明重点分析了少数民族地区生态环境保护中的重点问题,并从立法、执法、司法、守法等角度提出了改善少数民族地区生态环境的对策。谢中起、郑劲梅等认为,"政府生态责任是具有根本意义的责任",强调了政府环境责任的重要性。周霞、李永安将政府环境责任划分为积极责任与消极责任两方面,在此基础上提出了政府环境责任的完善建议。吴越、唐薇从新《环境保护法》和宪法保护的双重视角探究了政府环境责任的变迁,分析了政府环境责任的法律规制问题。⑤ 杨朝霞、张晓宁认为,新《环境保护法》的修订虽然在生态问责方面对各级政府、环保部门以及相关行政人员的环境责任进行了界定,但有些规定较模糊,对于生态问责方

---

① 刘佳奇:《我国政府环境责任追究制度的问题及完善》,《沈阳工业大学学报(社会科学版)》2011 年第 1 期。

② 叶彩虹、吴学兵:《生态文明制度视阈中的政府生态问责制探析》,《长春理工大学学报(社会科学版)》2014 年第 10 期。

③ 司林波、李雪婷、孙菊:《日本、韩国、新加坡与中国生态问责制比较》,《贵州省党校学报》2017 年第 2 期。

④ 胡洪彬:《生态问责制的"中国道路":过去、现在与未来》,《青海社会科学》2016 年第 6 期。

⑤ 吴越、唐薇:《政府环境责任的规则变迁及深层法律规制问题研究——基于新〈环境保护法〉和宪法保护的双重视角》,《社会科学研究》2015 年第 2 期。

式、运行程序等环节涉及较少,可操作性不强。①

四是环保督查制度研究。2015 年底,环境保护督查进入了人们的视野,它对环境治理具有巨大的推动作用。其实,我国不少学者一直以来都在致力于研究环境保护督查机制。尚宏博以我国法律体系和行政管理体系为基础,认为环保督查制度的构成要素应包括督察主体、督察对象、督察内容。② 赖静萍、刘晖则从环境管理理论上主张将环保督察作为环境管理中的一个环节,应该注意其与其他环保部门的有机联系。③ 简玉彤等比较全面地概括了环保督察的各个环节,他们从环保督察准备阶段分析,认为环保督察总共有九个环节,即督察准备、督察成员进驻、实地督察、督察报告、督察信息反馈、移交与移送问题、整改落实、督察检验、立卷归档。④ 赵秋雯通过分析环境问题与环境法制建设之间的关系,认为我国环保督察的覆盖领域不够宽、惩罚力度不够强,需要完善环境管理行政制度,提高环境执法力度。⑤ 陈茜深入探讨了环境保护行政管理体制,认为我国环保督察对督察追责不够明确、细化,对环保督察人员权限的界定也不够明确,认为环保督察需要建立以督察对象、督察人员为主的督察追责体系和在一定范围内限制督察人员的权限。葛察忠等提出推动第三方党政环境绩效评估制度的对策建议。⑥

陈海嵩认为,我国环保督察制度经历了从 2014 年之前的"督企"到 2015 年的"督政",再到 2016 年"党政同责"的中央环境保护督察的演变历程。⑦

---

① 杨朝霞、张晓宁:《论我国政府环境问责的乱象及其应对——写在新〈环境保护法〉实施之初》,《吉首大学学报(社会科学版)》2015 年第 4 期。

② 尚宏博:《论我国环保督查制度的完善》,《中国人口·资源与环境》2014 年第 S1 期。

③ 赖静萍、刘晖:《制度化与有效性的平衡——领导小组与政府部门协调机制研究》,《中国行政管理》2011 年第 8 期。

④ 简玉彤、周守船、刘德强:《自由裁量权应建立长效制约机制》,《中国检验检疫》2016 年第 12 期。

⑤ 赵秋雯:《环境问题与我国环境法制建设的完善》,《资源节约与环保》2015 年第 1 期。

⑥ 葛察忠、翁智雄、赵学涛:《环境保护督察巡视:党政同责的顶层制度》,《中国环境管理》2016 年第 1 期。

⑦ 陈海嵩:《环保督察制度法治化:定位、困境及其出路》,《法学评论》2017 年第 3 期。

2002 年,我国环保部成立了监督地方环保工作的派出机构,即区域环保督查中心。我国的区域环保督查中心推动了我国环境监管体制的完善,促进了中央与地方政府的交流,有效协调解决区域性的环境纠纷。① 但是,由于区域环保督查中心是环保部的派出机构,是事业单位,并不指导地方环保业务,没有实际的执法权、处罚权,其无权力要求地方政府就相关环保违法行为强制整改。② 2014 年,政府意识到环境监管过度强调了企业的环保责任,而忽视了自己在环境保护上的主体责任。因此,2014 年后,我国的环境监管体系开始以"督政"为核心。以"督政"为核心的环保督查的出现,加快了地方政府环境保护主体责任的落实,进一步优化了我国的环境治理体系。同时,"督政"在很大程度上增强了国家的检察执行力度,在环境治理中发挥了重要的作用,是提高政府环境执行力的有力手段,也是保证环境政令畅通的必然要求。③ 环境问题并非一成不变,而是日趋复杂化,为了适应环境问题的多变,环境治理制度体系也需要新的变革。2016 年,体现我国环境保护"党政同责"的中央环境保护督察委员会应运而生。中央环境保护督察是"党政同责"的核心,它从决策源头监督,既有法律依据,也有政策要求。④ 它明确了环保督察的职能和定位,全面提升了环境保护在国家执法体系中的地位,同时也建立了广泛的公众参与机制。在督察中发现问题、解决问题是中央环保督察的特点之一,有利于促使地方形成生态文明建设长效机制,促使企业践行生态文明相关规章制度,使民众树立环保观念。⑤

当前,我国对于行政问责制的研究已经比较成熟,并形成了一定的理论体系,但是对于政府生态责任追究的研究还是处于比较低的阶段,随着我国社会

---

① 方印:《我国区域环保督查中心论》,《甘肃政法学院学报》2016 年第 3 期。
② 杨涛:《中国区域环境督查机构职权研究》,西北大学硕士学位论文,2015 年。
③ 尚宏博:《论我国环保督查制度的完善》,《中国人口·资源与环境》2014 年第 S1 期。
④ 葛察忠、翁智雄、赵学涛:《环境保护督察巡视:党政同责的顶层制度》,《中国环境管理》2016 年第 1 期。
⑤ 王凯荣:《环保督查　让良币驱逐劣币》,《中国有色金属》2017 年第 20 期。

主义现代化建设的迅速发展,生态环境问题变得越来越突出,作为环境保护的主导力量,地方政府在生态环境保护方面发挥着重要的作用,因此,为了实现生态环境的绿色发展,对地方政府生态责任追究机制的研究成为必然。

（3）生态政策研究

1973年,我国首次召开了全国性的环境保护会议,该会议拉开了我国生态环境保护事业的帷幕。1978年《宪法》明确规定:"国家保护环境和自然资源,防治污染和其他公害。"彰显了中央政府对生态环境问题的高度重视,也推动了我国学者对生态文明的研究,为我国生态文明建设的顺利开展和政府生态责任体系的构建奠定了坚实的理论基础。

1980年,许涤新首次针对我国传统经济发展模式提出了生态经济研究问题,推动了我国对生态经济问题的全面探索。1984年,国家生态经济学会的成立标志着我国生态经济研究上升到了新台阶。

中国"环保之父"曲格平先生在环境管理和环境政策研究方面作出了重大贡献,他提出了符合中国国情、经济与环境协调发展理论,主持了许多环境战略和环境规划的制定。李康高度重视环境政策的作用,阐释了环境政策的主要特征、环境政策的设计方法等。[1] 夏光的学术专著《中日环境政策比较研究》和《环境政策创新:环境政策的经济分析》,分别从比较的角度和环境政策创新的角度展开了研究。王金南从环境战略、经济政策等方面研究了生态环境治理问题。2005年,国家环境保护局政策法规司编了《中国环境政策全书》,全面收录了我国的综合环境政策、环境经济政策、环境管理政策等。

（4）程序问责研究

毛寿龙提出,程序问责具有重要意义,要高度重视当前中国行政问责制中的程序制度建设。杨叶红特别探讨了人大问责的程序问题。纪培荣、刘继森认为,程序的科学性是问责结果公正性的根本保证,要加强问责过程的程序化

---

[1] 李康:《环境政策学》,清华大学出版社2000年版,第44页。

建设,如建立责任的认定程序、问责的启动程序、回应程序等。① 阮爱莺认为,我国目前的问责程序仍然不够规范、不够完善,如问责启动大多是政府机关,而不是政府机关之外的异体问责主体,人大的监督作用没有很好地发挥出来。②

（5）分类问责研究

张成福认为,政府责任包括道德责任、政治责任、行政责任、法律责任等,并提出要加强内部控制和外部控制以督促政府正确履行责任。胡润忠则认为,行政问责包括官僚型问责、法律型问责、专业型问责和政治型问责等四种类型。宋涛则着重对等级问责和政治问责进行了比较,分析了两者之间的不同。应松年、罗豪才、胡建淼、孙笑侠、马怀德、姜明安等行政法学界的学者,则特别重视运用法律问责来实现对公共权力的控制,并探讨了责任政府与法治政府的关系及问责法律化的途径。

（6）异体问责研究

杨叶红认为,异体问责制就是五大涉宪主体之间的问责制,包括人大对政府的问责制、民主党派对执政党的问责制、民主党派对政府的问责制、新闻媒体对执政党和政府的问责制、司法机关对执政党组织和政府的问责制。③ 张创新、赵蕾提出,异体问责就是人大机关、社会公众、新闻媒体对政府及公务员的问责,其中最重要的就是要加强人大刚性问责,同时加强政务公开,向公众和社会开放政府信息。④ 陈党认为,异体问责是指政府机关以外的其他国家机关的问责,异体问责主体主要是国家权力机关和国家司法机关。行政问责主体具有广泛性,既包括国家权力机关、国家司法机关和专门的行政监督机

---

① 纪培荣、刘继森:《官员问责制与建设责任政府》,《理论学习》2006 年第 2 期。
② 阮爱莺:《官员问责制在我国的兴起、问题与对策》,《东南学术》2004 年第 S1 期。
③ 杨叶红:《论行政问责中异体问责的缺位》,《探索》2004 年第 12 期。
④ 张创新、赵蕾:《从"新制"到"良制":我国行政问责的制度化》,《中国人民大学学报》2005 年第 1 期。

关，也包括国家机关之外的公民、政党和团体组织。① 宋涛认为，必须扩大政府机关以外的问责主体，建立异体问责模式，以增强问责效果，特别是要加强以公民参与为主体的社会问责，以实现良政治理。② 周亚越深入阐述了行政问责制的基本理论，认为异体问责是组织系统外部对其内部成员的问责，重点是五大涉宪主体之间的问责制，并提出实现异体问责的重要环节就是要权力公开、信息公开，建立一个阳光、透明的政府。

（7）国内研究述评

从研究成果来看，经过十余年的发展，我国对生态问责制的概念已有较为明确的认识，政府环境责任内涵不断丰富与完善，我国政府生态问责体系初步建立，生态问责制度建设在实践中不断发展。就研究方法来看，我国生态问责研究大多采用文献分析法和理论研究法，对其他研究方法应用较少。从研究趋势来看，相较国外，国内的研究则不够全面，也不够深入。我国生态问责制的研究大多局限于行政问责制的一部分，对于生态问责制的研究主要集中在相关理论研究和法律、政策文本分析方面，对其实践研究甚少。我国对生态问责制的研究还处于初级阶段，许多问题有待解决。如存在政府环境责任界定不明确，未存在统一的、权威的规范；政府生态问责体系不完善，异体问责缺失；生态问责制度建设缺乏相关配套制度措施，可操作性不强等问题。

从国内外生态环境治理的研究实践来看，国外的环境政策研究较早，研究内容较全面。国内研究则相对较晚，但也取得了较多成果，国内研究主要集中在环境政策的形成与发展、环境政策存在的问题、环境政策的评价等方面，积累了丰富的学术资料，有较高的学术价值。但目前国内学者研究多以环境保护为对象，而对生态环境的改善和治理研究相对较少，而且理论深度不够，特

---

① 陈党：《论构建有效的行政问责法律制度》，《河北法学》2007 年第 2 期。
② 宋涛：《行政问责模式与中国的可行性选择》，《中国行政管理》2007 年第 2 期。

别是专门针对西部地区的研究多以介绍性和宣传性为主,带有明显的口号性质,理论分析不够深入,实证研究明显不足。正因为对西部地区生态环境治理的理论研究深度不够,影响了西部地区生态环境政策的实践效果,影响了西部地区生态环境治理。

在生态问责制研究方面,当前的生态问责制研究主要是从内涵、范围、特点、意义、存在的问题及体系构建等方面进行理论研究,虽然取得了较多的成果,但仍然存在一定的不足。首先,对于政府生态责任的基础研究薄弱、零散,生态问责研究的系统性和深刻性不够,理论研究往往落后于问责实践。虽然有的学者专门探讨了问责制度的内涵与意义,有的学者探讨了问责制度的理论基础,有的学者对我国香港特别行政区行政问责制进行评析,但缺乏系统的理论建构。其次,研究视角相对单一。大多从生态文明与科学发展的视角进行探讨,从责任政府建设的视角进行研究的相对较少,同时对同体问责研究多,对异体问责研究少。再次,在研究路径上,照抄照搬西方较多,本土化研究不足。最后,在研究方法上,大多从微观、生态学、环境工程的视角去探究生态文明建设存在的问题,而较少从宏观、跨学科的视角构建政府生态责任追究机制,针对西部地区政府生态责任追究机制的研究更是少之又少。

（二）研究方法

生态问责制研究涉及民族学、政治学、行政学、法学、管理学、生态学等众多学科,如何在现有的政治制度框架内,构建更有效的西部地区政府生态责任追究机制是重要的难题。因此,研究西部地区政府生态责任追究机制,必须以马克思列宁主义、毛泽东思想、邓小平理论、"三个代表"重要思想、科学发展观、习近平新时代中国特色社会主义思想为指导,综合运用政治学、行政学、哲学、法学、民族学、经济学、生态学、环境工程等相关学科基本理论、研究方法,并基于我国已开展的生态问责实践,以责任政府为导向,多学科、多角度、多层次地探讨西部地区政府生态问责的创新机制。

1. 文献研究法。我国学者自 2003 年以来,对责任政府建设、行政问责制构建进行了较多研究,问责成果较丰富。因此,通过查找包含"生态问责""环境责任"等关键词的相关专著、学术论文、法律法规等文献资料,收集整理大量与生态问责有关的法律文本、官方文件、研究报告、新闻信息等,对这些文献资料进行深入研究,了解国内外生态问责制现有研究的主要内容、研究方法及发展趋势,分析我国生态问责制的构成体系和发展现状,以掌握西部地区政府生态问责的相关理论及研究前沿、研究动态,为本项目研究提供分析数据。

2. 比较研究法。通过研究我国各省市生态问责相关立法规范、法律法规、政策文本的内容,以及实践中的生态问责案例,运用比较研究的方法,对中东部地区政府与西部地区政府的生态责任建设状况等进行比较,总结生态问责的比较优势和独特价值,探寻有益的、可借鉴的经验。同时,通过研究国外一些国家的生态问责制度,凝练国外在生态问责研究方面的优秀成果和经验,以对我国生态问责制度建设提供经验借鉴。

3. 实证研究法。通过问卷调查、访谈以及与政府相关部门联络等,系统收集西部地区政府生态管理方面的数据资料,并运用 EpiData、SPSS 等软件对生态问责典型案例进行分析,实证调查我国西部地区政府生态问责的现状,分析我国现有生态问责制实施过程中的不足,进而深层次挖掘西部地区政府生态问责存在问题的原因,构建具有我国特色的西部地区政府生态问责机制,为我国生态问责制在未来的良性发展提出了完善的建议。

4. 制度研究法。制度研究法是政治学研究的基本方法,它侧重于分析制度的社会政治价值,并制定公正合理的制度。因此,通过对国内外政府生态责任建设相关制度的研究,以及对生态文明建设中的政府责任进程进行历史的梳理和剖析,并从内部逻辑关系对各个历史时期的政府生态责任建设状况加以研究,寻找符合我国西部地区政府生态问责制度设计的合理因子,从而提出西部地区政府生态责任追究机制的有效路径。

三、研究内容及创新之处

（一）研究框架与内容

全书总共分导论和七章来论述我国西部地区政府生态责任追究机制问题，主要内容如下：

导论部分重点介绍本书的选题缘由、研究意义、研究方法、研究内容、创新之处等，分别对国内、国外关于生态问责制方面的研究成果进行了梳理，并分析了国内外研究取得的成绩及存在的不足，为后面的论述奠定了坚实的学术依据。

第一章追本溯源，厘清政府生态责任追究机制的基本理论。笔者深刻分析了生态责任理论、环境法治理论、行政责任伦理、权力制衡理论、环境善治理论、生态文明理论、包容性发展理论等，并寻找这些理论与生态问责制之间的联系点，为探讨西部地区政府生态责任追究机制提供可靠的理论基础。

第二章主要阐述了西部地区生态责任追究机制的内涵、构成要素、价值理念、原则及发展历程等。笔者梳理和阐释了问责制、生态问责制、异体问责制的基本含义，认为政府生态问责制的价值理念就是立党为公、执政为民，生态问责制的构成要素包括问责主体、问责客体、问责内容、问责方式、问责结果等，实施政府生态问责制必须遵循依法问责、权责一致、权利保障、惩教结合、问责主体多元化、民主公开等原则。

第三章分析西部地区生态环境治理的现状。通过调研，分析西部地区生态环境破坏情况、农村生态环境治理情况及城市生态环境治理情况等，进而挖掘西部地区政府履行生态责任存在的问题，为探讨西部地区政府生态责任追究机制提供可靠的实践基础。

第四章着重于国际经验借鉴。通过对国外一些国家生态问责制度的系统分析,比对议会问责、法律问责、环境绩效问责、伦理问责、环境审计问责等各种生态问责方式,借鉴国外生态问责的优秀成果,为建立健全我国西部地区政府生态责任追究机制提供经验借鉴。

第五章总结西部地区政府生态职能。笔者将西部地区政府的生态职能定位为生态文明建设的制度设计者、宣传倡导者、组织管理者、资金支持者、协同治理者、监督控制者等,剖析了西部地区政府生态职能需要实现的四个转变,即约束向主导转变、管制向服务转变、治理向建设转变、控制向合作转变等,并提出了西部地区政府生态职能的实现路径。

第六章重点构建西部地区生态问责制。笔者基于我国生态文明建设的现状及当前政治体制改革的实践,结合西部地区生态治理实际,从制度建设入手,化解生态问责的实践困境,提出要充分发挥地方党委、人大、司法机关、新闻媒体、公民、社会组织等政府机关以外的异体问责主体的作用,保证问责主体的多元化和独立性,并从强化地方权力机关、地方司法机关问责、地方党委问责、重视民主党派监督、完善环境督察问责、完善新闻媒体问责、推行公民与社会组织问责、促进生态审计问责、深化环境绩效问责机制等方面,构建以政府生态责任为导向、既合乎问责的一般规律又合乎中国逻辑、具有西部地区特色的政府生态责任追究机制。

第七章主要是设计西部地区生态问责制的配套措施。为了切实提高政府生态问责的实效性,我们必须探索通过加强西部地区政府官员的官德建设、建设生态问责文化、扩大环境信息公开、完善生态补偿机制、健全生态问责程序、规范生态问责程序等,建立起西部地区政府生态责任追究机制的相关配套措施,使生态问责更加具有针对性和现实可操作性。

(二)创新之处

1. 研究视角新。将生态文明建设与政府责任追究机制构建结合起来进行跨学科研究,探寻生态问责追究机制的理论根源、社会价值、实施困境等,扩大了行政问责的研究视野,拓展了生态文明建设和责任政府建设的研究视阈。

2. 研究内容新。通过制定西部地区生态文明建设的考核标准,设计政府生态责任追究机制,建设地方生态责任政府,推进西部地区生态文明建设,是积极稳妥推进政治体制改革的重要突破口,可以为政治体制改革的试行起到"防火墙"的作用。

3. 研究方法新。本书将规范研究和实证研究相结合、定性分析和定量分析相结合、历史分析和比较分析相结合,可以增强理论的科学性和研究结果的可行性,为西部地区生态问责研究奠定方法论基石,提升研究质量。

第一章 生态问责制的理论基础

一、生态责任理论

生态责任理论源于生态政治理论。生态政治理论最早由美国学者约翰·M.高斯在 1936 年提出，他认为行政生态环境与行政管理紧密联系，并将生态学伦理与方法、公共行政学加以运用，创立了行政生态学学科。

当代西方主流生态政治理论主要有以下三种：一是绿色政治学理论；二是环境安全理论；三是生态学马克思主义理论。三种理论虽然从不同的角度进行研究，但都是以生态环境为主要的切入点，特别是都集中研究了生态环境问题与政治的相互关系以及生态环境问题对政治的影响。

生态政治理论，就是要以生态效益为核心价值，用生态学的方法论、观点来研究政治问题，研究人类的生存活动、政治活动以及经济活动与生态环境问题的关联性，研究如何规范人类活动促进可持续发展和人与自然和谐共存发展的理论。① 在现代责任政府建设中，生态政治集中体现为生态责任。

"政府行政实践的核心问题是责任问题。"②责任，是民主政治和公共行政

---

① 韩天澍：《生态政治理论及中国的生态政治研究》，东北石油大学硕士学位论文，2014 年。
② ［美］乔治·弗雷德里克森：《公共行政的精神》，张成福等译，中国人民大学出版社 2003 年版，第 151 页。

的核心价值,民主政治必然是责任政治,民主政府必然是责任政府。根据《现代汉语大词典》的解释,责任,一般是指人对自己的行为、言语负责任,也就是社会成员根据所扮演的角色,对自己的行为和行为所产生的后果承担责任的义务。责任在法律制度里则包含三重含义,即职责、义务、法律责任。① 政府作为一种管理社会活动秩序的公共机构,应该是一个对公众负责任的政府,对社会公众负责任是其应有之义。实行代议制民主以来,责任政府的概念日益确立并广泛传播。

在西方学者看来,责任政府一般有三个标准。其一,关于评价制度方面的标准,也就是价值方面的评价标准,主要表现为回应性、公平性、灵活性、诚实性、责任性、能力等。其二,关于权力运行方面的标准。责任政府在权力的获取上,是通过人民授权的方式,或者是其他合法途径;在权力的行使上,是遵循一定的法律;在权力的失去上,是通过有效途径来剥夺官员权力。其三,关于监督评价方面的标准。责任政府建设要求建立一个严密的监督网络体系,使政府的权力受到一定的监督。

我们认为,要成为责任政府,应该具备以下基本内容和基本要素。首先,责任政府,是一个具备法治精神的政府。从一定意义上来讲,责任政府,其实也是法治政府。其次,责任政府,是权力有限的政府。责任政府,要求各级政府在有限的范围内,尤其是在一定法律范围内行使权力,行政活动要受法律条文的约束和限定,避免权力的无限膨胀,避免政府权力与公民权力不对等,在公民权力的监督之外。再次,责任政府,是服务型政府。责任政府,应该以服务社会为基本要求,尽可能满足公民的公共服务需求。最后,责任政府,是效能型政府。公共管理理论认为,一切行政活动的出发点是效率,政府的核心价值应以效率为主导。各级政府不仅要注重行政效能的提高,而且要注重行为给社会带来的综合效益。

生态责任理论的目的就是研究政府在发展经济过程中如何兼顾生态发

---

① 周亚越:《行政问责制研究》,中国检察出版社 2006 年版,第 2 页。

展,走生态化道路。

二、环境法治理论

早在古希腊时期,亚里士多德就意识到法律权威对国家治理的重要性,他认为法律制度是治理国家的强有力工具。他说:"一个国家的法律如果在官吏之上,而这些官吏服从法律,这个国家就会获得主神的保佑和赐福。"①

后来,法治理论在西方不断发展,西方学者对法治政府进行了很多研究,不同学者对法治政府的内涵作了不同的规定,但普遍根据民主为体、权利为本、法治为用的思想,认为法治政府应该是一个具备法律性质上的合法性政府,必然也是一个责任政府。这合法性,有三个层次的含义,即制度上的合法性、执政上的合法性、行为上的合法性,以及宪法或法律所具备的权威性原则。

如果一个国家的政治制度和政府的管理运行,在以上三方面都达到了一个满意的标准,那么,这个政府就是真正意义上的法治政府。法治政府的重要标志,就是利用法律对公权力进行控制,使之在法律范围内运行,并把公权力的自由减少到最低程度。② 通过控制政府权力,使其处于责任状态,形成政府的责任机制。

"法治"具有两个层面的含义,即法制和治理。生态环境需要立法和制度的保障与约束,通过规范公共权力来保护公共环境权益。生态问责制度能够减少权力的偏私倾向,有效防止权力使用的恣意性和权力异化,保障公共环境利益。与此同时,生态环境也需要社会各主体的协同治理。由于环境治理领域存在一定的政府失灵现象,这就要求在生态问责的同时,加强异体问责,规

---

① 法学教材编辑部《西方法律思想史编写组》编:《西方法律思想史资料选编》,北京大学出版社 1983 年版,第 25 页。

② [英]弗里德里希·奥古斯特·冯·哈耶克:《通往奴役之路》(修订版),王明毅、冯兴元等译,中国社会科学出版社 1997 年版,第 73 页。

范政府环境行为。

党的十八届四中全会指出："实现经济发展、政治清明、文化昌盛、社会公正、生态良好，实现我国和平发展的战略目标，必须更好发挥法治的引领和规范作用。"说明了我国的生态文明建设需要运用法治的思维促进国家生态治理，建设良好的生态环境。这一明确的定位也表明了我国要在依法治国的前提下推进国家政治生态建设。"依法行政"是现代国家政府管理的方式，因此，政府通过法律手段对生态环境进行管理，是最有效的方式之一。随着我国建设社会主义法治国家进程的加快，规范政府行为的法律法规得到不断健全和完善，如《中华人民共和国行政许可法》《中华人民共和国行政诉讼法》等，这一系列的法律法规为政府依法行政提供了重要的法律依据、理论依据，对于政府不作为、乱作为等行为具有重要的威慑作用。

自改革开放以来，我国的经济获得了突飞猛进的发展，在这个过程中，有的地方政府为促进本管辖区域内的经济发展、作出最大政绩，而忽视或不考虑环保指标，以牺牲生态环境为代价促进经济发展，导致政府在环境保护工作中出现了一些违法违规的现象。如引进污染企业，纵容污染企业的排污行为、官商勾结等不正之风，降低了环保部门行政执法效力，导致了污染环境事件的发生，给国家带来了巨大的经济损失，严重威胁了人民群众的生命财产安全。因此，生态环境污染问题若是得不到很好的解决，将会严重影响我国生态文明建设，也极大地阻碍了我国实现可持续发展的进程。依法治国是建设新时代中国特色社会主义生态文明的法制保障，因此，推动生态环境法治建设要求政府依法对生态环境负责，突出强调政府在生态环境保护工作中的责任。这也是在建立"生态政府"理念基础之上，政府职能在环境保护领域中的体现，同时也是政府行政体制改革过程中在生态环境保护领域中的进一步强化。只有切实加强政府履行生态环境保护职能，依法行政，有效地改善人民群众的生存环境，才能真正地体现政府"执政为民，以人为本"的执政理念，才能真正地实现人与自然和谐发展的目标。

三、行政责任伦理

责任政府是一种法学理念,强调"有权必有责,违法受追究"。从根本意义上讲,行政责任是规制行政问责制的伦理路径。

"责任"一词,常常被当作"义务"的同义词使用,不仅指主体必须履行的由法律法规和伦理道德所确定的义务即客观责任,而且指主体基于"自由意志"对义务承担的主观责任。从表现上看,责任不仅是一种外部性规定,而且与个体的人的信念紧密联系在一起,是一种个体的道德自觉。

责任是和角色联系在一起的。在私人领域,人是自由的,在人之为人的基本责任之上,个人可以不承担任何责任,也可以承担他愿意承担的任何责任。当然,只要他有了对责任的承诺,就必须履行责任。而在公共行政领域,政府及其公务员从事公共事务管理,必须考虑国家利益和人民利益,必须承担一系列限制性的责任。

在行政理论与实践的发展进程中,学者们对行政责任的内涵进行了深入探讨。斯塔林指出,行政责任包含以下六个方面的价值:(1)回应。政府及其公务员应快速了解民众的需求,既要了解民众过去的需求和现在的需求,还要了解民众未来的需求,并作出反应,采取积极措施。(2)弹性。在制定和执行政策的过程中,政府及其公务员要充分考虑各方面的因素,要结合每个地方的特色和实际,不能全国所有政策都完全一致。(3)胜任能力。行政责任要求各级政府的公务员,特别是地方政府的公务员要对结果负责任,要努力提高素质,提升行政能力和行政效率。(4)正当程序。政府及其公务员必须依法而治,未经正当法律程序不得剥夺他人的生命、自由和财产。(5)负责。政府及其公务员对其违法、失职之事必须承担责任。(6)坦白公开,清正廉洁。① 行

---

① Grover Starling,*Managing Pulic Sector*,Chicago:The Dorsey Press,1986,pp.115-125.

政伦理学家库珀认为,行政责任可以分为客观责任和主观责任。他认为,客观责任具体有职责和应尽的义务两个方面,它来自于对法律的负责,对组织规划、政策和标准的负责以及对服务于公共利益的义务;而主观责任指忠诚、良心以及认同,它来自于公务员对责任的感受和信赖。

从以上观点我们可以看出,斯塔林重视行政责任概念的外部性规定,而忽略公务员的伦理主体性;费里茨·马克思则重视公务员的伦理观念,而忽略客观性责任;费斯勒和凯特以及库珀的观点则比较全面,他们都看到了行政责任的外部性规定的重要性,不同程度地看到了公务员的道德信念对行政责任构成的重要性。[①]

因此,我们认为,行政责任伦理,一方面指行政主体(政府及其公务员)在公共行政工作中必须履行的法定义务或客观责任;另一方面则是指行政主体对其应有的法定义务所承担的主观责任。从积极的方面来说,它是公共权力的行使者应尽的义务,表现为一种主动的诉求;从消极的方面来说,它指当这种应尽的义务没能尽到、应实现的目标没能达到时,公共权力的行使者应该承担的后果——主要指责任的追究。后一重意义上的责任虽然是消极的,却是至关重要的,因为它是前一重意义上的责任的补充和保障。[②]

随着民主观念深入人心,责任政府的内涵不断丰富,社会发展对政府环境责任的承担提出了更高的要求。一方面,政府作为公共权力中心,承担着维护生态环境的责任。正确履行权力、合理行使环境职权是获得政治合法性和提升政府公信力的内在动力。另一方面,政府作为社会服务者,应当以人为本,以人民的共同利益为导向,维护人民的环境权益。生态环境是社会乃至世界的共同话题。完善生态问责制度、规范政府行为是政府应该承担的道德义务,也是建设美丽中国、构建人类命运共同体的必然要求。

---

① 卢智增:《行政责任:规制行政自由裁量权的伦理路径》,《岭南学刊》2009 年第 3 期。

② 卢智增:《试析公务员的行政责任伦理》,《河北青年管理干部学院学报》2008 年第 3 期。

四、权力制衡理论

权力制衡理论,是围绕权力约束和权力制衡所展开的学说。它强调,要合理设计权力结构,对政府权力运行进行抗衡、制约、监督,使政府权力不超越一定的界限和范围,从而保证政府权力廉洁行使,防止政府权力被异化,使政府权力的运行达到为人民服务的目的。

历史证明,任何权力如果不受监督、不受制约,就很容易造成腐败,必然是危险的。孟德斯鸠认为:"不受约束的权力必然腐败,绝对的权力导致绝对的腐败;道德约束不了权力,权力只有用权力来约束。"①

早在古希腊时期,亚里士多德就意识到法律对权力制约的重要作用,他认为,一个城邦的合理运转,需要加强法律监督,这样才能杜绝某些人滥用手中权力和财富,使行政权力受到约束和控制,改善民主国家的治理。

为了限制政府权力过于集中,保障政府权力的正常运转,同时保证公民自由权力神圣不可侵犯,洛克把国家权力划分为立法权、执行权、对外权。他认为,这三种权力之间应该互相制衡,应该采用强力对付强力的办法,对一切滥用权力者的行为进行监督和制约。②

为了实现公民政治自由,杜绝权力滥用,孟德斯鸠认为,实现分权制衡的一个基本方法,就是运用权力约束权力。他认为,国家权力可以分为三种,即立法权、司法权、行政权。这三种权力之间不应该彼此分立,而应该互相制衡,这样可以杜绝权力滥用。

马克思、恩格斯特别强调人民监督政权、实行权力制约的重要意义,认为人民要想实现当家作主,必须掌握监督政府的权力。在巴黎公社时期,马克思提出,一切社会公职,包括中央政府,都要由公社的勤务员执行,使所有公职人

---

① [法]孟德斯鸠:《论法的精神》(上册),张雁深译,商务印书馆1982年版,第154页。
② [英]洛克:《政府论》(下篇),瞿菊农、叶启芳译,商务印书馆1982年版,第91页。

员处于公社的监督之下。① 马克思于 1871 年 4 月指出,公社要以接受人民监督的勤务员代替那些骑在人民头上作威作福的老爷们,实行真正的责任制。② 恩格斯于 1891 年指出,为了防止国家公职人员由社会公仆变成社会主人,公社必须把一切职位交给由普选选出的人担任,而且如果公职人员出现腐败行为,人民可以随时撤换他们。③

列宁根据俄国的特殊国情,建立了一套社会主义国家权力制约理论,主要集中在两个方面:一是党内民主监督理论。列宁提出,要提高监督机构在党组织的地位,确保监察机构的独立性,使之不受任何机构或者个人的干扰。二是权力制约权力理论。列宁高度重视法律监督、舆论监督、信访监督工作,推行信访检查监督制度、来访登记制度、定时公开接待制度等。此外,列宁还鼓励工农对权力监督活动的直接参与,他在《苏维埃政权的当前任务》一文中指出,我们要实行罢免制和自下而上的监督制,与官僚主义作斗争,防止公职人员腐败和苏维埃政权蜕变。④

我国行政问责思想就是建立在马克思主义的民主监督理论基础之上的,是马克思主义中国化的一个根本体现。《中国共产党第一个纲领》就明确提出,党员干部"一定要受地方执行委员会的最严格的监督"⑤。为了加强党的纪律,党的五大重新设立了党内监督机构——中央监察委员会,规定在全国代表大会及省代表大会选举中央及省监察委员会。⑥ 1932 年,苏区政府组建了工农检查委员会。新中国成立后,党中央出台了《关于成立中央及各级党的纪律检查委员会的决定》,要求在县级以上党委建立纪律检查委员会。

邓小平同志的权力制约思想体现在三个方面。一是法制制约权力的思

---

① 参见《马克思恩格斯选集》第 3 卷,人民出版社 1995 年版,第 121 页。
② 参见《马克思恩格斯选集》第 3 卷,人民出版社 1995 年版,第 96 页。
③ 《国家与革命》,人民出版社 1976 年版,第 73 页。
④ 参见《列宁选集》第 3 卷,人民出版社 1972 年版,第 526—527 页。
⑤ 中央档案馆编:《中共中央文件选集》第一册,中共中央党校出版社 1988 年版,第 4 页。
⑥ 中央档案馆编:《中共中央文件选集》第三册,中共中央党校出版社 1988 年版,第 24 页。

想。他认为,制约权力运作的一个根本途径,就是要"依法制权",必须做到"有法可依、有法必依"。二是制度制约权力的思想。他认为,要通过建立一套有效的制度,如民主集中制、人民代表大会制度、多党合作和政治协商制度、退休制度等,规范权力的运行。三是监督制约权力的思想。邓小平同志提出,要加强群众监督、舆论监督、党内监督,尤其"要有群众监督制度,让群众和党员监督干部,特别是领导干部"。[①]

可见,我国问责思想是基于中国革命实践,有着丰富的理论源泉和扎实的实践基础。建立健全权力制约机制是建设民主法治国家的基本环节,是构建生态问责机制的重要内容。

五、环境善治理论

人类与自然的关系,在一定程度上来说,有两种表现形式:一是人类与自然处于相对和谐的状态;二是人类与自然处于对抗与冲突的状态。现代文明是工业文明,工业文明发展到现在,在取得辉煌成就的同时,也陷入难以自拔的危机当中,这主要表现为生态危机。工业文明危机日益加深的同时,在客观上也促进了人们运用新的理论、新的观念、新的观点对工业文明的危机进行反思,这就产生了新的治理观。治理理论是针对 20 世纪 90 年代以来,一些社会问题的不可治理性导致政府失灵或市场失灵而兴起的一种理论。

随着全球对公共治理的关注,目前,学者们对治理理论基本内容的概述还存在多种说法。但从国内学者的研究成果来看,治理理论主要有以下几个方面内容:一是治理主体的多元化,即社会管理主体多元,政府、志愿组织、非营利性组织、企业等社会主体都是治理的主体。[②] 二是重新定位政府职能。政府不是全能政府,而是有效政府,政府要集中力量"掌舵",而不是"划桨"。政

---

① 《邓小平文选》第二卷,人民出版社 1994 年版,第 332 页。
② 田蜜蜜:《治理理论与我国环境治理格局重构》,《学理论》2013 年第 25 期。

府还要承担规范协调其他社会组织行为的职能。① 三是强调多元管理主体间的相互依存性。治理理论认为,政府与其他社会组织相互独立、相互依存、相互沟通与协作。②

善治,即良好的治理,是人们持续追求和渴望实现的一种理想的国家治理模式,而不是一种强制的统治。善治,本质上是一个政府与公民共同对公共生活进行管理合作的过程,是一个国家权力回归于社会、还政于民的实践过程,也是一个实现公共利益最大化的过程。

生态环境是一种特殊的公共物品,具有鲜明的外部性特征。政府作为公共权力的中心,在环境资源的配置中发挥着不可替代的作用。而生态问责制是影响公共环境利益实现程度的重要因素之一。完善生态问责、保护生态环境既是人民的选择,又是政府的职责所在;既是维护社会利益的体现,更是公民、社会和国家的共同愿景。

在生态文明建设中,善治理论为我们在生态环境治理方面提供了新的视角与范畴,可以改变以主体—元化和管理手段简单化为主要特征的传统环境保护模式,综合利用法律、行政、经济、教育、科技和社会等手段,充分发挥各利益主体的作用,通过调动各个社会主体的积极性,参与到生态环境治理当中,实现生态环境治理工作的有序进行。

六、生态文明理论

对于"文明"的解释,从古代到现代"文明"都包含着文采、文教昌民、文治教化等诸如此类的意思。如《易·乾》:"见龙在田,天下文明。"孔颖达疏:"天下文明者,阳气在田,始生万物,故天下有文章而光明也。"到了现代,"文明"

---

① 田蜜蜜:《治理理论与我国环境治理格局重构》,《学理论》2013 年第 25 期。
② 侯保疆、梁昊:《治理理论视角下的乡村生态环境污染问题——以广东省为例》,《农村经济》2014 年第 1 期。

一词在内涵上已经发生了改变，内涵变得更加丰富多彩且具有深意，是指人类所创造的财富总和，如教育、科学、文化、艺术等，也指人类社会发展到较高阶段并具有较高文化的状态，如人与人之间、人与社会之间、人与自然之间的活动。百年的工业文明以征服自然为主要特征，世界工业化的快速发展在促进世界经济增长的同时，全球性生态危机也日益严峻，如人类对自然的过度索取，导致了自然资源的枯竭、生态环境的破坏等。这些环境问题的出现足以说明地球再也不能支持工业化的继续发展，需要开创新的文明形态来维持人类的发展，由此生态文明孕育而生。人类文明经历了农业文明、工业文明，进入了生态文明的新阶段，生态文明是从生态的角度强调人类在改造自然的同时又要积极地保护自然，是以通过改善人与自然的关系，达到人与自然、人与社会和谐共生、良性循环，建设良好的、优美的生态环境的社会形态。①

无论是从马克思主义自然观、实践观，还是马克思主义对社会形态的考察研究结论，都包含着丰富的生态观的思想。首先，马克思主义自然观中就包含了生态观的思想，马克思主义认为："人本身是自然界的产物，是在自己所处的环境中并且和这个环境一起发展起来的"②。也就是说，人本来就是从自然界中分化出来的一部分，虽然人有能力改造自然，但是不能一味地向自然界索取，人与自然应该是和谐统一的。其次，在马克思主义实践观方面，蕴含着生态观的理念，马克思主义认为，人具有认识和改造自然的能力，但是人类在改造自然的过程中往往追求利益上的满足，却违背了自然界的客观规律，但是也遭到了自然界的报复。诚如恩格斯所说，我们人类虽然取得了对自然界的胜利，但是自然界对我们也进行报复。③ 再次，在马克思主义生态观中，马克思、恩格斯通过长期对资本主义社会形态的研究，揭露了资本主义工业生产下残酷的剥削、掠夺、压榨自然的现象，得出了"剩余价值"这一著名论断，马克思、

---

① 生态文明，见 http://baike.sogou.com/v289281.htm。
② 《马克思恩格斯文集》第 9 卷，人民出版社 2009 年版，第 38—39 页。
③ 参见《马克思恩格斯文集》第 9 卷，人民出版社 2009 年版，第 559—560 页。

恩格斯亲眼目睹了这种资本主义生产方式带来污染、贫困、浪费等严重的生态问题。针对这些问题,马克思主义提出了人类发展要通过掌握和运用自然界的客观规律和社会发展的规律。如今,我党要实现生态文明建设这一要求,必须继承和发展马克思主义生态观思想,才能充分推动我国生态文明建设。

同时,环境产品本身也是公共产品。公共产品具有消费上的非排他性和非竞争性,而环境产品和环境服务具有"消费非排他性"的特点,因此,环境产品和环境服务也是典型的公共物品。私人对公共物品存在不愿提供和提供成本过高问题,所以,公共物品的提供者只能是政府。我国《宪法》第二十六条规定:"国家保护和改善生活环境和生态环境,防治污染和其他公害。"这充分说明了政府是公共物品的提供者。然而在现实生活中,由于政府生态责任的缺失,缺乏对生态环境管理与监督,致使生产者转嫁污染成本到生态环境这样的公共物品上,因此,政府对于生态环境污染存在"市场失灵"现象,这是一种政府责任担当意识不强的表现。此外,生态环境作为公共产品,还存在"搭便车"现象,即不需要承担任何费用就可以享受到别人付费的东西。在现实生活中,单靠市场机制来调整以及优化资源配置容易放纵市场主体为了达到自身利益的最大化而牺牲社会的生态环境资源,导致生态环境问题日益恶化,生态环境资源破坏比较严重。所以,为了防止"市场失灵"和"搭便车"现象的出现,必须借助政府的力量对市场主体行为进行规制,运用政府"看得见的手"实现对社会经济资源的优化配置,政府应在法律法规中制定切实有效的措施加强对公共产品的监督和管理。政府尤其是地方政府依法管理本行政区域内的社会事务,是本地区公共利益的代表,应该履行生态环境保护的职责,主动承担生态环境保护的责任。

因此,我们党和国家高度重视生态文明建设。党的十七大报告提出"生态文明"的概念,提出要积极努力地建设中国生态文明,基本形成符合资源节约型、环境友好型要求的产业结构等。在中国特色社会主义事业建设过程中,建设生态文明的理念得到了贯彻与发展。党的十八大报告指出,建设生态文明是关系人民福祉、关乎民族未来的长远大计。面对环境恶化的严峻形势,我们要树立尊重自然、顺应自然、保护自然的生态文明理念,把生态文明建设放在突出地位,融入中国特色社会主义建设的各方面和全过程,努力建设美丽中国,实现中华民族永续发展。党的十九大报告进一步将建设生态文明提升为"千年大计",将"建设美丽中国"提升到人类命运共同体理念的高度,并纳入国家现代化目标之中。

七、包容性发展理论

目前人类面临着大气污染、酸雨危害、臭氧层被破坏、温室效应加剧和气候变暖、水资源短缺和水体污染、森林资源被破坏、荒漠化、土地资源减少和土壤污染、固体废弃物、生物多样性锐减等全球十大环境与资源问题,迫使人类重新反思自己的社会经济行为,深入分析传统的发展观、价值观、资源观和环境观的弊端,"包容性发展"战略正是应景而生。

包容性发展源于可持续发展。早在 1972 年,在斯德哥尔摩举行的联合国人类环境研讨会上首次提出"可持续发展"概念。1987 年,世界环境与发展委员会主席布伦特兰发表的报告《我们共同的未来》则对可持续发展进行了明确界定,即既能满足当代人的需要,又不对后代人满足其需要的能力构成危害的发展。可持续发展理论强调共同、协调、公平、高效、多维的发展。1991 年11 月,国际生物科学联合会和国际生态学协会联合在其研讨会中从自然属性方面将可持续发展定义为,保护和加强环境系统的生产和更新能力,即认为可持续发展是寻求一种最佳的生态系统以支持生态的完整性和人类愿望的实现,使人类的生存环境得以持续。同年,由世界自然保护同盟、联合国环境规划署和世界野生生物基金会共同发表了《保护地球——可持续生存战略》,主要从社会属性方面解释可持续发展:"要在生存于不超过维持生态系统涵容能力的情况下,提高人类的生活质量"。在《经济、自然资源不足和发展》一书中,作者 Edward B.Barbier 主要从经济属性角度定义可持续发展:"在保持自然资源的质量和其所提供服务的前提下,使经济发展的净利益增加到最大限度"。有的学者指出,可持续发展要求当代的资源使用不应减少未来的实际收入。有的学者则从技术的角度界定可持续发展的定义,认为可持续发展要大力发展更清洁、更有效的技术,尽可能减少自然资源消耗。①

早在 2007 年 8 月,亚洲开发银行在北京召开的以包容性增长促进社会和谐战略研讨会上就率先提出了"包容性增长"的概念,而"包容性"本身也是联合国千年发展目标中提出的观念之一。2009 年 11 月 15 日,在亚太经济合作组织会议上,胡锦涛同志提出并强调"统筹兼顾,倡导包容性增长"。博鳌亚洲论坛 2011 年年会的主题是"包容性发展:共同议程与全新挑战",旨在通过政府、企业、学术界和媒体之间的广泛对话,进一步探讨包容性发展的内涵,为亚洲经济的适时转型提供前瞻性的思路和引导。

包容性发展观包括两大内涵。其一,从全球看,包容性发展意味着在各国经济发展道路上,西方发达国家对于发展中国家须采取更加宽容、鼓励和积极支持的态度,而不是继续强行地哪怕自以为好心地把自己的增长模式不遗余力地推广到其他国家和地区,视其他发展模式为异类,不屑一顾,甚至干预阻挠。其二,从国内看,包容性发展意味着我国经济发展必须以更加充沛的精力保护环境,以更加多样的方式方法节约资源,以更大的决心和力度调整不合理的经济结构,以更多的投入缩小地区差距和城乡差距,最终促进中国经济在新的基点与平台上更加稳定、协调、持续地向前发展。②

作为当今世界的主流发展模式,包容性发展观强调自然资源的有限性,经济、社会各方面发展的过程中要考虑到生态资源环境的承受能力。包容性发展观追求的不仅是经济总量上的进步,而且更加关注发展过程中资源的消耗

① 李龙熙:《对可持续发展理论的诠释与解析》,《行政与法(吉林省行政学院学报)》2005 年第 1 期。

② 卢智增:《谈"忠恕之道"及其对包容性发展观的价值》,《商业时代》2012 年第 2 期。

和经济的增长质量。因此,我们必须在包容性发展理论指导下,坚持以人民为中心的发展思想,通过行政、经济、道德、法律等手段倡导绿色发展,大力加强生态文明建设,建设美丽中国。

第二章　生态问责制的构成要素与原则

一、政府生态责任的内涵

　　责任是建设民主政治与发展公共行政的核心内容。责任一般包含两个层次的含义:一是指必须承担的职能和义务;二是指没有正确履行其职责或违反义务时必须承担的后果。[①] 在公共关系学中,责任常常是指国家公务人员的职责。责任作为当代政府的重要标志之一,责任政府的建设意味着对公民的正当诉求作出切实可行的回应,并积极地采取措施应对公众的回应,帮助公众解决问题,把为人民谋利益当作自身的职责所在。政府应该承担哪些责任,在不同的发展阶段会表现出不同的期望和需求。早期政府主要承担的责任是政治责任、法律责任,关注的焦点是如何对人民进行有效的统治。到了近代,随着生态环境问题的日益严峻,政府在生态保护方面的责任提上了日程,政府逐渐变成生态保护的主体,并发挥着重要的作用。

　　不同学者对政府责任的内涵理解不一样。张成福认为,政府责任包括道德责任、政治责任、行政责任、诉讼责任和赔偿责任五种。罗姆瑞克(Romzek)认为,政府责任包括官僚责任、法律责任、政治责任和职业责任四

---

　　① 郭小聪主编:《行政管理学》(第二版),中国人民大学出版社 2008 年版。

种。而且,在不同历史时期,政府责任有不同的内涵。[①] 例如,地方政府的首要社会责任就是促进经济与社会的发展,但随着生态环境的恶化,地方政府已经意识到生态责任的重要性,倡导"经济与生态的适应"成为地方政府新的责任形态。

随着我国资源枯竭、环境污染、生态系统退化、大气污染、土壤污染、水体污染等问题日益严峻,生态文明建设显得迫在眉睫。2005 年,胡锦涛同志为在北京开幕的"21 世纪论坛"2005 年会议致贺信中提出"生态良好的文明"。2007 年,"生态文明"第一次被写入到党的十七大报告之中,生态文明建设成为全面建设小康社会的目标之一。2012 年,党的十八大将生态文明建设提高到一个新的高度,与经济建设、政治建设、文化建设、社会建设一同列入中国特色社会主义事业"五位一体"总体布局中,努力建成以人与人、人与自然、人与社会和谐共生为宗旨的生态文明。2014 年,我国修订《中华人民共和国环境保护法》,更加凸显了我国生态文明建设的紧迫性。因此,建立健全生态责任追究机制,同样具有紧迫性,是完全符合我国国情的政策选择。那么,在生态文明建设中,地方政府应该承担什么责任,如何履行生态责任呢?

"生态责任"一词缘起于世界各国在经济发展和社会转型过程中对环境问题的关注。生态责任由"生态环境"和"责任"二词组成。在传统的认识中,人们多将"责任"一词理解为一种事后责任,即消极的责任追究。随着社会发展,其含义也逐步扩展为以未来为导向、更具前瞻性的事前责任和未能积极履行职能的无作为责任。我们可以将生态责任定义为,在社会发展过程中,政府、企业、社会组织、公民个人等不同社会主体维护生态环境所应承担的责任以及未履行或没有履行好相应职责所承担的后果。

政府生态责任是政府责任的重要组成部分,是政府在环境保护与治理中应承担的责任,是政府的政治责任、伦理责任合乎逻辑的延伸,并体现政府的

---

① 李鸣:《略论现代政府的生态责任》,《环境与可持续发展》2007 年第 2 期。

社会责任和经济责任。由于特有的号召力、影响力、强制力以及生态环境资源的公共物品属性,政府的角色特别重要。"经济发展靠市场,环境保护靠政府"体现了政府在生态文明建设中的重要地位。

目前,我国学者大多从政治学、法学等方面讨论政府生态责任的基本内涵。黄爱宝、陈万明从政治学的角度,从构建责任政府出发,认为政府生态责任是政府基于民主和服务价值理念,以人与自然的和谐发展作为价值目标,在特定责任制度安排中,与特定机构、职位相联系的义务与职责。① 蔡守秋则从法学的角度,从对"责任"的法律解读切入,认为政府环境责任分为政府第一性环境责任和政府第二性环境责任,前者是指相关环境法律规定的政府在环境保护方面的义务,后者是指政府因违反相关环境法律规定而承担的法律后果。龙献忠、许艺豪则结合政治学与法学的观点,认为政府生态责任是政府运用经济、行政、教育、法律等手段,积极地履行其在环境保护领域的应尽义务与法定职责。② 沈满洪认为,政府生态责任是指政府对保持良好的生态环境应承担的责任。③

从权力配置的角度来看,可将其划分为中央政府生态责任和地方政府生态责任。《中华人民共和国环境保护法》对政府生态责任的规定主要包括:保护和改善环境;环境监督与管理;防止污染和其他公害;推进生态文明建设;对造成生态环境损害的履职状况应承担的法律责任。

笔者认为,政府作为公共事务的管理者,是推动全社会生态文明建设的关键,其承担的生态责任应该是,将生态文明建设归入到社会建设的总体布局中,积极发挥政府主导责任,通过培育生态文化和生态伦理,在政府部门及社会组织的直接推动下,在公民的广泛参与下,倡导符合生态文明的生产方式和生活方式,在全社会实现可持续发展。从纵向来看,生态责任主要是在中央政

---

① 黄爱宝、陈万明:《生态型政府构建与生态 NGO 发展的互动分析》,《探索》2007 年第1 期。

② 龙献忠、许艺豪:《政府生态责任与臻善》,《求索》2010 年第 2 期。

③ 沈满洪:《生态文明视角下的政绩考核制度改革》,《今日浙江》2013 年第 11 期。

府与地方政府之间进行合理的配置,地方政府是执行中央政府决策的,是地方生态环境保护的主体。因此,在"生态政府"理念下,在生态文明建设过程中,笔者认为,所谓地方政府生态责任,主要是指地方政府作为承担生态责任的主体,在本地区社会发展的进程中,遵循可持续发展战略,所担负的保护和治理环境、维持和协调生态平衡的义务和责任,以及引导监督当地企业、公民和非政府组织积极参与环境保护,以保证本地区生态平衡与协调发展的责任,并对违反这些责任和职责承担后果。① 政府生态责任具体分为生态政治责任、生态经济责任、生态行政责任、生态法律责任、生态道德责任、生态教育责任等,其中以生态经济责任为主要方面。

(一)政府生态政治责任

20世纪初期,古德诺、韦伯等西方思想家提出了政府的政治责任。古德诺在发展前人思想的基础上提出了政治行政两分法,他把政治和行政分别比作了国家意志的表达功能和国家意志的执行功能两个方面,而这种国家意志表达的承担主体是各级政府,各级政府要对相应的议会负责,政府部门应当为管理过程中的失误和不良后果负责任。

政治责任是现代民主国家对政府的基本要求,是行政机关责任体系的核心内容。政府机关及其公务员必须对人民负责,对民选代议机构负责,其行为必须最大限度地符合人民的利益。如果政府的施政措施导致国家或人民利益受损,有时候即使不追究其法律责任,但必须承担一定的政治责任。

政治责任是政府机关及其官员履行符合人民要求的以及公共政策的责任,以及没有履行规定职责时应该承担的后果。政府生态政治责任,就是政府履行制定、执行符合民意的关于生态文明建设、环境保护和社会可持续发展的法律法规及公共政策的责任,以及没有履行好责任时所应承担的后果。生态

---

① 卢智增、庞志华:《地方政府生态责任追究机制研究》,《四川行政学院学报》2015年第5期。

文明建设中的政治责任,首先,是指政府机关制定法规和公共政策时,一定要充分考虑人民群众的环境需求及社会发展对生态文明建设的要求,对于违背人民群众意愿和社会发展规律、损害社会整体利益的公共政策,要承担相应的政治责任;其次,是指政府机关及其公务员没有履行或者没有正确履行法律法规和公共政策规定,应承担相应的后果和政治责任,如撤职或开除。

(二)政府生态经济责任

生态经济一词来源于英文单词"economic"(经济的)和"ecological"(生态的)两个英文单词的词头,是指在生态环境可以承受的范围内,发展一些生态高效、生态发达、生态节约型经济,是一种实现物质文明与精神文明、自然生态与人类生态和谐发展的经济。生态文明建设过程中,政府生态经济责任的一个重要目标就是发展生态经济,实现经济的可持续发展,努力做到既满足当代人的需要,又不危及后代人的需要。

由于政府行政机关及其公务员也有经济利益追求,有时候可能会为了局部经济利益,而忽视了生态文明建设的要求,因此,为了控制和制约政府的不当环境行为,有必要引入生态经济责任。如果政府出现不当环境行为,并给公民和社会组织带来经济损失,政府有责任向公民、社会组织或相关机构进行经济赔偿。如果政府出现环境违法行为,则应该按照相关法律法规追究相关部门及公务员的经济责任、法律责任。

政府生态经济责任,就是政府运用有效的经济手段,倡导生态文明理念,制定生态经济发展目标,建立健全生态管理制度,积极履行节约资源、治理环境、促进生态环境保护与社会经济协调发展的义务,主动承担自然、社会、经济及全人类可持续发展的责任,大力发展生态经济、循环经济、绿色经济,大力提高生态管理水平,努力实现生态、经济协调发展。在生态文明建设过程中,政府要通过发挥"无形的手"的作用,对经济的发展方向进行调控,通过财政支出,增加对环保事业的投资,鼓励发展高效、环保、绿色的新型产业,对于一些高污染、高耗能的产业予以征收环境税、污染排放税。

（三）政府生态行政责任

政府的行政责任是民主政治发展的必然要求，政府的行政行为必须以完备的方式以昭信守，并负违法失职的责任。张国庆认为，政府行政责任包含两个方面的内容：一是应作为的行政责任，即政府行政机关应该做的行政责任；二是不得作为的行政责任，即政府行政机关不应该做的行政责任。政府行政责任是由宪法和法律明文规定的，政府行使行政权力必须遵守相关法律法规，如果政府超越宪法和法律规定行使行政权力，政府及其公务员必须承担宪法和法律规定的相应责任。基于以上分析，笔者将政府生态行政责任界定为，政府及其公务员按照环境法律法规和环境公共政策的规定，对环境行为负有作为或不作为的责任，否则将承担相应的后果。

（四）政府生态法律责任

政府生态法律责任，是指各级政府对完善生态文明建设相关法律建设环境执法监督体系等方面应该承担的责任。一方面，政府要从生态文明建设的实际出发，制定一系列环境保护的相关规章、制度、政策。如建立公民参与生态保护的机制、环境责任保险机制、生态资源循环利用机制、生态环境价值补偿机制、生态环境的动力学机制等，建立生态税收制度、生态审计制度等，以切实履行生态责任，以生态政策促进经济发展，实现生态与经济的协调发展。另一方面，政府要进一步完善环保管理体制，加大环境执法力度，提高环境执法水平，实行严格的环境问责制，通过国有资源有偿使用、财政、税收、信贷、经济奖惩等手段约束各种环境行为，减少不必要的环境污染和生态损失。

（五）政府生态道德责任

道德责任也是一种道德义务，是有高度思考能力的个体及群体在一定的社会关系及自然关系中应当对社会及自然履行遵守道德及维护道德的责任。责任政府理论认为,政府责任包含道德责任,政府应当树立以公共利益为依归的社会正义原则。

所谓政府生态道德责任,是指政府及其公务员在生态文明建设过程中,为保护生态环境应当具有的道德理念、道德行为及对自然、社会应承担的道德义务,以及违反这些道德理念和不当行为所应该承担的后果。道德责任是一种义务。在没有法律明确规定时,它就是一种社会责任,是社会普遍对某一主体的一种期望,而这种期望很多时候又不能用法律法规加以规定,主要靠被期望主体的自觉。政府及其公务员的行政行为必须符合社会与人民的要求,符合人民的利益和国家利益,应具备高标准的清廉、诚实、负责任等品质。生态文明建设的复杂性更加要求政府及其公务员在生态文明建设过程中,具有更高的主动性、积极性和负责任的精神。

此外,地方政府还应该履行生态教育责任,通过各种形式的生态教育促进生态文明发展。其实,造成生态环境危机的根本原因是人类对待自然的态度。因此,解决生态环境问题,必须从生态教育入手,通过建立政府引导、企业和全体公民共同参与的立体化全民生态教育体系,加大环境保护及环境法制的宣传力度,以生态文化丰富精神文明,切实增强人们的环境保护意识,帮助人们树立正确的生态文明观、环境伦理观、资源价值观和可持续发展观,为社会主义精神文明、政治文明、物质文明提供坚实的基础。

地方政府还应该履行生态管理责任,特别是西部地区政府更应该加强生态环境管理,切实解决突出的生态环境问题。目前,西部地区农村生态环境最突出的问题是土壤污染、农村饮用水安全、城市工业污染向农村转移、农业生产废弃物综合利用率低和面源污染等。因此,西部地区政府应该重点开展村庄环境污染综合整治、工业企业污染防治、土壤污染与农村面源污染治理、农村饮用水环境安全治理、规模化畜禽养殖污染治理等,以促进西部地区农村生态环境的整体改善。

二、生态问责制的内涵

责任追究机制是一种新的治理方式,是实现责任政府的重要保障,是公共管理的基石,已经成为所有民主社会现代文明的关注点。尤其是在生态文明建设的背景下,强化地方政府生态责任担当,切实履行地方政府生态责任,是改善我国生态环境的重要出路。

责任追究机制,其实就是问责制。关于什么是问责制,目前没有统一的界定,只是在我国政治领域内有实践的案例。"问责"一词,源于英文"accountability",其含义是每个职位上的人都有责任对其担任该职位发生的行为进行解释,并接受公众的批评。① 我们从字面的解释看,"问责"就是追究分内应做之事,"问责制"就是责任追究制。问责制,源于民主政治、民主行政、政府责任的思想,要求政府行为与公共政策必须考虑公民的意志,向公民负责,必须遵循政府服务于公民而不是公民服务于政府的民主原则。②

笔者认为,所谓行政问责制,是指公众对政府及其公务员的行政行为进行质疑,是一个系统化的"吏治"规范。它不仅仅是过错行为的责任追究,也包括对行政无作为、不作为、乱作为、作为不力等非过错行为的责任追究。行政问责制既要求政府就公共财政的使用给予责任回应,也要求政治家和公务员就公共权力的使用给予责任回应,还要求行政首长就公众需求和参与意识给予责任回应。③

通过实施行政问责制,可以实现对行政权力、行政行为的全过程监督,使政府及其公务员自觉承担责任;也可以实现事前、事中、事后的全面约束机制;还可以把社会监督制度化,使监督主体在行使问责制时,能做到有章可循、有

---

① 《麦克米伦高阶美语词典》(英语版),外语教学与研究出版社 2003 年版,第 1199 页。

② [美]乔·萨托利:《民主新论》,冯克利、阎克文译,东方出版社 1993 年版,第 38 页。

③ 宋涛:《社会规律属性与行政问责实践检验》,社会科学文献出版社 2010 年版,第 60 页。

规可依,督促政府及其公务员更好地履行职责,真正对人民负责,从而真正实现对行政权力的制约。①

根据问责内容和实现机制上划分,行政问责有同体问责和异体问责两种类型。同体问责,就是政府系统内部的问责,既包括上级政府对下级政府的问责及对其公务员的问责,也包括政府官员自身的问责,是一种"自上而下"的行政问责方式。

异体问责则是从问责主体角度优化行政问责的方法,所谓"异体问责"就是行政系统外部对行政系统内部的问责,是一种"由外对内"的问责方式,其问责主体主要是司法机关、党政机关、民主党派、社会团体、新闻媒体、公民个人等,其核心是各类民意代表对行政主体的问责。实施异体问责,要求打破政府对行政问责控制权的局部秩序,引入多元化的问责主体,重新在政府以外的其他国家机关、新闻媒体、社会团体、公民个人等问责主体之间分配权力,重构行政问责的权力场,使政府成为真正负责任的政府。

在生态文明建设中,我们必须建立健全生态责任追究机制,积极推行生态问责制。我国学者对生态问责制的内涵进行了一定研究。康建辉等认为,政府生态问责制,就是问责主体基于公共环境利益保障,以各级政府部门及公务员为问责客体,对其环境保护情况进行监督考核,并对其环境违法行为进行责任追究。② 但该观点对问责客体的环境责任履行考核应遵循的原则和标准没有论述。范俊荣认为,生态问责制是一种责任追究制度,主要追究政府环境主管部门官员的环境违法行为。③ 肖萍侧重于生态问责制的理论体系构建,她认为,环境保护问责机制具有系统性,应包含生态问责的条件、主体、客体、方

---

① 卢智增:《我国现行行政问责制的局限性及完善措施探索》,《理论导刊》2006 年第 10 期。

② 康建辉、李秦蕾:《论我国政府环境问责制的完善》,《环境与可持续发展》2010 年第 4 期。

③ 范俊荣:《浅析我国的环境问责制》,《环境科学与技术》2009 年第 6 期。

式、方法、程序等内容。①

笔者认为,生态问责制就是国家通过立法确定参与生态保护主客体各方的权利与义务,制定生态保护监督的评判标准,并定期开展生态环境评估活动,对其环境履职情况进行考核的一整套具有科学性、可行性的综合评判标准,是以保护环境、提高生态水平、保证生态平衡与协调发展为目的,以建设社会主义现代生态文明社会为己任,最终接受责任追究的一种制度设计。建立地方政府生态责任追究机制,其根本目的就是约束和激励地方政府及地方环境保护部门的行为,改变政府生态管理的方式,从而促进生态环境改善,保证生态平衡与协调发展。

为了准确把握生态问责制的内涵,我们需要分析其基本特征。

(一)效应双重性

生态问责制具有双重效应,它不仅是一种惩罚机制,也是一种激励机制。虽然生态问责涉及责任的追究和惩戒,但是我们不能简单地把责任的追究和惩戒完全等同于生态问责。未履行环境责任者受到惩罚是理所当然的,而履行环境责任者虽不会受到惩罚,但往往也得不到奖励,这显然对履行环境责任者没有激励作用。因此,对未履行环境责任者进行惩戒的同时,也应该对守责行为进行适当激励,也就是说,生态问责具有效应双重性。

(二)向度全程性

对未履行环境责任者进行责任追究与惩戒,并不是生态问责的最终目的。问责仅仅是一种责任追究方式,其真正目的应该是,借助事后责任追究的威慑性对环境权力行使者进行警示,通过问责来规范责任主体的行为,避免因行为失范而对环境造成损失,进而保护环境、改善环境。因此,生态问责制不仅指

---

① 肖萍:《环境保护问责机制研究》,《南昌大学学报(人文社会科学版)》2010 年第 4 期。

向环境责任的尾端,还指向责任的起点,贯穿于环境保护责任落实的全部过程。生态问责制不仅要对环境违法行为进行责任追究,还要对环境不作为或者不正确履行环境责任的行为进行全程监督和问责。

（三）形式多元化

上问下责是生态问责的主要形式,这种问责方式属于等级问责,行使了组织内部上级对下属的绝对质询权力,上级与下属之间关系不对等,呈现出一元性特点。现代生态问责制不应该仅仅局限于上问下责,而应该体现多元化特征。一是问责主体的多元性,不仅仅有直接隶属关系的上级行政机关可以行使问责权,立法机关、司法机关及社会公众等也应该可以进行生态问责。二是问责方式的多元性,除了上问下责之外,还可以引入水平主体之间的问责,以及异体问责。因为如果将生态问责等同于"上问下责"的话,会严重影响生态问责的实际效果。

（四）内容普遍性

过去的问责往往是针对环境污染事件的事后问责,我们要改变过去的问责方法,重视地方政府对环境保护日常监管不力的现象,重视环境资源的日常保护和珍惜,建立生态问责的长效机制,既要加强对突发性事故问责、对突发环境事件的事后追责,也要加强对常规环境行为的问责,突出排污收费、环境影响评价、排污许可证等日常管理。

（五）结果多样性

生态问责的处理结果应该多样性,应该根据环境事件的具体情况及公务员的环境履职情况,采取不同的处理方式。我国《环境保护违法违纪行为处分暂行规定》中对政府官员的环境违法违纪行为的处分方式分很多种,如警告、记过、记大过、降级、撤职等。由于政府不仅是区域内环境资源的管理者,也是部分环境资源的所有者,因此,政府及其公务员不仅要承担行政责任,也要承担相应的民事赔偿责任,甚至承担刑事责任。①

三、生态问责制的价值理念

西部地区政府生态责任追究制的价值理念是指整个生态问责过程中所体现的民主政治建设的核心价值观。西部地区政府生态责任追究制的价值理念,突出表现为立党为公、执政为民。这种价值理念是由党的性质和宗旨决定的,是人民民主发展的必然逻辑。

立党为公,执政为民,是中国共产党的本质特征,是中国共产党一贯坚持的思想。毛泽东曾说过,立党为公还是立党为私,这是无产阶级政党区别于其他政党的分水岭。他特别强调,真正的铜墙铁壁是群众,是真心实意拥护革命的群众。早在民主革命时期,毛泽东就告诫共产党人,要时刻把人民群众的根本利益放在首位,"只要我们依靠人民……和人民打成一片,那就任何困难也能克服"②。"广大群众就必定拥护我们,把革命当作他们的生命,把革命当作他们无上光荣的旗帜。"③

虽然党执政以后具体历史条件不同了,但是全心全意为人民服务这一宗旨始终没有改变。在新的历史时期,我们仍然要坚持人民至上,以人民为本位,以人民群众为最高价值主体和评价主体,最大限度地满足最广大人民群众的根本利益。因此,为了做到"权为民所用,情为民所系,利为民所谋",我们必须实行政府生态责任追究制。

引入政府生态责任追究制的目的,就是为了更好地保障人民群众的环境

---

① 谢中起、龙翠翠、刘继为:《特质与结构:环境问责机制的理论探究》,《生态经济》2015 年第 5 期。
② 《毛泽东选集》第三卷,人民出版社 1991 年版,第 1096 页。
③ 《毛泽东选集》第一卷,人民出版社 1991 年版,第 139 页。

利益,让人民以更多的形式来监督、问责政府及其环保部门。毛泽东曾经指出,人民监督是权力得以正确行使的根本保证,是保障党和政府权力不被异化的重要法宝。只有实行人民民主,给人民以充分的自由和民主,让人民来监督政府,才能跳出"历史周期律",才能避免"人亡政息"。①

四、生态问责制的意义

（一）有利于确保地方政府及其他环境保护主体责任的履行

西部地区地处偏僻,长期以来自然条件恶劣。随着当地经济建设的加快,生态资源消耗加大,导致生态环境问题越来越明显。如果不采取相应的整治措施,任其恶化加剧,不仅会限制当地经济和现代化进程的发展,甚至会拖累我国整体实现现代化的脚步。所以,加强西部地区的生态建设是势在必行的。西部地区政府作为生态环境建设的责任主体,在生态建设中起着主导作用。目前,一些地方令人担忧的生态环境现状,当地政府难逃其责。生态责任追究机制对生态保护主客体的权利义务均有明确的规定,这有利于生态保护主客体各方责任的依法履行。比如,《中华人民共和国环境保护法》明确了地方各级政府单位及有关行政部门应当对本管辖区域的环境生态质量负责,如违反《中华人民共和国环境保护法》第六十八条,地方各级人民政府和其他相关责任部门则应当依法被追究,并承担一定的法律责任。可见,实施生态责任追究机制的真正目的不在于追究,而是通过追究督促地方政府及环境保护主体依法履行责任。

（二）有利于地方政府履行生态职能，转变发展方式

经济社会发展必须建立在资源得到高效循环利用、生态环境受到严格保护

---

① 卢智增:《毛泽东异体监督思想及其对我国异体问责制构建的启示》,《理论导刊》2013年第1期。

的基础上,与生态文明建设相协调,形成节约资源和保护环境的空间格局、产业结构、生产方式。引入政府生态责任追究机制,可以促使地方政府坚持把绿色发展、循环发展、低碳发展作为基本途径,以最少的资源消耗支撑经济社会持续发展,加强环境保护,加强生态文明建设与生态修复工作;可以促使地方政府更好发挥政府作用,充分发挥市场配置资源的决定性作用,通过深化制度改革和科技创新,着力解决对经济社会可持续发展制约性强、群众反映强烈的突出问题,打好生态文明建设攻坚战,建立系统完整的生态文明制度体系,持之以恒全面推进生态文明建设;还可以促使地方政府加强生态文化的宣传教育,倡导勤俭节约、绿色低碳、文明健康的生活方式和消费模式,提高全社会生态文明意识。

(三)有利于塑造生态责任型政府,提高环境行政效率

实施生态问责,就是要促使地方政府及其环保部门强化"以人民为中心"的服务理念,全心全意为人民服务,始终把最广大人民群众的环境利益放在环保工作的首位,做好人民的公仆。实施生态问责制,有利于不断强化地方领导干部的人本意识、服务意识,牢固树立"生态保护第一理念",认真落实环境保护"党政同责、一岗双责"责任,严格落实监管责任,增强各级领导干部贯彻执行中央环保政策的思想自觉和行动自觉,增强牢固树立红线意识,确保公共资源、自然环境的有效使用,从而切实转变政府生态职能,推动生态环境治理和公共管理的持续改进,保证生态问责结果的公正性和效用性,为履行好与生态环境和资源保护相对应的职能职责奠定了良好基础。实施生态问责制,有利于进一步健全和完善监管体制机制,狠抓责任和措施落实,严格监管执法,从严查处和严厉打击各种破坏生态环境的违法犯罪行为,打造一个守法、守责、守信、守时的当代生态责任政府。

(四)有利于西部地区生态的进一步改善,实现可持续发展

由于西部地区生态资源丰富,是国家的生态屏障,因此保护生态环境成为

西部地区肩负的重要历史使命,它不仅关系到西部地区经济社会的可持续发展,而且关系到整个国家、社会的可持续发展。可见,西部地区生态环境状况的好坏会直接影响到全国总体生态环境状况。健全和完善西部地区生态责任追究机制,是生态文明建设的必然要求,是实现西部地区生态环境改善的有效途径,是我国实现高质量发展的关键环节。它不仅是解决西部地区严峻的生态环境问题的有效手段和完善环境保护政策体系的重要方面,而且是明确政府生态责任、建设"责任政府"的重要举措。

生态责任追究机制是一种奖惩机制,强调权力和义务的统一,这有利于促使地方政府着眼于长远发展,不盲目追求眼前利益,作出正确的决策,最终走向生态文明的小康社会。而且生态责任追究机制是建立在平等法律追究的基础上的,体现责任追究过程的公开性和平等性。因此,一旦地方政府有关部门或者决策人违反了相关生态环境保护法及相关规定,都会依法被追究责任,同时公民参与其中,及时了解追究的情况,便于监督。

五、生态问责制的构成要素

(一)生态问责的客体

问责的客体,即问责的对象,就是承担责任的主体,是指"向谁问"。问责既可以针对集体问责,也可以针对个人问责。目前,我国行政问责的客体主要有政府机关、政府机关的领导人、一般公务员等三类,但主要是负有直接或间接领导责任的由选举产生或任命的领导者,即政府及其组成部门、直属机关、派出机关、直属事业单位等单位的主要行政领导。只有明确了行政问责的客体,才不会"一竹篙打翻一船人",把所有的责任人等同处理,也不会"只拍苍蝇不打老虎",只拿具体责任者问罪。

生态问责有效实施的最基本条件就是责任的认定。责任的来源有两个,一是法律上构成因果关系的,主要是指个人或组织要对自身环境行为负责;二是法律上未构成因果关系的,主要是指个人或组织的社会角色要求其承担的责任,如每个人都有保护环境的责任,这是由人与环境的关系决定的,而不是法律赋予的。具体而言,生态问责的客体主要是承担环境保护职责的组织和个人。根据《环境保护违法违纪行为处分暂行规定》,生态问责有两类问责客体:一是有环境保护失职行为的国家行政机关及其行政人员;二是在有环境保护失职行为的企业中,对环境保护失责行为负有直接责任的、由国家行政机关任命的人员。可见,由于国家行政机关及工作人员是环境利益的相关者、环境职能的主要承担者和直接履行者,因此自然成为生态问责的首要客体。①

从现实情况看,要使生态环境领域的政策规定落到实处,关键要靠各级党政领导干部,而出现生态环境严重损害事件往往也与党政领导干部失职、渎职有着直接关系。地方各级党委和政府对本地区生态环境和资源保护负总责,党委和政府主要领导成员承担主要责任,其他有关领导成员以及地方各级党委和政府的有关工作部门及其有关机构领导人员在职责范围内分别承担相应责任。因此,生态问责的对象主要是县级以上地方各级党委和政府及其有关工作部门的领导成员。

(二)生态问责的主体

问责的主体,是指"由谁问",即行使行政问责的机关、单位或组织等,包括上级行政机关、权力机关、司法机关、民主党派、新闻媒体、人民群众等。这些问责主体又可以分为同体问责主体和异体问责主体两类。同体问责是政府机关对其公务员的问责,其问责主体是上级政府机关;而异体问责则是权力机关、司法机关、人民群众、媒体等对政府机关及其公务员的问责,其问责主体是人大、各民主党派、司法机关、新闻媒体、社会组织、人民群众等。两种问责主

---

① 谢中起、龙翠翠、刘继为:《特质与结构:环境问责机制的理论探究》,《生态经济》2015 年第 5 期。

体相辅相成,相互补充,不可顾此失彼,偏废任何一方。尤其是新闻媒体、社会组织、人民群众等异体问责主体,对自下而上地推动问责制的深入实施具有一定的特殊意义。

根据我国目前生态问责的实施情况来看,生态问责的主体主要有以下几种。

1. 立法机关

我国实行人民代表大会制度,人民代表大会代表人民行使国家权力,是国家权力机关,也是国家立法机关。各级政府都是由当级人民代表大会选举产生,并对人民代表大会负责,接受人民代表大会的监督。因此,人民代表大会及其常务委员会是最重要的生态问责主体。[1] 人民代表大会对政府履行环境保护责任进行监督问责,具有很强的权威性,也是其他问责主体所不具有的独特优势。因此,我们可以通过成立专门调查委员会,加强人大及其常委会对政府环境责任的问责。

2. 司法机关

司法机关对政府履行环境责任进行监督问责,是环境责任体系中的重要环节。审判机关可以通过环境行政诉讼的方式进行生态问责,检察机关可以通过立案侦查、提起公诉等方式,对行政机关工作人员在环境保护中涉及的贪污、受贿、职权滥用、渎职侵权等刑事案件进行法律问责。相对于立法机关的问责,只有政府环境保护失责行为进入司法程序,才能启动司法机关问责。但司法机关问责具有程序性、稳定性和强制性等优点,这是其他问责主体无法比拟的。对于政府环境违法行为,不能以相关领导引咎辞职而了结,应该引入司法机关问责,杜绝行政处理代替司法处罚,严格追究相关人员的法律责任,不

---

[1]　张贤明:《官员问责的政治逻辑、制度建构与路径选择》,《学习与探索》2005 年第 2 期。

断推动生态问责从"行政问责"向"司法问责"的发展。

3. 行政机关

行政机关的问责包括具有隶属关系的上级行政机关问责和专门行政问责机关问责,主要是"政府系统内部对是否履行环境责任所开展的自我监督和自我问责"①。上级行政机关问责往往是事后问责,即发生环境污染事故之后才去问责。专门行政问责机关的问责,主要是指监察机关和审计机关的问责。为了加强行政监察部门对行政机关履行环境保护责任的监督问责,监察部和国家环境保护总局联合发布了《环境保护违法违纪行为处分暂行规定》。审计机关主要是通过审计行政机关环境保护专项资金利用情况、检查环境保护相关法律法规执行与落实情况等方式进行生态问责。

4. 社会公众

社会公众、社会组织一般通过批评建议、检举揭发、申诉复议、诉讼等方式对环境责任承担者的履行职责情况进行监督问责。相对于立法机关、司法机关和行政机关的生态问责,社会公众、社会组织的生态问责是一种非权力问责,更具有自觉性、主动性、随机性。但由于社会公众、社会组织不直接掌握公共权力,因此问责方式缺乏规范性,问责的效力也没有强制性。随着"主权在民"、环境民主的不断发展,社会公众、社会组织的生态问责也将不断深入,其在生态问责制度体系中的地位也越来越重要。②

(三)生态问责的内容

问责的内容,是指"问什么",指问责针对的问题,一般是针对政府及其公

---

① 孙芳:《环境保护行政问责制若干问题研究》,苏州大学硕士学位论文,2007 年。
② 谢中起、龙翠翠、刘继为:《特质与结构:环境问责机制的理论探究》,《生态经济》2015 年第 5 期。

务员的过错行为,同时也注重对无作为的行政行为的问责,如不履行法定职责或不正确履行法定职责。

生态问责的内容就是政府所肩负的生态责任,主要包括政府所拥有的涉及生态方面的工作职权和所承担的环境保护的义务,以及政府由于违反相关法律法规应依法承担的生态法律责任。我们不仅要对政府因违反环境法律法规、行政行为不当而引起的重大环境事件等显性失责问题进行问责,还要对政府不履行或不正确履行环境保护职责,即政府的少作为、不作为等现象进行问责。实施生态问责制,要树立不作为、"不在状态"也要受处罚的新理念,对于那些环境保护业绩平庸、群众不满意、不作为的官员,也要进行问责。问责的内容与环境利益相关者的利益诉求相关联。国家行政机关、政府部门工作人员、人民群众等均可以是环境利益的相关者。当前我国生态问责的责任内容主要体现为党纪和政纪责任,对法律责任和社会责任的追究较少,表现出一种失衡态势。①

为了增强追责的针对性、精准性和可操作性,防止责任转嫁、滑落,确保权责一致、责罚相当,2005 年,中共中央办公厅、国务院办公厅印发《党政领导干部生态环境损害责任追究办法(试行)》,其第五条明确指出,有下列情形之一的,应当追究相关地方党委和政府主要领导成员的责任:贯彻落实中央关于生态文明建设的决策部署不力,致使本地区生态环境和资源问题突出或者任期内生态环境状况明显恶化的;作出的决策与生态环境和资源方面政策、法律法规相违背的;违反主体功能区定位或者突破资源环境生态红线、城镇开发边界,不顾资源环境承载能力盲目决策造成严重后果的;作出的决策严重违反城乡、土地利用、生态环境保护等规划的;地区和部门之间在生态环境和资源保护协作方面推诿扯皮,主要领导成员不担当、不作为,造成严重后果的;本地区发生主要领导成员职责范围内的严重环境污染和生态破坏事件,或者对严重环境污染和生态破坏(灾害)事件处置不力的;对公益诉讼裁决和资源环境保

---

① 谢中起、龙翠翠、刘继为:《特质与结构:环境问责机制的理论探究》,《生态经济》2015 年第 5 期。

护督察整改要求执行不力的;其他应当追究责任的情形。

其第六条明确指出,有下列情形之一的,应当追究相关地方党委和政府有关领导成员的责任:指使、授意或者放任分管部门对不符合主体功能区定位或者生态环境和资源方面政策、法律法规的建设项目审批(核准)、建设或者投产(使用)的;对分管部门违反生态环境和资源方面政策、法律法规行为监管失察、制止不力甚至包庇纵容的;未正确履行职责,导致应当依法由政府责令停业、关闭的严重污染环境的企业事业单位或者其他生产经营者未停业、关闭的;对严重环境污染和生态破坏事件组织查处不力的;其他应当追究责任的情形。

其第七条明确指出,有下列情形之一的,应当追究政府有关工作部门领导成员的责任:制定的规定或者采取的措施与生态环境和资源方面政策、法律法规相违背的;批准开发利用规划或者进行项目审批(核准)违反生态环境和资源方面政策、法律法规的;执行生态环境和资源方面政策、法律法规不力,不按规定对执行情况进行监督检查,或者在监督检查中敷衍塞责的;对发现或者群众举报的严重破坏生态环境和资源的问题,不按规定查处的;不按规定报告、通报或者公开环境污染和生态破坏(灾害)事件信息的;对应当移送有关机关处理的生态环境和资源方面的违纪违法案件线索不按规定移送的;其他应当追究责任的情形。

其第八条明确指出,党政领导干部利用职务影响,有下列情形之一的,应当追究其责任:限制、干扰、阻碍生态环境和资源监管执法工作的;干预司法活动,插手生态环境和资源方面具体司法案件处理的;干预、插手建设项目,致使不符合生态环境和资源方面政策、法律法规的建设项目得以审批(核准)、建设或者投产(使用)的;指使篡改、伪造生态环境和资源方面调查和监测数据的;其他应当追究责任的情形。

(四)生态问责的方式

问责的方式,是指"如何问"。问责的过程要符合一定的法律程序,需经过检举控告、调查处理、问责执行、申辩救济等程序。追究责任的方式有很多种,2019 年修订的《中国共产党问责条例》第八条规定,对党组织的问责方式包括检查、通报、改组等,对党的领导干部的问责方式包括通报、诫勉、组织调整或者组织处理、纪律处分等。当然,具体问题具体分析,针对不同地方的不同情况,采取的问责方式也有所不同,但大多数地方的问责方式是公开道歉、通报批评、诫勉、责令辞职、引咎辞职、给予行政处分、免职、双开等。

《党政领导干部生态环境损害责任追究办法(试行)》第十条规定,党政领导干部生态环境损害责任追究形式有:诫勉、责令公开道歉;组织处理,包括调离岗位、引咎辞职、责令辞职、免职、降职等;党纪政纪处分。组织处理和党纪政纪处分可以单独使用,也可以同时使用。追责对象涉嫌犯罪的,应当及时移送司法机关依法处理。

具体而言,生态问责方式主要有政治处罚、法律处罚、行政处罚和社会处罚等。(1)政治处罚。经济发展离不开良好的生态环境,政府有责任代表人民充分履行环境保护职责,发生环境保护违法行为,甚至发生环境保护群体性事件,政府应当要承担相应的责任。(2)法律处罚。如果政府不能很好地履行环境保护职能,没有遵守相关环境保护法律法规,出现环境保护失责行为,必然要进行责任追究,受到国家法律机关制裁。(3)行政处罚。生态问责也要进行自上而下的等级问责,接受审计机关和监察机关的监督问责。(4)社会处罚。如果政府环境保护不力,损害了公众的合法权利,影响到社会公众的正常生活,就要受到社会问责,如进行积极赔偿、加强环境污染治理等。①

为了提高生态问责的实效性,我们要将各种责任追究方式有机衔接,构成一个责任追究链条。比如,在责任追究结果运用上,规定受到责任追究的党政领导干部,取消当年年度考核评优和评选各类先进的资格;受到调离岗位处理的,至少一年内不得提拔;单独受到引咎辞职、责令辞职和免职处理的,至少一年内不得安排职务,至少两年内不得担任高于原任职务层次的职务;受到降职

---

① 谢中起、龙翠翠、刘继为:《特质与结构:环境问责机制的理论探究》,《生态经济》2015 年第 5 期。

处理的,至少两年内不得提升职务。同时受到党纪政纪处分和组织处理的,按照影响期长的规定执行。

(五)生态问责的结果

生态问责的结果,就是生态问责的责任体系,是指政府及其公务员承担的相应责任。按照毛寿龙的观点,被问责的官员要承担五种形式的责任:一是道德责任,向受害人和社会公众负责;二是政治责任,向执政党和上级政府负责;三是民主责任,向选举自己的人民代表和选民负责,承担由于环境失责行为等给人民群众带来的损失和伤害;四是行政责任,国家行政机关及工作人员应该对其在法律范围内的错误或不当决策负责;五是法律责任,行政机关及工作人员的环境决策和行为要向相关法律法规负责,承担相应的法律责任。[①]

生态问责制还强调"行为追责"与"后果追责"相结合。生态环境损害一旦发生,往往还会造成严重的经济、社会危害甚至政治影响。因此,避免生态环境损害行为发生,就必须重视预防、前移"关口",不能局限于发生了生态环境损害事件再进行追责。所以,生态责任追究,既包括发生环境污染和生态破坏的"后果追责",也包括违背中央有关生态环境政策和法律法规的"行为追责"。比如,地方党委和政府主要领导成员作出的决策严重违反城乡、土地利用、生态环境保护等规划,政府有关工作部门领导成员违反生态环境和资源方面政策、法律法规批准开发利用规划或者进行项目审批(核准),都要受到责任追究。目的就重在防患于未然。

习近平总书记强调,对那些不顾生态环境盲目决策、造成严重后果的人,必须追究其责任,而且应该终身追究。因此,党委及其组织部门在地方党政领导班子成员选拔任用工作中,应当按规定将资源消耗、环境保护、生态效益等情况作为考核评价的重要内容,对在生态环境和资源方面造成严重破坏负有

---

① 卢智增:《我国现行行政问责制的局限性及完善措施探索》,《理论导刊》2006年第10期。

责任的干部不得提拔使用或者转任重要职务。我们还要实行生态环境损害责任终身追究制。对违背科学发展要求、造成生态环境和资源严重破坏的,责任人不论是否已调离、提拔或者退休,都必须严格追责。①

（六）生态问责的程序

生态问责程序是避免生态问责陷入"人治"误区、保证生态问责沿着法制轨道健康运行的重要保证。生态问责程序主要包含"职责、指标、表现、评估、奖惩"五个基本要素:(1)环境职责。生态问责的基本前提就是要确定问责客体承担的环境职责。(2)评估指标。生态问责的实施离不开一套科学合理的评价指标体系,用以正确评估问责客体的工作绩效。(3)工作表现。生态问责主体要加强日常监督,掌握客体的实际工作情况,收集工作绩效的资料,并结合评估指标体系进行科学评价。(4)绩效评估。生态问责主体根据评估结果,确认问责客体履行环境职责的情况。(5)奖惩。生态问责主体依据环境职责绩效评估结果,分别对较好履行环境职责和存在环境失责行为的相关机构或人员进行奖励或惩罚,确保做到奖惩分明。②

（七）生态问责的目的

习近平总书记指出,在生态环境保护问题上,就是要不能越雷池一步,否则就应该受到惩罚。③ 生态问责是督促领导干部在生态环境领域正确履职用权的一把制度利剑、一道制度屏障,生态问责的最终目的是要对政府部门权力使用进行监督,而不是要对政府及其公务员进行处分,通过问责途径,明晰领导干部在生态环境领域的责任红线,可以促进各级领导干部牢固树立尊重自

① 《党政领导干部生态环境损害责任追究办法(试行)》第九条、第十二条。

② 张建伟:《完善政府环境责任问责机制的若干思考》,《环境保护》2008 年第 12 期。

③ 中共中央宣传部编:《习近平总书记系列重要讲话读本》,学习出版社、人民出版社 2014 年版,第 127 页。

然、顺应自然、保护自然的生态文明理念,增强各级领导干部保护生态环境、发展生态环境的责任意识和担当意识,规范政府权力运行,从而实现有权必有责、用权受监督、违规要追究,推动生态环境领域的依法治理,不断推进社会主义生态文明建设。

六、生态问责制的发展历程

自 2005 年松花江水污染事件以来,党和国家愈发重视政府的环境保护责任。为此,中央和地方政府积极探索和推进生态问责制度建设。以 2006 年出台的《环境保护违法违纪行为处分暂行规定》为起点,我国先后颁布了《环境保护督察方案(试行)》《党政领导干部生态环境损害责任追究办法(试行)》《领导干部自然资源资产离任审计规定(试行)》等一系列生态问责政策性文件,生态问责法律规范不断完善,生态问责逐步朝着法制化领域迈进。生态问责制度的建立与完善和我国政治经济体制密切相关,并依托法律规范体系发挥功能。由于我国生态问责属于行政问责的一部分,所以本项目将通过查找比较中央及地方有关生态问责的法律法规和政策文本并结合行政问责重要规范政策统一分析,探讨我国生态问责立法和发展现状。

笔者通过"中国法律检索系统",并结合"中国政府法制信息网法律法规数据库"与"中国人大网"中的"中国法律法规信息库",以"问责"为关键词进行检索,截至 2018 年 3 月 18 日,共搜索到 649 件有效法律规范文件,行政法规、部门规章、地方政府规章、地方规范性文件等都有所涉及。其中,行政法规 1 篇,部门规章 18 篇,团体规定 5 篇,地方政府规章 11 篇,地方规范性文件 606 篇。以"生态问责""生态责任追究"等关键词搜索,仅搜索到 15 篇部门规章、3 篇团体规定和 26 篇地方规范性文件。鉴于生态问责法律规范多分散于其他法律中,许多立法资料难以做到全面与科学地收集考查。同时,由于法律规范受相关性、效力大小等因素的影响,本研究将以上述数据库检索为基础,将中央和地方政府所发布的法律法规信息作为重要补充,手动筛选生态问责关键性政策,并以此作为我国生态问责发展阶段划分的标准。生态问责关键性政策的具体信息如表2-1所示。

表2-1　近年来我国生态问责关键性政策文本

年份	颁布日期	颁布地区	文件属性	文件名称	时效性
2001	4月16日	上海	地方规范性文件	《关于对违反环保法规人员追究行政纪律责任的若干规定(试行)》	有效
	8月6日	北京	地方规范性文件	《关于违反环境保护法规追究行政责任的暂行规定》	有效
2002	5月1日	山东	地方规范性文件	《山东省环境污染行政责任追究办法》	有效
2003	10月15日	河南	地方规范性文件	《关于违反环境保护规定行政责任追究暂行办法》	已废止
2004	2月25日	浙江	地方规范性文件	《浙江省环境违法行为责任追究办法(试行)》	有效
2005	4月1日	四川	地方规范性文件	《四川省环境污染事故行政责任追究办法》	有效
2006	1月12日	海南	地方规范性文件	《海口市环境污染行政责任追究办法》	有效
	2月20日	中央	部门规章	《环境保护违法违纪行为处分暂行规定》	有效
2008	3月12日	湖北	地方规范性文件	《湖北省环境管理责任追究若干规定(试行)》	有效
2009	9月1日	海南	地方规范性文件	《海口市城市环境综合整治工作问责暂行办法》	有效
	10月1日	黑龙江	地方规范性文件	《黑龙江省损害发展环境行政行为责任追究办法》	有效
2010	9月3日	贵州	地方规范性文件	《贵州省节能减排工作行政问责办法》	有效
2011	3月22日	安徽	地方规范性文件	《宿州市环境保护工作行政责任追究暂行办法》	有效
	4月6日	新疆	地方规范性文件	《自治区环境监测及质量管理责任追究问责办法(试行)》	有效

续表

年份	颁布日期	颁布地区	文件属性	文件名称	时效性
2012	6月8日	山西	地方规范性文件	《山西省环境保护重大环境问题约谈规定(试行)》	有效
	9月11日	广西	地方规范性文件	《广西壮族自治区党政领导干部环境保护过错问责暂行办法》	有效
	10月18日	河北	地方规范性文件	《关于对损害生态环境行为实行问责的暂行规定》	有效
2013	4月23日	广西	地方规范性文件	《广西壮族自治区节能减排工作行政过错问责暂行办法》	有效
	5月22日	云南	地方规范性文件	《云南省环境保护行政问责办法》	有效
2014	3月10日	湖北	地方规范性文件	《湖北省环保厅系统干部问责暂行办法》	有效
	8月29日	广东	地方规范性文件	《环境保护行政过错责任追究实施办法》	有效
	12月22日	河北	地方规范性文件	《河北省环境保护厅约谈暂行办法》	有效
2015	2月3日	湖南	地方规范性文件	《湖南省环境保护工作责任规定(试行)》	有效
	4月2日	宁夏	地方规范性文件	《中卫市公职人员环境保护问责办法》	有效
	4月4日	贵州	地方规范性文件	《贵州省生态环境损害党政领导干部问责暂行办法》	有效
	4月4日	贵州	地方规范性文件	《贵州省林业生态红线保护党政领导干部问责暂行办法》	有效
	4月29日	湖南	地方规范性文件	《湖南省重大环境问题(事件)责任追究办法(试行)》	有效
	8月17日	中央	行政法规	《党政领导干部生态环境损害责任追究办法(试行)》	有效
	11月9日	中央	行政法规	《开展领导干部自然资源资产离任审计试点方案》	有效
	12月1日	安徽	地方规范性文件	《安徽省环境保护厅约谈暂行办法》	有效
	12月22日	陕西	地方规范性文件	《陕西省各级政府及部门环境保护工作责任规定(试行)》	有效

续表

年份	颁布日期	颁布地区	文件属性	文件名称	时效性
2016	3月23日	内蒙古	地方规范性文件	《党政领导干部生态环境损害责任追究实施细则(试行)》	有效
	4月28日	四川	地方规范性文件	《四川省党政领导干部生态环境损害责任追究实施细则(试行)》	有效
	5月12日	海南	地方规范性文件	《海南省党政领导干部生态环境损害责任追究实施细则(试行)》	有效
	8月22日	山东	地方规范性文件	《山东省党政领导干部生态环境损害责任追究实施细则(试行)》	有效
	8月22日	江苏	地方规范性文件	《江苏省生态环境保护工作责任规定(试行)》	有效
	9月6日	浙江	地方规范性文件	《浙江省党政领导干部生态环境损害责任追究实施细则(试行)》	有效
	9月6日	吉林	地方规范性文件	《吉林省党政领导干部生态环境损害责任追究实施细则(试行)》	有效
	10月29日	宁夏	地方规范性文件	《宁夏回族自治区党政领导干部生态环境损害责任追究实施细则(试行)》	有效
	12月11日	安徽	地方规范性文件	《安徽省党政领导干部生态环境损害责任追究实施细则(试行)》	有效
2017	3月3日	新疆	地方规范性文件	《自治区实施〈党政领导干部生态环境损害责任追究办法（试行）〉细则》	有效
	3月23日	江西	地方规范性文件	《江西省党政领导干部生态环境损害责任追究实施细则(试行)》	有效
	8月8日	陕西	地方规范性文件	《陕西省党政领导干部生态环境损害责任追究实施细则(试行)》	有效
	9月19日	中央	行政法规	《领导干部自然资源资产离任审计规定(试行)》	有效

（一）缓慢发展阶段：2006年以前

2006年以前,我国生态问责制处于萌芽起步阶段,发展缓慢。在这一时期,我国环境保护法治体系逐步探索建立,有关生态问责的法律规范比较少。

1972 年 6 月,中国出席第一次联合国人类环境会议,在了解世界环境污染严重性的同时,对我国环境问题予以关注和重视。1973 年 8 月,我国将"环境保护"一词写入《宪法》,从法律层面规定了政府在环境保护中应承担的职能与责任。在 1982 年至 1990 年期间,我国相继制定了《海洋环境保护法》《水污染防治法》《大气污染防治法》《森林法》《草原法》《渔业法》《矿产资源法》《土地管理法》《水法》《野生动物保护法》共 10 部不同领域环境保护相关法律。1989 年,《中华人民共和国环境保护法》正式颁布,构建了我国环境保护法律法规和标准体系。《中华人民共和国环境保护法》虽对政府环境责任有所提及,但相关规定简单模糊。随后,伴随可持续发展战略和依法治国理念的提出,我国环境立法步伐进一步加快,环境保护法治体系不断向前推进。

2002 年我国香港特别行政区建立了"主要官员问责制"并将"官员问责"这一概念引入内地,激发了学者对于"问责"这一概念的探讨与研究。以 2003 年非典事件、2004 年四川沱江重大水污染事故、2005 年松花江水污染事故等为代表的环境领域公共危机事件的频繁发生,引发了政府和社会公众对"官员问责"或"生态问责"的关注。2004 年,中共中央办公厅印发了《党政领导干部辞职暂行规定》,明确规定了领导干部有环境保护违纪违法行为时应承担的职责。在这一时期,生态问责制法律规范的制定与环境污染突发事件有着紧密联系。由于重大环境污染危机事件的频繁发生,各地区纷纷制定了环境污染行政责任追究办法,如《四川省环境污染事故行政责任追究办法》《山东省环境污染行政责任追究办法》。

（二）提速发展阶段：2006—2014 年

随着经济增长和人民对环境问题、政府责任承担的愈发重视,2006 年至 2014 年间,我国生态问责制进入提速发展阶段。2006 年,《环境保护违法违纪行为处分暂行规定》出台,是生态问责迈入我国法制化建设的第一步。《环境保护违法违纪行为处分暂行规定》较为明确地界定了国家行政机关及相关工作人员的环保职责和未履行或未正确履行环保职能所承担的责任与处分形式。《环境保护违法违纪行为处分暂行规定》虽对政府机关及工作人员承担的环境责任等进行了界定，但由于条例规定较为笼统，效力不足。随后国家相继出台了《关于实行党政领导干部问责的暂行规定》《党政领导干部选拔任用工作责任追究办法（试行）》等行政问责文件，对行政问责内容、问责方式、问责程序作出了全面的规范，并将履职状况作为评判领导干部工作情况的重要标准之一。与此同时，地方政府也同步推进生态问责法制化建设。这一时期的生态问责法律规范文件主要来自环境污染较为严重的地区。如《海口市环境污染行政责任追究办法》《广西壮族自治区党政领导干部环境保护过错问责暂行办法》。

（三）深入发展阶段：2014 年至今

党的十八大以来，党和国家日益重视生态文明建设。随着行政问责的发展，生态问责也向前推进。自 2014 年以后，我国生态问责法律规范文件明显增多，生态问责体系逐步完善，生态问责制进入深入发展阶段。这一阶段的生态问责制主要具备以下几个特点。一是生态问责法律规范文件数量多。中央和地方积极推进生态问责制度建设。相关数据显示，自 2014 年至 2018 年 3 月，共出台了三十余件代表性生态问责政策文本。其中包括 3 篇中央文件，二十多篇地方性法规文件。二是生态问责法律规范文件针对性强。地方政府立足实际，针对本地区存在的环境问题出台相应的法律规范文件。如《湖南省重大环境问题（事件）责任追究办法（试行）》《云南省环境保护行政问责办法》。三是生态问责法律地位不断提高。第十三届全国人民代表大会第一次会议通过的宪法修正案，明确写入了生态文明的内容，为我国生态环境建设提供了根本的法律保障。同时，组建生态环境部，明确了权责划分，有利于生态文明建设的发展。四是生态问责制度体系不断完善。2014 年新修订的《中华人民共和国环境保护法》突出强调了政府环境责任，规定了问责主体、问责范围、责任类型等具体内容。2015年《党政领导干部生态环境损害责任追究办法》《环境保护督察方案(试行)》出台,将追责对象聚焦于党政领导干部,明确了25种环境追责情形,坚持行为追责和后果追责相结合的原则,明确提出实行生态环境损害责任终身追究制。《党政领导干部生态环境损害责任追究办法》首次对党政领导干部生态环境损害责任作出了制度性的安排,依照"党政同责"的原则,突出强调党政主要领导干部的环境责任,标志着我国生态文明建设进入实质问责阶段。2017年,中共中央办公厅、国务院办公厅印发了《领导干部自然资源资产离任审计规定(试行)》,对领导干部自然资源资产离任审计提出了具体要求,有助于构建量化刚性的生态问责体系。2019年6月6日,《中央生态环境保护督察工作规定》(以下简称《规定》)施行,进一步彰显了党中央、国务院加强生态文明建设、加强生态环境保护工作的坚强意志和坚定决心,将为依法推动生态环保督察向纵深发展发挥重要作用。《规定》把政治建设摆在首要位置,体现了坚持以人民为中心的发展理念,强调要解决突出生态环境问题、改善生态环境质量、推动经济高质量发展;体现了夯实生态环境保护政治责任,推进各项工作落实。《规定》作为党内法规,具有很强的纪律刚性。一方面,对被督察对象明确了严格的政治纪律和政治规矩;另一方面,对督察组和督察人员提出了更严格的政治纪律和政治规矩。对于双方而言,都是不可触碰的红线和底线。《规定》坚持问题导向和结果导向。强调督察要坚持问题导向,要在发现问题上下大气力,敢于动真格的,要对发现的问题盯住不放,不解决问题绝不松手。2019年9月1日起,新修订的《中国共产党问责条例》开始实施,该条例坚持问题导向,紧紧围绕坚持党的领导、加强党的建设、全面从严治党、维护党的纪律、推进党风廉政建设和反腐败工作开展问责,从而解决问责泛化、简单化等问题。根据十九届中央纪委三次全会工作报告,仅2018年,全国就有1.3万个单位的党委(党组)、党总支、党支部,237个纪委(纪检组),6.1万名党员领导干部被问责,失责必问、问责必严成为常态。

第三章　西部地区生态环境治理现状

一、西部地区生态环境现状

（一）西部地区生态环境破坏情况

我国西部地区,专指西南六省份(西藏、广西、云南、贵州、四川、重庆)和西北六省份(新疆、青海、甘肃、宁夏、陕西、内蒙古)等 12 个省、自治区、直辖市。西部地区共有 687.87 万平方公里的土地,大约占国土面积的 71.65%。根据第六次全国人口普查,西部地区常住人口数为 36226 万人(不含境内现役军人),占全国总人口的 27.04%,其中少数民族人口数为 7957 万人,占西部地区总人口的 21.96%,占全国少数民族总人口的 67.19%。

我国西部地区自然资源丰富。

一是水资源丰富。西部地区的水资源呈现出时空分布不均的特点。西北地区自然条件相对恶劣,干旱少雨,资源性水资源较为短缺,特别是柴达木盆地、南疆、河西走廊等地水资源奇缺,多年平均降雨量不足 300 毫米,水资源总量仅为西南地区的 18.2%,是我国最缺水的地区。而西南地区气候温和、多雨,水资源丰富,虽然土地面积仅占全国总面积的 26.48%,但拥有全国46.4%的水资源,是我国水资源最丰富的地区。

二是矿产资源丰富。西部地区拥有丰富的矿产资源,是我国的资源富集区,为我国的工业化发展提供了巨大的能源支持。目前,西部地区有 161 种矿产,矿产储量价值占全国的 50.45%,潜在总价值达 61.9 万亿元,占全国总额的 66.1%。在 45 种主要矿产资源中,西部地区 45 种矿产的潜在价值占全国总值的 50.8%,大大超过了中东部地区矿产资源。西部地区丰富的能源矿产资源,是我国重要的战略性能源接替基地,特别是天然气和煤炭储量,占全国的比重分别高达 87.6% 和 39.4%。目前,西部地区已形成塔里木、西南三江、攀西黔中、四川盆地、红水河右江、西藏"一江两河"等十大矿产资源集中区,可见,西部矿产地区有着巨大的发展潜力。

三是土地资源丰富。西部地区拥有丰富的土地资源,人均占有耕地面积 2 亩,高于全国平均水平,而且耕地后备资源总量大,有 5.9 亿亩未利用土地有望开发为农用地,适宜开发为耕地的面积有 1 亿亩,占全国耕地后备资源的 57%。西部地区草地面积占全国的 62%。但是,由于西部地区山地面积大,有的地方不适宜大规模种植粮食,因此,土地资源的整体质量与中东部地区存在较大差距,西部地区只能发展适应本地土地资源和自然条件的特色农业。

四是旅游资源丰富。西部地区的旅游资源丰富,既有美丽的自然景观,也有别具一格的人文景观。从自然景观来看,西部地区面积广,地势高低不平,气候变化明显,地貌类型多样,动植物资源丰富多彩,拥有喜马拉雅山、大漠戈壁、黄土高原、九曲黄河、喀斯特地貌、长江三峡等世界闻名的景观。从人文资源来看,西部地区是多民族聚居区,民族文化和传统文化丰富,民俗风情绚丽多姿,拥有秦始皇兵马俑、万里长城遗址、古丝绸之路、元谋人遗址、布达拉宫等举世闻名的人文景观。

五是生物资源多样化。我国是世界上少数几个生物多样性特别丰富的国家之一。西部地区因其独特的自然地理条件,拥有复杂多样的生态系统和物种资源,是我国重要的生态屏障。以云南省为例,在我国《国家重点保护野生植物名录》所列的 246 种保护植物中,云南省就有 114 种,占全国的 46.3%;在国家重点保护动物方面,这一比例更高,云南省的国家重点保护动物有 234 种,占全国的 72.5%。四川山区由于拥有大面积的森林植被,生物种类丰富,尤其是有多种珍稀保护植物、重点药用植物以及国家重点保护动物,是我国天然生物种质"基因库"和生态屏障关键区域,如秦巴生物多样性生态功能区被列为国家重点生态功能区名录。该区域有 6 个国家级自然保护区,有大熊猫、川金丝猴等重点保护野生动物栖息地。

我国西部部分地区生态环境由于受到诸多因素的影响与制约,生态环境较为脆弱,当前由于个别地方政府在追求经济增长的时候,忽略了生态环境保护工程,导致西部地区人均自然资源总体上在缩减,生态环境较为脆弱,甚至出现一些生态危机现象,与"资源节约型、环境友好型"的建设要求依然存在很大的不足。主要存在以下几个方面的问题。

1. 水土流失严重

植被是陆地生态系统的主体,在保持水土、涵养水源、防风固沙等方面发挥着重要作用,人们日常生活中的食物,有 11.5% 都来自植被地带。但植被也是比较脆弱的生态资源。改革开放以来,随着经济的加速发展、城市化步伐的加快、不合理的人为开发等,我国西部地区的植被面积在减少,森林面积也在不断缩减,地表植被覆盖面积和覆盖质量大幅度下降,导致水土流失不断加剧。目前,西北地区植被平均覆盖率仅为 5% 左右,西藏高原北部的植被覆盖率甚至未达到 1%,植被覆盖率的减少必然导致大范围的水土流失,造成耕地肥力下降、洪水泥石流泛滥、生产效益下滑、自然灾害多发等一系列生态恶果,使生态系统处于恶性循环状态。虽然这几年来国家越来越重视西部地区生态环境问题,西部地区政府也采取积极措施应对,一定程度控制了西部地区的水土流失势头,但是水土流失现象仍然较为严重。

目前,全国每一个省几乎都有不同程度的水土流失,不同区域之间水土流失的现状各不相同。根据水利部正式公布的全国水土流失遥感调查结果显示,我国目前水土流失主要集中在长江上游的川、贵、云、鄂、渝和黄河中游地区的陕、晋、蒙、甘、宁一带。水土流失面积一共达到了 107 万平方公里,特点是由东向西逐渐递增。尤其是内陆河流域的上游地区,在开发建设项目上忽略了水土保护,过量引水灌溉,导致下游地带水量减少,甚至河流断流,给下游地区生态环境带来了严重破坏。在各个区域中,西部地区水土流失面积最大,为 296.65 万平方公里,占全国水土流失总面积的 83.1%。其中,云南省是我国水土流失灾害最严重的省份之一。数据显示,2012 年云南省水土流失面积达 13.4 万平方公里,占土地总面积的 35%。宁夏 2/3 的南部山区,甘肃的陇东黄土高原区,也是水土流失比较严重的地区。西部地区植被破坏大,水土流失严重,严重破坏了生态平衡,导致生态环境急剧恶化和土地生产力下降,反过来危害人类的生存与发展。

植被在生态系统中起着主导作用,但由于长期以来西部个别地区相关部门对草地的生态功能及其综合经济价值重视不够,西部地区的草原植被遭到了严重破坏。古往今来,随着畜牧业的发展,西部地区草原植被面积呈大幅度减少的趋势。有数据表明,每公顷森林的蓄水量为 500—2000 立方米,以 1000 立方米计算,每 2000 平方公里森林的蓄水量相当于 1 座 200 万立方米的水库。① 但人们为了片面追求区域经济的发展,过度砍伐有限的林木资源,这种掠夺式的开采使得西部地区的草原植被和森林植被遭到严重破坏,森林覆盖率急剧下降。同时,由于西部地区地貌的特殊性,山地和高原占了总土地面积的 94.0%,典型的山多地少,随着人口的快速增长,粮食供应需求量增大,当地人们为了扩大种植面积和提高粮食产量,不惜陡坡开荒……这些人为因素都加剧了水土流失。

近几年来,西部高山地区的雪线上升速度不断加快,地下水补给量呈现逐渐减少的趋势,如祁连山地带二十多年来,地下水补给量比 20 世纪 70 年代减

① 郭云周、刘建香:《论云南农业自然环境系统的基本建设》,《云南农业大学学报》2001 年第 2 期。

少了大约十亿立方米。青海省曾经是我国著名的黄河、长江、澜沧江等河流的发源之地,近几年来流入黄河的水量减少了 23.12%。水资源匮乏,也成为制约西部地区经济与社会发展的瓶颈。

2. 林草植被破坏较严重

虽然西部地区植被覆盖率达 24.8%,超过全国平均水平,尤其是云南和广西两地植被覆盖率均超过 50%。但是,目前西部地区有些草原地带由于不合理的垦殖与超载过牧,造成草植被面积逐年大幅度地减少,草原质量、功能、数量都呈现不同程度弱化、下降和衰退。我国西部地区的"森林覆盖率仅为 9.88%,比全国森林总覆盖率还要低 6.67 个百分点。四川岷江上游的森林覆盖率,由 20 世纪 50 年代的 30%,下降为现在的 18%。青海森林的覆盖率只有 0.3%,新疆为 0.79%;在 1949—1984 年间森林面积,宁夏为 1.45%,甘肃为 4.33%"①。

降雨量逐年减少,导致原生植被大面积枯死,加之人工种植林草的成活率下降,原生植被数量稀疏,牧场超载放牧,人们对草场的利用程度超过了更新速度,乱采、乱挖、乱砍伐的行为泛滥,导致草场大面积退化,原有水源涵养的原始森林遭到破坏,改变了原有地质面貌,扩大了受灾害面积,影响了西部地区生态环境安全。如甘肃祁连山地带、青海湟水谷地、四川南部、贺兰山、宁夏的六盘山等受灾更为严重。四川西南部分地区,由于森林砍伐过度,造成长江水量失衡、水质恶化。在 1982—1992 年,流入长江的泥沙由 512 吨上升为 7 亿吨。这些泥沙有 21% 来自大渡河和岷江,人们担忧长江会变为第二条"黄河"。

3. 土地沙漠化加剧

西部地区在经济发展过程中,土地沙漠化现象也比较严重。生态环境脆

---

① 何国梅:《构建西部全方位生态补偿机制保证国家生态安全》,《贵州财经学院学报》2005 年第 4 期。

弱和人类不合理的生产经营活动是导致土地荒漠化的主要因素。由于人们长期以来对草原过度放牧,滥垦草原,以及为片面追求农产品的高产量而使用大量的化肥和农药等化学产品,破坏了草原的生态平衡,导致西部地区土地荒漠化加剧。目前,我国沙漠化土地面积达 168.9 万平方公里,占国土总面积的 17.6%,并且正以每年 2460 平方公里的速度不断扩展。从地域上可知,我国沙漠化土地集中分布于西部地区,根据相关部门的调查,西部地区现有戈壁 6608.15 万公顷,土地沙漠化仍呈现加速的趋势。其中,荒漠化的土地主要分布在内蒙古、新疆、西藏、甘肃、青海等西部地区,荒漠化土地面积分别为 60.92 万平方公里、107.06 万平方公里、43.26 万平方公里、19.50 万平方公里、19.04 万平方公里,这五个自治区荒漠化土地面积占我国荒漠化土地总面积的 95.64%,而其他省份仅占 4.36%。根据 2016 年环境保护部和各省、自治区发布的国家和地区《2015 年环境状况公报》资料显示:仅广西 2015 年耕地面积就比 2014 年减少了 5173.47 公顷,全区石漠化土地面积 192.6 万公顷,其中重度石漠化 99.9 万公顷,占 51.8%,另外还有潜在石漠化土地面积 229.3 万公顷。内蒙古荒漠化和沙化土地面积分别为 6093.34 万公顷和 4080.00 万公顷,分别占全区土地面积的 51.5% 和 34.48%。

如此广阔的土地遭遇沙漠化的侵蚀,不免让人担忧西部地区如此严重的沙漠化问题。而且,在气候和人为的双重影响下,沙漠化土地面积逐渐增加,沙尘暴区域不断扩大,土壤侵蚀、盐碱化、土壤污染、土地肥力下降等问题已对土地的生产力构成严重影响。沙尘暴区域扩大,耕地锐减,西部地区土地沙漠化呈现出了"整体扩大"的态势。① 荒漠化对土壤和农田造成的影响,不但直接给农业造成了损失,导致庄稼收成减少,也降低了人们正常的生活质量。

---

① 李清源:《西部民族地区生态环境恶化态势及影响分析》,《青海民族学院学报》2004 年第 2 期。

4. 石漠化仍未缓解

石漠化,也是生态环境恶化的一种极端表现形式。石漠化现象,主要集中在我国西南地区的云贵高原、青藏高原等碳酸盐广为分布的地区。云南、贵州、广西等地的石山地区人口数量不断增多,耕地面积越来越少,一些群众为了生存需要,不惜毁林开垦,过度樵伐树木,石山上覆盖的植被森林遭受严重破坏。这导致千年积累的瘠薄土层,在经过风吹雨打之后逐渐流失,最后地表上只剩下不能种植物的石块。如,据有关资料统计,广西每年平均受涝、旱灾的农作物面积,达一千七百多万亩,减收粮食 11 亿公斤,高达四亿多元经济损失。更为严重的是,石漠化造成广西石山地区居民的日常饮水困难,影响人们的生存条件。广西石山地区石漠化地带的泥沙淤积,已成为红水河梯级电站的心患,影响珠江流域一带的自然生态安全。

5. 环境污染加剧,自然灾害频发

为加快经济建设,西部一些地区借着西部大开发的契机大力发展重工业,降低了工业企业的进入门槛,使大量污染严重和耗资型的产业进入西部地区。工业废水、废气、废渣的随意排放给当地环境带来较大的影响。化肥、农药等大量投入到农业生产中,侵蚀水源和土地,导致水、土中有毒、有害物质的残留量逐年增加。各种污染的出现,大大降低了生态环境系统的质量,弱化了生态环境系统的功能。西部地区生态环境相对脆弱,生态赤字膨胀,不合理的人类活动诱发和加剧自然灾害,干旱、沙尘暴、泥石流、病虫草鼠害等自然灾害频繁发生,极大地制约了我国经济和环境治理的同步、协调发展。

党的十八大报告提出将生态文明建设纳入"五位一体"总体布局中,凸显生态文明建设的重要地位。为了改善我国的生态环境,国务院印发了《大气污染防治行动计划》(简称"大气十条"),提出了大气污染的综合治理措施,在一定程度上,有助于加快我国治理大气污染的步伐。《中国统计年鉴2017》数

据显示,2016 年废气主要污染物中,全国二氧化硫排放总量为 1102.86 万吨,氮氧化物排放总量为 1394.31 万吨,烟(粉)尘排放总量为 1010.66 万吨。西部地区中,2016 年广西二氧化硫排放总量为 20.11 万吨,氮氧化物排放总量为 30.29 万吨,烟(粉)尘排放总量为 26.19 万吨;四川二氧化硫排放总量为 48.83 万吨,氮氧化物排放总量为 45.10 万吨,烟(粉)尘排放总量为 27.27 万吨;贵州二氧化硫排放总量为 64.71 万吨,氮氧化物排放总量为 37.79 万吨,烟(粉)尘排放总量为 20.43 万吨;云南二氧化硫排放总量为 52.62 万吨,氮氧化物排放总量为 44.69 万吨,烟(粉)尘排放总量为 24.76 万吨;重庆二氧化硫排放总量为 28.83 万吨,氮氧化物排放总量为 21.77 万吨,烟(粉)尘排放总量为 9.58 万吨。

根据 2016 年国家和各省、自治区发布的国家和地区《环境状况公报》资料显示:生态环境状况"较差"和"差"的县域主要分布在内蒙古西部、甘肃中西部、西藏西部和新疆大部。四川省 21 个市(州)的生态环境状况指数表现为"优"的仅占全省面积的 8.2%;贵州省在 2015 年内就发生了 9 起环境突发事件,其中有 7 起涉及水污染;云南省的星云湖、滇池草海、滇池外海等众多湖泊水质均达到了"重度污染"的程度;西藏局部出现草地退化和沙化现象;甘肃内陆河流域山丹河水质量"重度污染",可吸入颗粒物(PM10)全省 14 个市州中,仅有陇南市达到二级标准,其他城市均超标。细颗粒物(PM2.5)全省仅嘉峪关市达到国家二级标准,其余城市均超标;青海省所受理各类环境污染投诉案达 1557 件;新疆全区在 2015 年内发生区域性沙尘天气 18 次,局地性沙尘天气 27 次,"重度污染"湖库占 23.3%;宁夏境内 11 条主要入黄排水沟水质总体表现为"重度污染";内蒙古黄河支流和黑河也表现为"重度污染"。

6. 水资源污染严重,利用程度低

我国水资源总量平均为 2.77 万亿立方米,居世界第 6 位。虽然水资源总量丰富,但是平均占有量很少,水资源人均占有量为 2200 立方米,约为世界人

均的 1/4,排在世界第 110 位,被列为世界 13 个贫水国家之一。① 国际标准规定人均水量 2000 立方米为严重缺水线。《中国城市发展报告》指出,我国有四百多个城市供水不足,110 个严重缺水,占全国城市的 1/6。这说明了我国的水资源紧缺形势已变得很严峻。随着我国社会主义经济建设的高速发展,人口的不断增加,尤其是大中型城市人口的增长,全国的污染水排放量将快速增长。

西部地区 2014 年的人均水资源量为 24547.6 立方米/人,比 2004 年下降了 5463.2 立方米/人,其中宁夏回族自治区近 10 年人均水资源量均在 200 立方米/人以下。尤其西部地区大多是高原、盆地、沙漠、戈壁滩等自然地理类型,气候干旱少雨,水资源严重短缺。西北地区本就干旱,随着近年来气候变暖,青藏高原上接近 30% 的湖泊干化为盐湖或干盐湖,新疆维吾尔自治区湖泊面积比 20 世纪 50 年代缩小了 4952 平方公里,青海省境内的黄河流域也面临水流量缩小,青海湖水位近 30 年来平均每年下降 0.102 米,致使很多水库都未能达到蓄水位,这些都进一步加剧了水资源的紧缺。甘肃省 2015 年人均水资源量 765 立方米,不到全国人均的 1/2,属于严重缺水地区,而水资源污染又是甘肃省面临的重大环境破坏问题之一。根据《2016 甘肃环境状况公报》,2016 年甘肃全省共设置 68 个地表水考核断面,达到水质考核目标断面 67 个,达标比例为 98.5%。其中水质为优的 48 个,水质为良好的 17 个,水质优良比例为 95.6%。水质为轻度污染的 2 个,水质为重度污染的 1 个。水资源匮乏,加上生态环境恶化,严重制约了西部地区的可持续发展,严重制约了当地社会经济的发展,对整个地区人们的生活也造成了不良影响。

造成水体污染的原因主要是两方面:一是内因,即自然因素;二是外因,即人为因素,而人为因素更为重要,人为因素主要是工农业污染。冶炼、化工、铸造、建材等行业的“三废”排放严重,尤其是工业废水随意排放,而污水处理等

---

① 张利平、夏军、胡志芳:《中国水资源状况与水资源安全问题分析》,《长江流域资源与环境》2009 年第 2 期。

配套设施却没有得到同步完善。一些污染企业将含有有色金属的废水排入河流,不仅造成水体中有色金属污染物严重超标,而且危害着当地居民的健康,加上农村地区一些畜禽养殖场粪便污水处理设施不完善,将粪便倒入河流或随意堆放,也造成水污染。比如,根据 2016 年《甘肃发展年鉴》,2015 年甘肃全省产生工业固体废物 5823.87 万吨,其中危险废物 54.2 万吨;固体废物综合利用量 3078.71 万吨,综合利用率 52.86%;处理处置 2259.61 万吨,处置率为 38.74%。工业危废被风吹、日晒、雨淋等,渗入地表后会沿着地表径流流入湖泊,这些有毒有害的物质进入水体之后,水质会严重恶化,居民饮用水的安全得不到保障,严重危及了当地居民的身体健康。

由于各地区水权没有明确界定,水资源利用缺乏相应的约束机制,水价过低,无法反映水的稀缺性和机会成本,从而造成水资源的浪费,加剧了当地水资源的短缺。由于地理的独特性,地区产业传统、单一,西部地区基本上都是传统的灌溉农业,普遍以大水漫灌等比较落后的灌溉方式为主,从而加重了水资源的浪费。工业发展主要是建立在资源开发的基础上的,以矿产资源开采和初级品加工为主,设备落后,水资源利用率低,且缺少保护环境的意识,排出大量未经处理的工业废水直接污染地下水,使得水资源变得更为紧缺。2015年西部地区工业总产值只占全国的 25.3%,但工业废水排放比重高达27.1%。同时随着经济社会的发展和人口的增加,人们日常生活用水需求也日益增加,水资源短缺也日益严重。

而且西部地区的河流污染也在不断加剧,水资源开发利用程度低,水质不断下降。由于水资源浪费较为严重,导致人们生产、生活缺水现象时有发生,不仅影响当地居民正常的工农业生产,而且有的地区还出现人畜饮水紧张的状况。水资源的供需平衡失调加剧了用水的矛盾,束缚了生态与经济的良性发展。

以广西为例,广西作为西南地区经济圈中最重要的组成部分,随着"西部大开发"战略的实施,国家给予了广西优惠的经济政策,提高了广西的经济增长率,经济总量也得到了进一步的提升,但与此同时,也带来了巨大的环境压力。根据 2016 年广西壮族自治区环境保护厅发布的广西环境状况公报显示,2016 年珠江水系下雷河和独流入海水系南康江、西门江、钦江的年均水质未达到Ⅲ类标准,水质状况为轻度污染,2016 年 1—6 月龙潭水库受周边水产畜禽养殖废水排入的影响,为中度污染,导致总磷、五日生化需氧量、化学需氧量超标,造成水质为Ⅴ类。

7. 森林总量大,但覆盖率低,生物多样性减少

森林对于涵养水源、保持水土、调节气候、防风固沙等具有十分重要的作用,森林面积的减少,使得整个生态环境也变得很脆弱。第八次全国森林资源调查结果显示,森林面积由 1.95 亿公顷增加到 2.08 亿公顷,森林覆盖率由 20.36% 提高到 21.63%,森林蓄积由 137.21 亿立方米增加到 151.37 亿立方米。这说明了我国森林总量在持续增长,但森林覆盖率仍然低于全球 31% 的平均水平,人均森林面积仅为世界人均水平的 1/4,人均森林蓄积也只有世界人均水平的 1/7。目前,西部地区森林平均覆盖率低于全国平均覆盖率(21.63%),如新疆的森林覆盖率为 4.24%,青海的为 5.63%,甘肃的为 11.28%,西藏的为 11.98%。[1]

此外,我国虽然是世界上生物多样性最丰富的国家之一,但我国的生物多样性正受到严重威胁。西部地区是我国野生物种极为丰富的地区之一,其生物种类在我国乃至全球都占有较大比例。我国生物多样性的威胁主要来自人口的快速增长、经济发展和工业化进程的加快、气候环境的变化以及生态环境的污染。生态环境的恶化破坏了生物圈的生态平衡,使得西部地区的个别野生物种濒临灭绝,生态系统调节功能下降。比如,四川省在 20 世纪 50 年代森林覆盖率为 30%—40%,80 年代降至 16.9%,直到 2013 年才提升到 37.73%;

---

[1] 中华人民共和国国家统计局编:《中国统计年鉴 2005》,中国统计出版社 2005 年版,第 428 页。

云南省在 20 世纪 50 年代森林覆盖率为 50%,90 年代降至 25%,直到 2013 年提升到 47.5%。同期,四川省生物物种灭绝了 5 个,云南省生物物种灭绝了 22 个。据不完全统计,我国的高等植物物种生存受到威胁的接近 4000—5000 种,脊椎类动物累计四百三十多种,高于世界平均水平。由于西部地区的生态环境不断恶化,以及人为的滥杀滥捕,使得野生动植物的数量锐减,甚至导致个别珍稀动植物灭绝。比如分布在新疆、内蒙古、西藏、青海的黄羊、野牦牛、藏羚羊和野驴等动物的数量明显下降,一些珍贵的经济植物如发菜、甘草等也由于具备商业价值而被人为过度采挖。对西部地区野生动植物的长期掠夺,使得相当多的动植物濒临灭绝,生物种类也在逐渐减少。

(二)生态环境破坏对西部地区发展的影响

西部地区的生态环境问题一定程度上影响了西部地区的经济发展。主要表现在以下几个方面。

一是加剧西部地区的贫困程度。生态环境恶化与经济贫困之间有着高度的相关性,两者之间呈双重恶性循环,经济贫困既是生态环境恶化的结果,也是生态环境恶化的原因之一。西部地区的农村贫困人口大多数生活在生态环境比较恶劣的区域,就是很好的例证。

二是影响西部地区的可持续发展。生态环境恶化,不仅导致旱灾、风灾、洪灾、地质灾害等自然灾害频发,也给人们造成巨大的经济损失,降低了西部地区的经济发展能力,严重威胁着西部地区的可持续发展。

三是制约西部地区的资源导向型传统工业发展。西部地区有丰富的能源和矿产资源,这些资源支撑着西部地区的经济发展,导致西部地区的工业结构较多地依赖当地的能源和矿产。但是随着自然资源的大规模开发,西部地区的生态环境呈现恶化趋势,导致西部地区资源开发的生态机会成本越来越高,严重制约着西部地区的资源导向型传统工业发展。

四是阻碍西部地区的农牧业发展。近年来,西部地区依靠大力发展农牧业,促进当地经济发展,取得了一定的成绩,但是随着土壤肥力不足、水土流失、森林缩减等生态环境问题的出现,西部地区环境开发治理的成本增加,农牧业发展受到一定的影响。

因此,面对日益紧缺的自然资源和日益突出的环境问题,西部地区大力发挥政府生态职能,实行政府生态责任追究,缓解生态危机,已经是迫在眉睫之事。

二、西部地区生态环境治理现状

(一)西部地区农村生态环境治理现状

1. 加强农村生态环境治理的意义

生态环境治理,就是通过政府的行为方式,促进官民互动和协商合作,共同作用于生态系统,它强调官民合作、官民互动和官民协商,共同为改善人类生存和发展的自然资源和环境因素而努力。加强农村生态环境治理具有重要意义。

(1)有利于优化农村生态环境,提升农村整体质量和村民幸福感

农村生态环境治理是多角度、全方位的综合整治,注重综合性和后续发展。相对之前村民生态保护不强、地方政府重视不够、企业生态责任意识淡薄的情况,重视并开展环境治理工作可以调动责任主体的积极性和主动性,通过综合治理,优化当前农村生态环境脏乱差的现状,改变提升农村整体质量和村民幸福感,让生活在农村的人们可以感受到崭新的村容村貌。同时,可以让近年来处于"净流出"状态下的农村人才重新回归,为建设美丽乡村作出更大的贡献。

(2)有利于明确治理责任,避免职能"失位"乱象

生态责任主体在追求"利益最大化"时,往往忽视生态环境保护和治

理,公地悲剧层出不穷,农村生态环境治理需要明确各方责任,厘清责任边界,让责任主体明白自己需要承担的治理责任。同时,通过建立健全环境治理制度机制,能促使责任主体开展有效的治理活动,避免职能"失位"现象继续发展。

(3)有利于构建"美丽中国",实现"五位一体"总体布局的目标

"美丽中国"及"五位一体"总体布局是党的十八大报告中提出的新的发展观点,同时也是可持续发展理念的再创新。我国农村数量多,人口基数大,生态环境复杂多变。随着城乡一体化建设的深入,农村生态环境不仅仅遭受农村自身的污染,外缘污染对农村环境影响也日益严重。因此,加强农村生态环境治理,有利于"美丽中国"建设以及"五位一体"总体布局目标的早日实现,有利于绿色发展新模式在中国发扬光大。

(4)有利于转变村民落后的生态观念,提高生态文明意识

由于生态环境日益恶化,农村实用人才流失严重,缺口逐年拉大。全国农业劳动力大专学历以上仅3.3%。而经济水平落后于全国整体水平的西部地区,农村40—60岁村民的文化水平则更低,普遍是初中学历,高中学历都寥寥无几,文化水平低导致村民的生态观念落后,生态保护意识淡薄。因此,加强西部地区农村生态环境治理,有利于村民转变传统的落后观念,主动参与到生态环境治理行动中,营造出和谐共赢的社会氛围。

2. 西部地区农村生态环境治理的现状

西部地区拥有丰富的自然资源和特殊的区位优势,是我国关键的生态屏障区域,也是我国生态文明建设的重点区域,同时也是我国生态环境较脆弱的地区。因此,有必要调查西部地区农村生态环境治理的现状,了解西部地区农村生态环境治理的困境,剖析其背后的原因,以探讨有效的治理路径。为此,笔者以富有西部地区特色的广西博白县为调查对象,对其农村生态环境治理的现状、困境及其原因进行了深入分析。

（1）广西博白县基本情况

广西地处中、南亚热带季风气候区，拥有良好的生态环境和丰富的自然资源。近年来，北部湾经济区的开发开放促进了中国—东盟自由贸易区的全面建成，广西经济也取得了较大的进展。但经济发展的同时，也给广西生态文明建设带来了巨大的挑战。

广西生态文明建设起步较早，早在 2005 年，自治区党委、政府就作出了建设生态广西的重大决策。2007 年 9 月，《生态广西建设规划纲要》正式实施。2010 年，自治区政府提出要推进生态文明示范区建设，争取把广西建设成为全国生态文明示范区。经过不懈努力，到 2017 年，广西森林面积已经达到2.22 亿亩，森林覆盖率达到 62.31%，植被生态质量和植被生态改善程度均居全国第一；红树林面积已经达到 7300 公顷，居全国首位。目前，广西已建立78 个自然保护区，总面积达 145.1 万公顷，建成了布局合理、类型科学的自然保护区网络。

博白县位于广西东南部，辖 28 个乡镇 326 个行政村（含居委会），总面积3835 平方公里，人口 185 万人，隶属玉林市。由于处于东亚季风区，易受台风暴雨侵袭，山洪地质灾害频发。人均占有土地面积及人均耕地面积均低于全国人均水平，2013 年农民人均纯收入 8118 元，村民的收入主要有种植业收入、畜禽养殖收入、外出劳务收入。种植业人群主要是 45 岁以上的中老年人和小孩，中青年大部分外出劳务。近年来，博白工业发展迅猛，全县初步形成了编织工艺、有色金属冶炼与加工、林产化工、健康食品等四大产业集群。博白工业集中区由亚山、城东、旺茂、龙潭和文地五个工业园组成，面积达 3 万亩。进驻企业多为金属制造业、陶瓷业、化工业、林产化工业，数量多达 116 家。

（2）广西博白县农村生态环境治理取得的成绩

首先，村级路硬化比例逐年上升，交通便利程度提高。近年来，博白县政府部门采取财政补助、村民集资及企业捐资等多种方式筹集资金建设农村村级路，并发动农村劳动力投入到建设中，减少资金支出，推动了农村村级路建设。到 2013 年,全县农村村级路硬化比例已占村级路多数,交通便利程度明显提高,"车过留尘"的现象也得到了一定程度的缓解。

其次,新农村建设示范点数量上升,人居环境好转。博白县从 2008 年开始,从财政划拨专项资金进行新农村建设,并派遣指导人员驻村进行指导,帮扶活动有序开展。到 2014 年已投入资金上千万元,新农村建设示范点达到四十多个。新农村建设示范点注重人居环境改善和协调发展,生态环境得到美化,村民生活幸福指数得到提升。

最后,"美丽广西,清洁乡村"清洁卫生活动的开展,农村生态环境得到一定程度的改善。自广西开展"美丽广西,清洁乡村"清洁卫生活动以来,博白县委、县政府成立综合整治部门,全面规划,综合推进,发动各单位部门干部职工及村民投入到环境治理活动中,并投入资金购买垃圾箱和聘请环卫工人,有计划地对县城、乡镇、村庄的环境卫生问题进行整治。通过综合治理,部分农村生态环境得到了一定程度的改善。

(3)广西博白县农村生态环境治理存在的问题

其一,基层政府生态治理专项资金和技术人员较为缺乏,稳定性不足。博白县政府对于当地农村生态环境治理专项资金投入不足。以 2014 年为例,博白县财政一共分配生态环境治理专项资金 282.2 万元到乡镇政府,平均每个乡镇只有 10 万元治理资金。治理技术、治理专业人员匮乏,高质量的治理工作开展较为困难。而且,博白县的乡级政府及村"两委"在对当地的农村生态环境治理工作中呈现出阶段性,凸显出唯上性。当上级政府部门要求重视治理农村环境,基层政府及村"两委"才开展治理行动。加上农村地区范围广,治理行动不能面面俱到,只能选取部分村落进行治理,其他大部分村落生态环境治理进程缓慢。

其二,水土质量变差,居住环境污染较为严重。虽然博白县境内年降水量达 1600—2100 毫米,江河长度达到十公里的达 40 条,但人口多,人均水资源量少,加上各种污染物直接排入,导致境内很多江河受到污染,博白县自来水供应范围仅局限于县城及周边,绝大部分乡村生活用水为挖掘的地下水,严重危害到周边居民的生命健康。尤其是近十年来,博白县养殖业发展迅速,2014年生猪饲养量高达八百多万头,家禽饲养量达三千五百多万只,由于生猪的猪栏要每天冲洗两次以上,需要大量的水,冲洗后的粪便污水大多排放到居住地周围或者附近江河,导致人居环境恶化。更为严重的是,由于农村缺乏畜禽病死后无害化处理的硬件条件,许多养殖户将病死的畜禽直接投掷到养殖场周边的江河、池塘、沟渠里,污染了当地水质。

不仅水质变差,而且土地裸露,垃圾遍地。在实地调查博白县亚山镇民新村、民富村时,发现个别农村附近有数量多达 20 个的深坑,深坑长宽有 10 米,深处达到 5—6 米,深坑有大量积水,访问村民得知是因为这一带有稀土资源,有非法挖掘队进行发掘,遗留下深坑,导致周边土地裸露,对于当地生态环境造成严重的破坏。据村民反映,这种现象不仅仅在亚山镇存在,在三滩、旺茂等乡镇都存在数量不等的深坑。

随着博白县农村生活水平的整体提高,人们消费能力进一步提高,生活垃圾数量也随之逐年增加。由于农村缺乏统一回收的垃圾站,村民就将生活垃圾丢弃到居住地周边,白色污染严重,像各种颜色的塑料袋、塑料薄膜、农药瓶子以及装饰房屋后遗留的各类废弃物等随处可见,导致苍蝇、蚊子、老鼠、蟑螂等害虫数量也随之增加,水质、土壤、空气均受到污染。

其三,掠夺式开发资源,再续发展环境较差。博白县山岭、低矮丘陵占管辖面积的 65%,而适合人类居住的平原、谷地面积只有 35%。农业人口占总人口的 92%。现有耕地面积有 71.38 万亩,人均耕地面积不及全国平均水平的 1/3。[①] 其中按照国家土地肥力标准,博白县耕地中三等、四等肥力的约占 70%,质量不高。虽然 2004 年以来,博白县大力发展粮食产业,已经实现 10 年稳增长,但由于土壤本身肥力不足,农民为了保证产量,大量使用化肥、农药

---

① 朱其斌、童健飞、王兴、颜玉芳:《博白县粮食生产现状、存在问题及对策》,《农业科技通讯》2013 年第 1 期。

来提高土壤肥力,而化肥、农药的有毒分子也随之渗入水土中,严重威胁了土壤和水的质量。而且,村民为了追求利益最大化,不管是集体山岭还是自家坡地,都密密麻麻地种上了生长周期短的速生桉,甚至在山岭以及水库周边,也不惜把以前种植的树林进行焚烧,改种速生桉。由于速生桉在生长过程中会汲取大量的水和营养,导致水土流失严重,肥力下降,有的种植过速生桉的土地已经不能再种植其他植物了。

由于过度使用以及防御灾害工程设施老化失修,造成了当地环境的不可持续发展。博白县目前共有水库 145 座,存在安全隐患的水库 97 座。① 大部分水库修建于 20 世纪五六十年代,到现在已经处于老化失修期,在失修的水库周边布满了村屯和农田,在台风暴雨来袭期间很容易出现塌方漏水等情况,严重威胁人民的生命财产安全。以 2013 年"11·12"博白县民富水库漏水塌方为例,民富水库面积 500 亩,下游耕地面积 7000 亩。水库塌方漏水后造成水库蓄水全部外泄,导致下游村屯饮用水管破裂,转移八千多群众,耕地全部被淹。

其四,企业排污设施缺乏,厂址周边存在污染恶化现象。近年来,由于博白县不断加强招商引资,加上土地成本和工资成本较低,目前已经建设起五大工业园区,进驻工业园区的企业已达到一千八百多家,其中,化工类企业所占比例高达 70%,如中钢金海镍合金、华电热电联产、再生资源加工园区和废钢配送中心、广西银亿技术改造等。这些化工类企业大多选址于农村周边,而且为了节约运作成本,一些企业不购买排污设施,每天都排放出大量的"三废"污染物,污染了农村生态环境。

其五,传统生态文化衰落,生态文明理念认知程度较低。传统的生态文化强调"天人合一,人地和谐",要求人们爱护自然,善待自然,不要违背天意去破坏自然环境。但近些年来,在市场经济浪潮的影响下,博白县的一些农民对

---

① 梁维林:《广西博白县山洪灾害防治非工程措施建设》,《黑龙江水利科技》2013 年第 5 期。

于传统生态文化认知度和敬畏感不强,对于生态环境保护和生态文明理念认知程度较低,肆意破坏环境的行为屡见不鲜,导致农村生态环境问题日益严重化、扩大化、复杂化。据调查,博白县70%的村民不知道自己对于农村生态环境应该做些什么,80%的村民不知道党的十八大提出的"五位一体"总体布局是什么,60%的村民对于农村生态环境污染现状认识较为片面,其中40%的村民认为环境保护只是政府的责任。

之所以出现以上问题,究其原因,主要表现在以下几个方面。

其一,一些地方政府绩效考核"GDP"化,生态文明建设缓慢。在 GDP 主义的影响下,西部地区一些地方政府近年来加大了招商引资力度,积极引进投资项目,大力发展经济,但忽略了对农村生态环境的治理。加之环境问题是个长期的问题,农村生态环境破坏有一定的潜在性和延后性,一般要经过一段时间才显现,而主管官员经常职位变动,导致追究环境污染责任呈现出"大事化小,小事化无"的态势,有时候根本无法追究责任。因此,容易导致政府官员热衷于经济建设,忽视生态文明建设,保护生态环境的责任感不强。

其二,一些企业过度追求经济效益,生态责任意识淡薄。西部地区一些乡镇企业、转移企业为了追求自身利益最大化,严重忽视社会责任和生态责任,认为生态环境保护是政府的事情,企业不必承担相应的责任,它们只顾享受"公地"带来的资源,却不承担"公地悲剧"后的责任,导致企业周边的农村生态环境污染日益严重。加上西部地区产业集群化程度低,技术密集型产业比重小,仍以传统产业为主体,乡镇企业仍以采掘、农副产品粗加工为主,①这些都不可避免地对农村环境造成破坏。

其三,村民生态观念较落后,村级组织积极性低。由于经济较落后,西部地区一些村民为了多挣钱,只能把家中老人和孩子留在村里,从事农活和养殖畜禽,自己到外地打工或到县城从事服务业。同时,受外界影响,一些村民对

①　文传浩、马文斌、左金隆等:《西部民族地区生态文明建设模式研究》,科学出版社 2013年版,第31—32 页。

于农村生态环境保护的意识淡薄,认为农村居住地生态环境的污染程度不足以影响自己正常的生活,"吃老本"心理普遍化。加之,一些村级自治组织由于资金紧缺,村级干部权威下降,生态治理的积极性低,这也影响到农村生态环境治理的进度和效果。

其四,一些地区生态制度落实不够,环境监督弱化。西部地区一些地方政府职能转变不到位,在政策制定与执行的过程中存在"缺位""错位"的问题,行政主体注重"经济"效应,轻生态环境建设。而且在政策的制定过程中,公众了解程度低,参与少,无法表达自己对居住地生态环境治理的意见和建议,政府部门唱"独角戏",政府与村民之间缺乏信息互动。由于农民参与不足,对生态环境的监督仍处于起步阶段。即使有时候新闻媒体对农村环境事件进行采访或播报,但由于监督力量不够,也无法真正解决农村环境污染问题。

其五,一些地区生态文明建设物质基础薄弱,政府公共服务水平低。改革开放以来,尽管西部地区经济取得了较快发展,但西部地区经济发展整体落后的局面仍然没有得到根本改变。西部地区的第一产业所占的比重仍然偏高,第二产业比重仍然偏低,第三产业则主要集中于传统的商品流通业与旅游业。由于缺乏雄厚的经济基础,西部地区的生态文明建设受到了一定的影响,生态系统对经济的承载能力不断减弱。

农村公共服务中的重要一环就是提供良好环境保护设施,加强生态环境治理。但由于西部地区一些地方政府忽视公共服务供给,使当地农村公共环境保护处于脱节状态。比如,在广西博白县的农村,卫生健康保障资源极度稀缺,只有较大的行政村设有村级卫生所,村医数量多为 1—2 人,医疗设备简陋,只能对普通疾病进行治疗。现在农村卫生所正面临着资金、人才、药品紧缺,村卫生所发展前景并不明朗。对于危害村民身体健康的污染源(例如"三废"污染、农药和化肥污染等),多方行动力度小,村民受益低。[1]

---

[1] 卢智增:《西南民族地区农村生态环境治理研究——以广西博白县为例》,《学术论坛》2015 年第 9 期。

（二）西部地区城市生态环境治理现状

随着城市化和工业化的迅速发展,资源枯竭、环境污染、生态失衡、人口增长等环境问题随之而来。为了使城市、自然、经济和谐发展,生态学家提出了"生态城市"的发展理念,这也是时代赋予我们的重要使命。因此,我们要探究城市生态治理的现状,推进城市社会、经济和生态关系的和谐、可持续发展。

1. 城市生态治理的意义

（1）生态城市的含义

"生态城市"是联合国教科文组织提倡发起的"人与生物圈"（MAB）规划研究过程当中提出的一个观念,是人与自然协调发展的城市发展形式,是实行可持续发展政策的必然选择。生态城市是生态健康的城市,一方面来讲,是建立在人们对人与自然的关系更为深入的了解之上,按照生态学的规定建立起来的社会、经济、自然和谐发展的新的社会关系,同时也是有效使用环境资源达成可持续发展的新的生活方式。另一方面来讲,则是根据生态学原理进行城市策划,创建高效、协调、健全和可持续发展的生活环境。具体而言,生态城市的内涵具体表现为城市环境的协调,城市经济结构和工业系统的合理化、高级化,城市生态文明的高品质、多元化,城市基础设施的高水平、现代化。

（2）生态城市的特征

其一,和谐性。和谐是生态城市的核心特征,建设生态城市必须注重城市生态系统的健全与协调。这种和谐不仅体现在人与自然的关系上,更重要的是体现在人与人之间的关系上,追求人际、自然、经济、社会循环的成长新秩序。[①] 生态城市营建的不是一个用天然绿色装饰的、僵死的人类居住环境,而是一个满足人类自己的进化需要、富有浓厚的文明气息、具有可持续发展的生

---

① 杨立新、张新宇:《论生态城市的科学内涵》,《环渤海经济瞭望》2010 年第 4 期。

态环境。

其二,高效性。生态城市通过能源的多层次利用、废物的回收利用、产业间和部门间的共生关系协调等,改变了现代城市的"高消费""非循环"机制,提高了资源配置效率,建立了高效率的运行体系,真正实现物尽其用,人尽其才。

其三,整体性。城市是以人为主的,人、物、空间"三位一体"的复合生态系统。① 城市生态治理具有整体性,它不仅寻求优美的环境,也追求统筹社会、经济和环境的整体效益;不仅注重经济发展与生态环境的和谐,也重视人们生活水平的提高,是在总体协调的新秩序下追求高质量发展。

其四,开放性。城市生态治理具有开放性,不仅仅局限于某个城市、某个区域、某个国家,而是跨越城市、区域、国界,面向全世界,需要每个人、每个城市、每个地区、每个国家共同合作共同建设。在城市生态治理中,需要扩大对外开放,加强国际交流与合作,使每个人都行动起来,共同建设资源节约型、环境友好型社会,创造良好的城市人居环境。

(3)城市生态治理的意义

从 20 世纪 70 年代提出生态城市的概念之后,各个国家对城市生态治理进行了探索与实践。因此,我国大力倡导城市生态治理,不仅是适应城市演变规律的必然选择,也是推动城市可持续发展的客观需求。

其一,城市生态治理是践行新发展理念的客观要求。生态城市是园林的、绿色的、文明的,不仅要求人与自然、经济与社会协调发展,还强调生活质量的提高、生态文化的培育。因此,建设生态城市,符合新发展理念的要求,有利于推进生产力发展,调整、优化产业结构,营造和谐积极的人文环境,转变人们的生活方式和消费方式,增强人们的环保意识。

其二,城市生态治理是解决城市发展问题的内在要求。虽然社会经济的

---

① 刘飞、冯广丽、高晓霞:《浅谈生态城市建设》,《科技信息》2011 年第 15 期。

发展是建设生态城市的经济保障,但是城市发展往往伴随着一系列环境问题,与生态环境产生矛盾,并反过来影响城市的发展。因此,解决城市发展问题,首先必须解决城市发展与生态环境的矛盾,形成经济、社会、环境三者相互和谐发展,实现城市与自然和谐发展,为城市的可持续发展提供有力的生态保障。

其三,城市生态治理是提高人民生活质量的直接要求。随着社会经济水平的提高,人们的精神生活日益丰富,人们对生活的追求从数量需求转为质量需求、从物质需求转为精神需求、从户内需求转为户外需求。只有通过城市生态治理,才能实现经济效益和社会效益的双丰收,增强城市的综合实力,满足人们的需求,提高人们的生活水平,增进人们的幸福感。

2. 西部地区城市生态治理的现状

要加强地方政府生态责任建设,有必要调查地方政府生态文明建设的现状,了解地方政府生态责任建设的困境,剖析其背后的原因,以探讨有效的治理路径。为此,笔者以全国生态文明建设示范区——桂林市为调查对象,对其生态责任建设中的城市生态环境治理进行了深入分析。

(1)桂林市生态文明建设的历程

其一,环境污染治理阶段:拯救漓江,治理生态环境。20世纪六七十年代,桂林工厂林立,污水横流。1973年,邓小平同志来到桂林,他痛心地批评漓江生态环境污染问题,桂林从此开始"拯救漓江"大行动。1979年和1980年,尽管桂林市政府财政紧缺,依然"关闭、停止、合并、转让、迁移"了27家污染严重的工厂,同时大力扩建污水处理厂。[①] 为了保护漓江,自1998年以来,桂林市政府进行了一系列重大调整,加强引进高新技术产业,严格禁止高污染企业进入。仅2004年,桂林市政府主动拒绝了六十多个三产项目、七十多个

---

① 刘昆、于敏:《看桂林如何保护漓江》,《光明日报》2007年8月12日。

工业项目,这些项目占桂林市总投资项目的17%。在政府的主导下,漓江流域的生态环境得到有效治理和保护。

其二,环境与经济共同发展阶段:促进环境与经济良性互动、协调发展。经过较长时期环境污染治理,2006年桂林市的森林覆盖率达到了67.6%,城市绿化覆盖率也达到了40%,连续10年获得"全国城市环境综合整治定量考核"第一名,每年空气质量达到一级的天数超过300天。[①] 为了实现环境与经济的良性互动、协调发展,桂林市以良好的生态环境为基础,创造新的经济增长点。2002年,"印象·刘三姐"大型山水实景演出在桂林获得成功,创造了一个全新的演出形式,为桂林带来了新的经济增长点,进一步刺激了桂林旅游业的发展。同年5月,"两江四湖"工程通航试水成功,不仅改善了桂林市的生态环境,还完善了城市功能,开拓了桂林市中心旅游的市场,提升了城市整体的档次与品位,促进了环境保护与城市经济建设的协调发展。

其三,"十一五"节能减排阶段:建设生态城市,优化经济发展。"十一五"期间是桂林市经济社会发展的重要时期,也是桂林市积极响应国家节能减排的号召,进一步做好环境保护工作,积极创建生态文明城市,夯实基础的关键时期。桂林市以改善生态环境质量、建设生态城市为中心,坚持保护环境,优化经济发展,促进节能减排,大力发展清洁产业和循环经济,发展污染小、能耗低、产值高的高新技术产业,推动经济增长方式转变,促进社会、经济、环境的和谐发展。仅2006年,桂林市高新产业园的产值就达32.5亿元,税利3.3亿元,安排就业八千多人,高新区产业园已成为桂林市新的经济增长点。

其四,"十二五"生态文明建设新阶段:整体建设生态文明,提升生态名城形象。"十二五"期间,是桂林市全面建设生态文明城市,构建国际旅游休闲胜地,努力打造山水生态名城的重要时期。在这一新阶段,桂林市紧跟时代步伐,贯彻新发展理念,推行可持续发展战略,加强生态环境治理与保护,从整体

---

① 刘昆、于敏:《看桂林如何保护漓江》,《光明日报》2007年8月12日。

上把桂林市生态文明水平提上一个新的高度。为此,桂林市制定了"十二五"期间的目标,即:到 2015 年,桂林市生态文明示范市建设要取得显著进展,要进一步提升山水生态名城的形象,要把全市主要污染物排放总量控制在规定的指标内,要切实有效保护饮用水水源地环境,对于污染严重的环境问题尤其是损害群众健康的突出环境问题要基本解决,要保持优良的生态环境质量,保障安全的生态环境,为全面建设小康社会和建设生态文明城市奠定良好的环境基础。

其五,桂林市创建生态文明示范区的提出。2006 年,全区生态广西建设暨环境保护大会召开,会议提出要造就生态省,大力推进生态广西建设。桂林市积极响应号召,于 2007 年提出以创建"生态桂林"为载体,推进桂林生态文明建设,特别是加强对漓江流域的生态保护和综合治理。

2012 年 11 月,经国务院批准,国家发展和改革委员会批复了《桂林国际旅游胜地建设发展规划纲要》。《桂林国际旅游胜地建设发展规划纲要》提出的桂林发展四大战略定位之一就是把桂林建设成为"全国生态文明建设示范区",要求全市人民牢固树立尊重、顺应、保护自然的生态文明理念,努力实现生态桂林、美丽桂林。[①]

（2）桂林市城市生态治理取得的成效

桂林市是一个风景秀丽的历史文化名城,位居广西壮族自治区东北部,辖 5 个城区和 12 个县,行政区域总面积有 27809 平方公里,其中:中山占 50.42%,低山占 11.78%,石山占 8.97%,丘陵占 5.39%,台地占 1.95%。[②] 孤峰遍布,群峰环绕,绿水穿城,拥有优美的天然山川,景色处在城市中,城市又在景色中,城市与景色相互融合的布局是桂林所独有的。正是城市的这种独特性确定了桂林市的发展方向,同时凸显建设生态桂林的重要性。多年来,桂

---

① 卢智增、刘婷芳:《生态治理中地方政府的生态经济责任——以桂林市创建全国生态文明建设示范区为例》,《桂海论丛》2016 年第 4 期。

② 成官文等:《桂林生态城市建设研究初探》,《桂林理工大学学报》2010 年第 1 期。

林市始终把加强生态环境保护作为城市经济和社会发展的重要任务,以建立环境保护楷模城市和国家级的生态示范城市为载体,尽全力打造当代国际知名的生态山水城,取得了一定的成效。

其一,加强城市园林绿化管理。桂林市于2003年实现国家生态园林目标后,于2007年被确定为全国第一批生态园林试点城市。为了继续保持和扩大生态园林成果,桂林市通过《桂林市公园管理规定》和《桂林市城市园林绿化管理办法》,进一步实施绿化管理,落实绿色图章制度,加强了城市园林绿线规划和建设工作。

其二,加强城市规划,创建城市生态系统。桂林市高度重视并发挥城市规划的导向作用,科学合理地编制了城市发展规划、城市绿化系统规划以及风景名胜规划等,统筹城市经济和生态环境的和谐发展,形成了以生态为中心,以景观为载体,以优化空间为基础的城乡一体化系统,为桂林市实现可持续发展目标,建设国际旅游胜地奠定了良好基础。

其三,发挥工程项目的带动作用,优化城市生态环境。桂林市强力推进以疏解老城区、建设新城区为重点的城市建设工作,通过开展工程项目以带动城市的生态效益,特别是在城市绿化建设上,不断扩增总的绿化量,加强绿地结构,把土地还原成绿色,把绿景还给人们。同时,桂林市还通过开展保护城市环境工程、保护自然景观与文化遗址工程以及完善基础设施等工作,使桂林市基础设施水平、生活环境质量、生态环境及市容市貌等都得到明显改善和提高。

（3）桂林市城市生态治理存在的问题

其一,对生态城市内涵的认识不足。生态城市是个综合性概念,包含的内容比较丰富,如社会发展、经济增长、消费水平、城市环境等,都囊括在内。但是,现实生活中,人们对生态城市内涵认识不足,通常把生态城市仅仅理解成绿化城市、优化环境,认为生态城市就是以环境为中心,把城市建设成花园一样,多种树木,多搞绿化带,多弄草坪,而忽视了其他方面的内涵。比如,由于桂林市生态城市建设还处在起步阶段,一方面,针对生态城市建设的宣传教育过于单调,宣传教育力度较弱;另一方面,受传统观念和生活习惯的影响,不少人认为生态城市就是搞搞绿化、植树造林、搞城市污染治理,没有真正把握生态城市的深刻内涵。

桂林市政府在生态文明示范区建设中,过分强调经济增长,忽视了生态建设与社会发展的关联性,大力引进项目,除了加强传统的农业、旅游、娱乐、生态科技等项目外,还重点引进汽车、机械加工、水泥生产、数控磨床生产线等一大批工业项目,虽然一定程度上促进了桂林的经济增长,但也出现能源过度消耗、资源利用率低、生态环境破坏严重等问题,导致经济增长和社会可持续发展之间不协调。

其二,"量体裁衣"的城市规划和城市建设缺乏。每个城市的地理位置、文化积淀、风土人情、经济发展等均存在一定的差异性,每个城市的生态文明建设也应该具有各自独特的风格。但是,从我国目前的状况来看,生态城市的建设风格几乎是一模一样的,生态桂林建设同样存在这方面的问题,从整体上看缺少一种文化传承性。有位民俗专家曾经说过,我们现在看到的桂林其实是一个洋桂林。一些文化界人士也感叹,现在只有在兴坪才能看到一点老桂林的影子。这说明了,现在的桂林失去了它原始的个性特色。当我们看到那些千篇一律的人工景象和人工环境聚集在桂林时,感受到的是一种传统文化上的自卑心理和民族自信心的丧失。如果巴黎人不远千里来到桂林,那一定不是为了看桂林中心广场上的"卢浮宫""金字塔",而是要看一个具有独特的民族特色、有自己魅力和个性的独一无二的桂林。因此,生态桂林应该是以自然山水为基础,与民族特色、自然主义及现代规划相结合,而不是集千篇一律的人工景象和人工环境为一体。

虽然桂林生态文明城市建设取得了一定成效,以临桂区为代表的新城区建设也使得桂林城市化整体水平得到大幅度提升,但仍然存在区域发展不平衡,尤其是城乡之间不平衡和新老城区发展不平衡的问题,乡村经济发展较落后,新老城区利益分割不均,老城区的发展后劲不足,社会整体水平不高,阻碍了桂林生态文明城市创建的步伐。国务院扶贫开发领导小组办公室于2013年3月发布了《国家扶贫开发工作重点县名单》,其中桂林市龙胜各族自治县列入重点扶贫贫困县,这说明了桂林市城乡之间发展不平衡的问题仍未解决。

其三,项目支持、政策支持和法律保障不够。国际经验表明,建设生态城市,不仅仅要求有具体明确的项目支持,还必须有相应的政策支持。但是,我国一些城市的生态规划和建设目标脱离实际,缺乏具体项目的支持和相应政策的保障,容易出现"两张皮"的现象,影响生态城市建设目标的实现。加之,促进和保障生态城市建设的法规政策体系不够完善,相关法律法规不健全,生态城市立法工作跟不上生态城市建设的步伐,与生态城市发展不相适应,导致生态城市建设不能很好地得到相应的法律保障,从而影响了生态城市建设的速度。

桂林市是以发展生态旅游为主的国际名城,但是,随着国家"西部大开发"战略的推进,桂林周边城市的经济发展十分迅猛,而桂林的经济发展却相对缓慢,政府牵引生态经济产业体系相对薄弱。由于桂林独特优异的自然环境以及国际旅游生态名城的城市发展定位,发展工业还是发展旅游的矛盾一直困扰着桂林市的发展,政府没有找到一个介于工业发展和旅游发展的平衡点,生态经济产业体系相对薄弱,使得桂林的生态文明城市建设的脚步趋于缓慢。

其四,公众参与环境保护的积极性不高。寻求人与自然的协调发展是生态城市建设的本质,所以,公众的广泛参与是生态城市建设的关键所在。[1] 据调查,桂林市生态文化宣传教育程度不深,公民环境保护意识不强,参与环境保护的积极性不高,很少主动投身于生态桂林城市建设中,有的人甚至认为,建设生态城市是政府的责任,只要政府出力就可以了,与自己无关。因此,政

---

① 刘妙桃:《生态城市建设的理性思考》,《经济与社会发展》2010年第7期。

府策划并开展生态城市建设活动的时候,响应号召的人也不多,通常是政府你做你的,我们过我们的。

其五,生态管理难度增加。随着工业的不断发展和常住人口及外来游客的不断增加,各种污染物的排放量也在不断增加。2013 年,桂林市工业固体废物产生量为 210.39 万吨,工业废水排放总量为 4005.21 万吨,市区生活垃圾产生量为 31.42 万吨,这严重影响了生态环境的质量和群众的生活水平,加大了生态管理工作的难度。如在桂林漓江上游,乱砍滥伐生态园林的现象时有发生;漓江附近的一些企业为了自身利益,与当地政府部门打游击,经常偷偷地把污染物排入漓江;青狮潭水库是漓江的补充水源,但其水质因为旅游业的过度发展及水库内养鱼的失控而受到了一定的污染;漓江的补水通道甘棠江,其两岸大量的工业污染物和生活污水仍然直接排入江中,使得甘棠江的水资源富营养化,导致了水葫芦的疯狂生长和漓江水质的下降,并增加了加工自来水的成本。

之所以出现以上问题,究其原因,主要表现在以下几个方面。

其一,生态城市建设宣传教育力度较弱。目前,部分城市生态文化教育渠道比较单一,宣传教育力度不大。首先,没有针对不同群体分别进行专项教育。比如,在中小学阶段,没有对中小学生进行系统的生态科普知识、生态法律法规知识、生态伦理道德知识等教育,尤其没有进行户外生态文化教育;在大学阶段,没有重视对大学生进行深刻的生态科学技术教育,没有注重大学生生态意识的培养;在社会上,没有对机关、企事业单位工作人员、社区居民进行生态知识教育培训,导致人们生态意识薄弱,生态理念尚未深入人心。其次,没有充分利用各种生态环境保护日,如地球日、世界无烟日、世界水日、世界环境日、世界气象日等进行生态普及教育。

其二,生态城市建设容易盲目跟风。一些地方生态城市建设片面追求观赏效果,而忽视了地方特色,造成一定程度的"抄袭"现象。一个以其独特的历史事件和历史人物创造了自己独特的历史文化遗产的城市,在生态城市建设中应该强调地方历史特点。但是,由于盲目跟风,复制、模仿以及同化现象在桂林生态城市建设中盛行,不同风格、不同特点的建筑有的已不复存在。这种生态城市建设盲目跟风,使得传统文化失去了生命力,也失去了发展的竞争实力。

其三,生态城市建设的政策法规尚不健全。首先,我国的环境保护法不能囊括统率整个生态文明建设,目前我国关于生态文明建设的统一的法律法规和与生态文明建设有关的法律条文有待完善。其次,制度建设相对滞后,相关的政策支持和法律保障有待进一步加强,具体为:对破坏环境行为的惩罚规定、对自发性保护环境活动的支持政策、鼓励企业走循环经济发展模式的政策、对资源的保护和管理的统一协调机制、经济政策与环境政策的配套等有待进一步加强。比如,桂林市在发展旅游业的过程中,一味地追求经济效益,而忽略了对生态环境的保护,在加强资源开发的同时,没有注重对生态资源的保护,或者生态保护措施过于单一,导致生态环境一再受到破坏。[1] 再次,地方性的法律法规和部门规章由于效力不够高,难以形成有效的约束机制。比如,桂林市无权进行城市生态文明建设的专项立法,必须要上报自治区人大并通过才能出台地方性专项法律法规。最后,生态执法不严格,生态环境违法成本低。据统计,我国生态违法成本平均不及治理成本的 10%,不及危害代价的20%。[2] 在生态执法中,由于对污染企业的处罚力度比较低,加之采取"先排污,后收费"的执法方式,使得环保部门工作被动,不利于生态环境的有效保护和治理。

其四,一些地方政府政策体系不完善。首先,为了进一步推进生态文明建设,促进经济建设与生态环境保护的协调发展,国家制定了排污权有偿使用和

---

① 卢智增、欧丽娟:《我国生态城市建设的困境及治理路径——以广西桂林市为例》,《沈阳干部学刊》2017 年第 4 期。

② 翟新明:《地方政府生态责任解析》,《陕西理工学院学报(社会科学版)》2013 年第3 期。

交易、环境责任保险等环境经济政策,但桂林市没有结合地方实际制定配套的政策,没有很好地落实国家的环境经济政策。其次,桂林市虽然鼓励发展生态产业,但没有提供足够的政策支持,缺乏与之相配套的政策体系,严重影响了投资企业的投资热情和产业创新的积极性。再次,一些地方政府对科技创新和文化发展投入不足。现阶段,桂林市把发展重点放在桂林国家高新区、西城经济开发区和苏桥经济开发区,创造了良好的经济效益,但对留学人员创业园、大学生科技园、穿山科技园等其他非重点园区的科技创新投入则严重不足。此外,以桂林市几大高校为主体的桂林市雁山大学城在前期投入较大,然而,初具规模之后,政府投资的重点则转移到了西城经济开发区,着力再造一个"新桂林",减少了对高等院校、科研院所等创新资源的投资,减缓了文化产业发展的步伐。

其五,一些地方政府生态管理体制不健全。首先,一些地方政府对生态经济责任的整体协调把控不足。生态文明建设涉及经济、社会、文化、环境、科技等方面,生态文明建设不仅要保护环境,节约资源,还要贯穿于政治、经济、文化、社会等方面建设的全过程,单纯为环境而进行生态文明建设,是无法全面创建生态文明城市的,需要整体协调把控政府生态经济责任。而桂林市在创建生态文明示范区的过程中,主要针对城市生态环境,未能与政治、经济、文化、社会等方面的建设紧密结合在一起,生态文明未能全面贯穿到社会发展的各个领域,这也一定程度上影响了生态文明的发展。其次,一些地方生态文明建设的相关管理部门职责划分不够明晰。《中华人民共和国环境保护法》第十条规定,县级以上地方人民政府或其环境保护行政主管部门对环保工作实施统一监督管理,同时,一系列的相关管理部门根据各自的职责对环保工作实施监督管理。但是,该法律对相关管理部门到底要承担什么责任,对于环保部门的职责范围、部门间的相互协作、相关部门的相互配合及责任承担规定不够明确具体,这很容易造成部门间扯皮推诿,难以形成生态文明建设的合力。

三、西部地区政府生态责任缺失的表现

政府是生态环境保护的第一责任主体,但是在现实生活中,有的地方政府为了片面追求经济发展,存在生态责任缺失的现象。具体而言,西部地区政府的生态责任缺失主要表现在以下几个方面。

(一)在生态责任履行过程中一些地方政府主体缺位的问题

过去,在生态责任的界定上,人们存在一定的误区,往往把生态责任推给企业和社会,而忽视了政府的生态责任,认为地方政府的生态责任仅仅是制定和实施相关的生态环境制度和政策,以及生态问题出现后,相关利益主体的协调与处理,而不用对生态环境问题承担主要责任,甚至是在生态环境问题爆发后,政府才采取相应的紧急补救措施来解决。由于受到这种观念的影响,西部地区政府及公务员容易忽视自身的生态管理责任,导致在生态环境保护和建设的过程中,一些地方政府没有很好承担起主体责任将生态环境问题防患于未然,而是把责任推卸给企业,扮演生态责任的局外人。虽然企业和社会确实应当承担一定的生态责任,但西部地区政府拥有本行政区域内最高的公共管理权,应该清醒认识到自己在环境保护中的主体地位和责任,主动地、积极地参与到生态环境管理中,尽量避免出现生态环境问题,而不应该仅仅充当环境问题出现后的"消防员"角色。

在潜意识里,企业和社会才是生态环境问题的责任方,长期忽视了政府的主体地位,政府仅仅采取了一些监管措施,被认为是环境问题中的监管方,并不是责任方。所以,一旦出现生态环境问题时,一些地方政府做的最多的就是采取处罚手段来解决问题,不管环境破坏的问题有没有解决好;一些地方政府都不会对此负主要责任,这是一些地方政府生态责任缺失的一种表现。其实,政府应该是生态责任的第一责任主体,政府可能会因为一家企业污染而推卸责任,但是绝不能对一个地区的生态环境问题推卸责任。

(二)有的地方存在约束机制缺失的问题

过去,有的地方政府对当地的经济社会发展规划没有专门设计生态环境保护的指标,没有过多关注生态环境问题,缺乏一套科学合理的约束机制。长期以来,约束机制的缺失导致政府没有全局性考虑,只是消极被动地应付问题,临时处理些环境问题。约束机制的缺失,也导致地方政府片面追求更高的GDP、更快的发展速度,而忽视生态环境保护,对环境监管不力。

目前我国的环境管理体系中,环境保护部门分为中央、省、市、县四级,中央对地方环境部门实行垂直管理。在这种行政管理体制下,下级环保部门必须对上级环保部门负责,同时对当地生态环境负责,但是地方政府可以决定环保部门官员的任免,环保部门的经费由地方政府财政提供,这导致地方环保部门的生态监管行为受到一定的限制,特别是受制于地方政府。西部地区经济发展相对落后,地方政府可能更注重当地的经济利益、短期利益,而忽视地区生态环境监管,而且个别地方法院受司法体制、地方保护主义的影响,对环境案件的执行效果不明显,有时候导致违法污染行为不能及时得到纠正。

(三)有的地方存在政绩考核标准和官员责任意识缺失的问题

1. 一些地方政府绩效考核体系欠科学

一些地方政府的绩效考核体系关系到政府工作人员的工作动力和福利待遇。我国目前实施的干部绩效考核体系主要是以GDP为核心的官员考核机制,考核内容、考核标准不够科学,导致一些西部地区政府履行生态责任的积极性不够。一些地方政府较少将生态保护指标纳入到官员政绩考核指标体系中,使得一些官员漠视高污染、高能耗产业对生态环境的破坏性影响,忽视生态环境治理。虽然中央早就强调要加强生态环境保护,一些相关的法律法规也将环境质量与保护纳入到政府绩效考核的指标中,但是在GDP考核的刺激下,西部地区有的地方政府出于"经济人"理性考虑,在实际考核中GDP仍然是政府绩效考核的主要依据,为了提升政绩,加快经济发展,更加注重与经济增长、招商引资相关的硬指标、硬任务,而忽视环境保护这种软指标、软任务,对企业生产经营活动过程中的污染排放管制也会放松,从而造成生态环境的破坏,出现"先污染,后治理"的现象。究其原因,主要是两个方面:一是生态保护绩效的"届际效应"。由于生态环境的独特性,生态责任履行的效果不能马上显现,导致对地方官员的生态绩效难以量化,而地方官员任期却有相关规定,因此,有的地方官员为了提高任期政绩,往往高度重视可以量化的经济指标,以发展地方经济为主,以保护环境为辅。二是生态保护的"溢出效应",即地方政府进行生态保护,不仅当地可以获得生态效益,其他相邻地区也可以"搭便车",获得生态效益。由于"溢出效应"的存在及生态补偿机制的不完善,一些西部地区政府生态保护的积极性不够,有的地方政府甚至在生态保护中不作为。而地方环保部门听命于政府,为了不影响地方政府招商引资与经济增长,有的地方环保部门在环境执法中自然会放低标准,导致其约束作用弱化。应该加强量化考核制度,考核的方式方法有待进一步完善。

2. 一些地方传统行政管理体制欠合理

我国条块分割的行政管理体制的鲜明特点之一,就是各个政府职能部门分工明确,各司其职。但我国传统行政管理体制还不完善,有的机构设置的结构不合理,存在机构之间权限不清、责任不明的问题。有的部门之间职责范围的界定比较模糊,导致各部门工作中容易出现"钻空子"的现象。有的行政部门为维护本部门的利益,对有利可图的事务趋之若鹜,而对无利可图的事务避之若浼,部门之间容易出现相互扯皮、推诿的现象,严重影响执行效果。导致在日常的环保事务中,容易出现环保部门牵头,其他部门全力配合开展,但往往最后只有环保部门孤军奋战的现象。

为了更好地加强生态环境保护工作,我国于 2008 年成立了环境保护部,2018 年 3 月进行机构调整,组建了生态环境部,这说明了我国环境保护体系日渐完善,政府部门职能分工更加明确。由于大家普遍认为生态责任只与环保部门相关,其他的政府部门没有责任,导致其他部门采取漠不关心的态度。不可否认环保部门承担着保护生态环境的监管工作,但是,生态环境保护是一项复杂的工程,不是环保部门一家的责任,仅靠一个部门的有限力量是不足以解决生态环境问题的。生态管理虽然以环保部门为主,但涉及很多部门,需要相关部门协同治理。其他部门的官员同样需要提高生态责任意识,保证生态文明建设的顺利进行,如行政审批部门要慎重使用审批权,要坚决对污染项目说"不"。此外,长期以来人们对生态责任主体存在错误认识,简单地把企业和社会视为生态责任主体,而忽略政府的生态责任,导致有时候出现政府的主体缺位现象。因此,我们必须增强各部门各级官员的生态责任意识,确保政府生态责任的实现。

（四）一些地方存在环境执法过程中执行力不足的问题

改革开放以来,西部地区在"西部大开发"战略指导下,有的地方政府把工作重心放在了发展经济上。为追求西部经济的快速发展,有的地方政府不惜放低对企业市场准入的条件要求,尤其是吸引外商投资方面,有的地方政府无视国家环保相关的法律法规,不管引进的企业是否符合环境保护的要求,盲目引进污染指数较高的企业,导致地区的生态环境遭到破坏。污染严重的企业为了维护自身的经济利益,采取政治寻租的方式,通过贿赂地区政府官员获得"庇护",有的地方政府为了政绩,为了自身利益牺牲地方公民的环境权力,放纵高污染企业的违法排污行为,从而加剧了地区生态环境的恶化。

政策执行力不足主要表现为政府没有严格按照标准执行相关政策,如对环保不达标的企业从轻处理,甚至任其发展而不处理,包庇、纵容环境违法行为。西部地区有的地方政府出于经济利益和政绩考核的考虑,与污染企业,特别是与对地方财政贡献大的高污染企业形成利益同盟,有的污染企业则不惜牺牲环境利益,通过政治寻租的方式,贿赂地方政府官员来牟取不正当利益。

西部地区的一些地方政府对中央环境政策的执行力薄弱。随着西部大开发战略的推进,中央与西部地区政府关系也进行了一些改革,西部地区政府的独立性逐渐增强。为了实现经济利益最大化,有的西部地区政府在执行中央环境政策的过程中,容易产生态度不够坚决的问题,导致效果不够明显,如对于符合西部利益的中央环境政策,执行过程附加一些对自己有利的规定再执行;对于那些对西部利益影响不大的政策,则对中央政策"打折",执行地方的"土政策";而对于短期可能不利于西部利益的政策,执行中多以敷衍和推脱了事。执行力不足可能对生态环境行为造成一定的影响,进而影响政策目标的实现。目前而言,对于各项政策都要有力实施,加强政策执行力,否则政策就只能成为一纸空文,不会起到保护生态环境的作用。

近年来,我国相继出台了各项有关生态环境保护的法律法规和政策,但西部地区中有的地方政府在生态环境问题上容易受"经济效益至上"政府绩效观的影响,并不能很好地遵照相关的法律法规开展环保管理工作,而是采取执行力不到位甚至是不作为的态度,甚至与污染企业同流合污,帮助企业逃避环境污染的责任追究,所辖的环保部门在执法过程中也常出现有法不依、执法不严的现象。由于信息不对称和对政府生态责任履行监督机制的不健全,导致中央政府往往只能在地方出现重大污染事件后才采取措施,助长了地区政府在履行生态责任过程中应付了事的侥幸心理。

(五)一些地方存在生态文明制度保障不够的问题

完善健全的体制机制是建设生态文明的重要保证。目前西部一些地区在生态文明建设的过程中,存在相关制度不完善、体制机制不健全等问题,如自然资源产权制度不完善、资源有偿使用制度不健全、西部地区生态购买制度尚未形成、西部地区生态环境补偿制度滞后,导致自然资源浪费和生态环境恶化,生态治理效果不明显。

西部地区生态文明建设主要依靠市场机制运行来推进。我国改革开放以来,为了支持中东部地区发展,西部地区服从"两个大局",提供了很多自然资源,为中东部发展作出了巨大贡献,但也为此付出了沉重的资源、生态代价。1999 年国家开始实施"西部大开发"战略,相对加大了对西部地区的支持,但由于西部地区环境税收制度不健全、投融资体制不灵活、生态文明建设的评估制度"滞后"等原因,西部地区的生态文明建设仅停留在保护生态环境、控制污染的单一层面,没有彻底改变西部地区环境脆弱的状况。

自发性制度发育相对迟缓,西部生态文明建设缺乏民间组织力量的推动。在我国,加强生态文明建设是中央针对改革开放以来的环境污染和资源消耗问题而作出的重大战略决策。生态文明建设强调在经济发展过程中要充分考虑生态系统的有限性,要构建起人与自然双向互动的和谐关系,实现社会经济系统与自然生态系统的良性循环,保证社会经济可持续发展。但是,民众的环保意识和热情不够强烈。

自发的制度形式,既不是将环境问题的解决诉诸政府,也不是纯粹依靠市场,而是基于个体间的信任、尊敬,依赖组织内部的社会关系、社会文化"将不合作博弈转化为合作博弈,并且形成了相应的替代性制度安排"。目前,在西部地区现有的生态环境治理制度体系中,政府主导的制度占了很大比例,自主治理制度的发育相对迟缓,因此,政府应加大环保知识的普及力度,鼓励民间环保组织的发展,将自发的环保意识转化为有组织的环境治理行为。

（六）一些地方生态产品及生态服务供给不足的问题

习近平总书记曾指出,保护生态环境就是保护生产力,改善生态环境就是发展生产力。良好生态环境是最公平的公共产品。① 目前,我国生态产品与

---

① 　人民日报社评论部编著:《"四个全面"学习读本》,人民出版社 2015 年版,第 94 页。

生态服务还存在数量不足、效率低下的问题。究其原因,一是政府的垄断性地位导致生态产品及生态服务数量不足和低效率;二是西部地区政府既是生态环境的管理者、监督者,又是生态产品与生态服务的主要提供者,这种双重角色集于一身,容易导致生态产品及生态服务供给的低效率,无法满足社会的生态产品需求。

有的地方政府注重地方生态产品与生态服务供给,而忽视行政交界处跨区域污染问题的治理。由于各行政区域的交界处地理位置特殊,涉及的污染主体比较广泛,环境治理的技术含量高,治理绩效难以界定,这无形中加大了西部地区政府的生态治理难度。

另外,西部一些地区政府生态产品与生态服务不足的现象在部分农村地区表现也比较明显。随着农村的种植业、养殖业和乡镇工业的不断发展,生态环境问题从城市扩大到了农村。如农业生产中农药、化肥,畜禽养殖以及秸秆的焚烧等造成水质、空气的污染等。据相关数据显示,全国水体污染中近三分之一来自农村的面源污染。但在传统的城乡分割治理模式下,农村生态问题并没有得到很好的解决。首先,在我国现行的环境管理体系中,县一级环境保护部门是最低层级,中央在乡镇一级并没有设立相应的环境保护部门。但在县级环境保护部门,有的地方存在着编制不足、经费短缺的现象,农村生态环境管理效率低下。其次,在我国污染治理投资的分配上,用于城市环境基础设施建设以及工业污染源治理的投资就占到了全部污染治理投资的大半以上,农村污染治理投资不足状况明显。

此外,西部一些地区缺乏专业的科学环保技术和人才。西部地区在发展的过程中由于地处偏远山区,新中国成立后国家虽然对这一区域的发展进行了一系列的投资建设,但由于地区的相关产业受诸多因素的制约,因而导致西部一些地区的经济发展相对滞后,地区经济基础较为薄弱,进而也就制约了地区生态环境治理所需技术和人才的引进。针对西部地区生态环境问题,总结发现治理工作中存在的问题主要有:第一,环境污染治理方面的专业技术比较落后,专业的科学环保技术缺乏;第二,环保专业人才不足,人才的缺乏也是影响技术提升的重要因素;第三,环保经费有限,资金是支撑技术与人才的主要条件。如果只是凭借传统的一些环保技术和政府相关部门人员,那么治理之路将遥遥无期,长期拖延下去反而可能加剧环境问题的蔓延,所以引进专业的科学环保技术和人才是必然要求。但由于西部地区的原有经济基础薄弱和政府财政预算有限,以及待遇较低、生活条件较差和工作环境不尽如人意,政府相关鼓励政策的宣传不够,导致从其他地方引进人才难度较大,因而科学环保技术和人才的引入也受到了制约。

第四章　生态问责制的国际经验借鉴

西方国家的生态问责发展起步比较早,早在 1985 年,杰·M.谢菲尔茨就提出了行政问责的概念。自 20 世纪 80 年代开始,全球公共行政改革蓬勃发展,加速了各国建设责任型政府、现代服务型政府,强化官员责任意识,转变政府职能的步伐。如今,很多欧美国家都通过建立官员问责制,加强公权力制约,减少官员滥用职权、营私舞弊的现象,形成了一套比较完善的体系和机制。

当然,各国政治制度、政治文化和基本国情的差异成就了各具特色的生态问责制度,国家结构形式、政权组织形式和政党制度的不同,形成了各国特色的生态问责制度与问责主体构成,也是影响生态问责独立性的重要因素之一。经济发展状况的差异导致了中西方生态问责制发展、政策、制度、目标、经济与技术条件等要素的不同。如何借鉴各国不同政治、经济、社会发展条件下生态问责制度成功经验并为我国所用,为构建西部地区政府生态责任追究机制提供"合理内核",是亟须解决的问题。

一、国外生态环境治理的经验借鉴

(一)美国生态环境治理

美国西部开发是从土地开发开始的。19 世纪 60 年代,随着美国资本主义经济的快速发展,大量资本流向美国西部地区,开始了大规模的土地开垦运动,导致了西部地区生态环境严重恶化,最终爆发了一连串灾难性的"黑风暴",四十多万平方公里的肥沃土地变成了荒漠,数十万农民丧失土地流离失所,社会矛盾急剧恶化。为此,美国政府总结西部开发的经验教训,并制定了一系列措施,如通过颁布实施《泰勒放牧法》《优质耕地牧地及林地保护法》《土壤和水资源保护法》等法律,合理开发和利用草原,注重保护森林资源预防水土流失,从根本上治理并改善西部生态环境。

第二次世界大战以后,美国高度关注经济发展带来的严峻环境问题,进一步完善环境立法,发挥环境立法的基础性作用,积极应对各种环境问题,力求改善空气、水、阳光等环境要素的质量,保障美国公民环境权利,推动美国环境保护事业的发展。经过几十年的发展,美国环境政策体系逐渐完善,相关环境法律法规不断健全,生态环境逐渐好转。

(二)德国生态环境治理

德国实行的是典型的"先污染后治理"的生态环境治理模式。自从 20 世纪 70 年代以来,德国深刻认识到工业化带来了严重的环境污染,开始关闭一些环境污染严重的煤炭、化工厂,同时,德国政府花巨资,利用先进的信息技术、生物技术和环境保护技术对已污染的生态环境进行修复。经过几十年的治理,德国已经彻底改变了环境恶化的局面,成为全球绿色政治和循环经济的倡导国。其主要做法如下。

第一,积极发展生态民主,鼓励公民参与生态治理。德国大力加强全民生态教育,将环境知识教育贯穿于整个学历教育体系中。德国还建立了许多环境教育机构,其职能就是专门对公民进行环境教育培训。德国政府还加强与企业合作,通过政府主导、企业参与的合作方式,充分发挥民间政治力量和经济力量的积极作用,共同加入生态治理,解决具体的生态环境问题,取得了较好的成效。

第二,一手抓经济发展,一手抓生态环境治理,实现人与自然和谐发展。

第三,以法律形式确保环境治理目标的实现。1972年,德国颁布了第一部环境保护法——《垃圾处理法》,之后又制定了大量相关的环境法律法规,如《循环经济法》,该法对废物的减量化、资源化和无害化的标准进行了明确规定,并将废物处理作为一个系统,作为人类世界整体循环中的一个环节,充分体现了人类可持续发展的理念。

（三）日本生态环境治理

第二次世界大战后,日本经济飞速发展,但也造成大量环境污染,成为世界上污染最为严重的国家之一,世界八大环境公害事件就有一半发生在日本。为此,日本政府采取了一系列有效措施加强环境治理。其主要做法如下。

第一,加强环境立法,建立环境保护方面的法律法规体系,并从严执法。日本在1967年制定了《公害对策基本法》,1970年又制定了6部防治公害的法律,后来制定了《水质保护法》《环境基本法》等法律,内容涵盖地理环境、自然保护、土壤污染、水污染、大气污染、噪音污染、化学污染、废弃物循环利用、受害救济等。20世纪80年代以来,日本步入后工业化时代,日本的环保工作开始由以治为主转为以防为主,并围绕生态环境的防治和改善制定了相关法律,如《环境影响评价法》《环境基本法》《推进循环型社会形成推进基本法》等。

第二,强化环保管理体制,加大资金投入,建立完善的全国性的环境影响评价制度。[①] 通过运用税收、地球环境基金、都市绿化基金等相关制度,对国际环境合作、环境教育、环境学习、民间团体的环境保护活动给予支持。

第三,扩大环境信息公开。日本通过报纸、电视、广播、网络等各种信息平台公布环境信息,而且每个地方政府的网站上都专门设置环保专题,专门介绍

---

① 刘美琴等:《西部地区生态环境治理途径与对策》,《内蒙古林业》2010年第3期。

本地区的环境保护政策和环保知识,其内容通俗易懂,环境保护信息公开透明。

第四,加强环保教育,鼓励公众参与环境治理。日本通过国家立法,将环保教育纳入法律,鼓励公民积极参与环境保护与管理,普及环保教育,宣传环保知识,同时通过建设环保教育设施、编写环保读物等多种方式来提高公民环保意识,爱护生态环境。

(四)巴西生态环境治理

巴西在生态环境保护和治理方面取得了巨大成就,是发展中国家环境治理的典范。第一,政府高度重视环境立法。1981年,巴西联邦政府就制定了《国家环境政策法》,有关环境保护的内容十分完备,而且巴西联邦政府和各州都制定了相关环境法律法规。第二,加强环境管理,建立科学的环境管理体制,实行严格的自然保护区政策和流域管理制度。巴西拥有占世界森林总面积10%的世界上面积最大的热带森林,巴西还拥有世界上流域面积和流量最大的河流——亚马逊河,为此,巴西制定了严格的自然保护区制度、流域管理制度,避免当地生态环境恶化。

二、国外生态问责制的构成要素

(一)生态问责的主体

所谓问责的主体是指由谁来发起和实施"问责"。为了防止腐败现象的产生,有效控制权力运行,西方国家建立了包括选民、议会、政府内部机构、司法、媒体、民间组织等在内的、全方位的问责主体体系。由于各国政权组织形式有所不同,生态问责主体构成也有所区别。但综合来看,可将多数国家生态问责主体归纳为立法机关问责、司法机关问责、行政内部问责、党派问责、环保组织和环保机构问责、社会公众问责、新闻媒体问责等。

立法机关问责具有专门化特点。多数国家都设有专门生态问责机构以对生态环境领域的政府责任进行规范和追责。如美国在国会设立"美国政府问责办公室",对政府行为进行制衡追责。在生态环境领域,美国政府问责办公室提出将生态环境责任承担状况纳入公共部门及政府官员绩效评定框架,要求建立一套生态环境量化问责指标体系,对责任承担情况进行测量并生成报告定期公布,接受社会公众监督。值得说明的是,美国政府问责办公室的前身是美国总审计署(General Accounting Office),其工作人员均为无党派人士,具有较强的独立性,为生态问责的公平公正性提供了有效保障。

在西方一些国家,司法机构是对政府实施有效问责的另一重要主体。司法机关问责主要依靠各国最高法院和专门的环境监督、环境审计、环境影响评价等机构协调发挥作用,具有相对独立性强的特点。基于国家结构形式的差异,使得各国环境行政内部问责各具特色。如法国是单一制国家,法国政府通过环境保护部门的纵向层级监督和设立可持续发展委员会(CEDD)、委派生态环境行政调解专员等行政内部专门监督机构对政府环境责任的承担进行规制。德国是联邦制国家,通过设立德国联邦环境局(UBA)和联邦自然保护局(BFN)保障生态环境行政内部问责的有效运行。英、法、美等国的党派具有较强的权力自主性,其发挥的问责功能也更明显。法国有近三十个政党,对政府行为进行监督。1984年建立的"欧洲绿党"主张政治生态主义,并以政府公共活动与生态环境和谐发展为目标,是监督公共部门生态责任承担状况的重要力量。

有的西方国家在政府内部,还建立了专门的行政机关问责制,如美国的监察长制度、英国的行政监察专员制度、德国的内务部行政管理司制度。

一些西方国家注重培育市民社会,有很多民间的社会力量,如社会组织、在野党、媒体、经济组织等,而且民间社会力量十分强大,对行政权力的行使起到了良好的制衡作用。法国的环境保护组织可以就环境问题和政府环境责任承担问题提起诉讼，以保证行政权力的合理使用和生态环境的可持续发展。德国则十分重视生态环境行业专家和环境专业咨询机构在行政决策中的作用。在进行影响较大的行政决策时，通常会邀请企业、不同行业的公民、环境专家、环境咨询组织等为代表举行听证会，并将环境影响评价方案向社会公布。①

在生态问责建设中，西方各国十分重视社会组织、新闻媒体、行业专家、咨询机构等社会不同主体参与，尤其是公民的作用。在法国，选民可以通过议会和议员，实现自己对政府行为的问责权。美国规定，总统必须向全体国民负政治责任，选民问责是美国最为重要的问责形式。

（二）生态问责的内容

在问责内容上，只要是其所管辖范围内的事项，官员就应该承担责任。西方国家的公务员一般分为政务官和文官两类。由于两类官员的产生方式不同，对他们的责任要求也存在差异。政务官一般是通过选民大选而产生的，应该对选民和议会负责。他们不仅要对政府管理、决策、执行过程中所发生的一切重大失误、违法现象等承担相应责任，而且要对政府声誉、个人形象、个人言行负责。文官的职责，则是由该国的公务员法规定。

（三）生态问责的机构

在问责机构上，因法律环境、文化背景上的差异，各国各有特色。瑞典在议会中专门设立了议会监察专员办公室、宪政委员会等问责机构。议会监察专员由议会选举产生，向议会负责，但其独立性强，议会不能干涉其工作。

美国于1883年颁布的《1883年公务员法》规定，人事管理局有权力制定关于公务员惩戒的规章制度。美国国会还专门设立了政府问责局，该机构为

---

① 卢智增：《国外行政问责机制研究——我国异体问责机制创新研究系列论文之四》，《理论月刊》2017年第5期。

独立机构,对国会负责,以中立原则开展工作。

法国的《公务员总章程》规定,只有享有任命权的机关,才能进行纪律处分,而且要和同级行政委员会一起协商,才能一致使用纪律处分权。

日本的《国家公务员法》规定,有人事处分权的机构只有两个,一是人事院,二是有权任命者。

为了提升生态治理的实效性,西方一些国家比较注意环境管理机构的设置,普遍设立了一个强有力的环境保护部门,以协调部门间及区域间的环境保护工作。1933年,美国制定了《田纳西河流域管理局法案》,成立了一个环保机构——"田纳西河流域管理局",其职能是统一管理田纳西河流域和密西西比河下游一带的水电工程、洪水防治、土壤保护、退田还林、河水净化、航运管理、中小企业整治等。1950年,日本在中央政府设置"北海道开发厅",在札幌设立"北海道开发局",专门负责协调北海道的开发事宜。无论是美国、德国还是日本,都注重通过制定环境政策和法律法规,加强环境管理机构的体系建设,明确规定环境管理机构的管理权限、职能划分、管理人员和设备的配备、经费投入与使用、部门之间的协调配合、监督检查等,切实为环境保护工作提供保障。

（四）生态问责的方式

在问责方式上,西方国家对政务官的问责,主要是通过议会的弹劾、罢免、不信任案等方式来实现的。对文官的问责,主要是根据公务员法的规定进行。如法国对公务员的纪律处分一共有十种,日本则主要规定了四种问责方式,即警告、免职、减薪、停职。

（五）生态问责的程序

在问责程序上,法国规定,其一,纪律委员会提送关于公务员违法违纪的事实报告及相应的证据、拟处分建议。其二,公务员问责答辩程序。公务员可以向行政机关,提交全部材料和档案资料,也可以委托自己的代理律师出席答辩。其三,在纪律委员会听取答辩会双方的陈述之后,开展调查。调查范围很广,对行政机关没有指控到的违法违纪行为,也可以进行调查。其四,在纪律委员会作出纪律惩戒方面的会议决定之后,由行政机关长官来作出最终是否能够接纳的决议。行政机关和纪律委员会,都应该说明纪律惩戒的理由,并且将惩戒决定公开。其五,为了杜绝问责不当现象,法国在《公务员法》中明确规定了问责的救济程序,含诉讼和申诉两个方面。如果公务员认为惩戒结果不合理,不认可惩戒结果,可以向掌握处分权的机关提出申诉,或者向行政法院提出撤销或者赔偿损害的诉讼请求,行政长官或行政法院要根据申诉结果,做出维持、修改或撤销处分的决定。①

三、国外生态问责制的类型

（一）议会问责机制

议会(国会)是西方一些国家最重要的问责主体,拥有质询权、弹劾权、否决权。如美国国会一般使用听证会的形式,对政府的一些重大事项采取通过或者否决的方式,达到有效监督政府权力的目的。西方国家还建立了议会监察制度。这一制度的最大特点就是议会至上,由议会专门监督司法、行政机关。

英国虽然有司法问责、内部问责、公务员问责,但占据主要地位的还是议会问责。英国的议会问责主要有以下三种方式:第一,质询。英国法律明文规定,在议会会议召开期间,议员可以就政府的施政方针等事项,向行政首长和政府高级官员提出质询,并要求内阁政府给予答复。质询的对象上至首相,下

---

①　卢智增:《国外行政问责机制研究——我国异体问责机制创新研究系列论文之四》,《理论月刊》2017 年第 5 期。

至政府各部门首长。第二,不信任投票。对于内阁政府的方针、政策、纲领、重大的行政活动,以及内阁成员的渎职、重大违法行为,议会通过不信任投票制度,对内阁政府进行监督和问责。第三,调查。就是议会组织专门的机构,通过特别委员会调查、听证调查、国政调查等途径,采取视察、考察、走访等方式,对行政主体的渎职、消极腐败、失职等行政行为进行调查,以便对行为事实进行认定。

美国是典型的"三权分立"国家,美国的这种三权分立性质,决定了美国议会对政府的问责约束并不像英国那样强烈,但美国宪法赋予国会财政权、任命批准权、弹劾权、调查权等权力。美国议会主要采取以下三种问责方式:一是国会调查与议员个别案件调查;二是总审计署审计的方式;三是弹劾。

法国是"半总统制"的国家,虽然总统掌握了重要的权力,但政府仍然要向议会负责。根据民主共和制,法国议会通常采用以下四种问责方式:一是议会审查政府的财政法案;二是弹劾;三是对不信任案的表决;四是质询。

德国在第二次世界大战后实行代议民主制,政府经议会选举产生,并对议会负责。因此,议会问责成为德国最重要的问责方式。德国的议会问责中,弹劾、质询与英、法、美等国比较相近,而不信任投票制却别具一格,当议会对联邦总理表决不信任投票时,只有选举出一位新总理,不信任案才能通过。①

(二)法律问责机制

所谓法律问责,就是问责主体根据相关法律,按照法定程序,追究政府部门及其官员的行政责任、刑事责任甚至违宪责任,让其承担一切不良后果。

从国外一些国家生态治理的成功经验,我们发现,制定完善的环境治理政策是实现环境有效治理的重要保证。美国早在西部开发初期就制定了《鼓励西部植树法》,1877 年又制定了《沙漠土地法》。日本也制定了《水源地区对

---

① 卢智增:《国外行政问责机制研究——我国异体问责机制创新研究系列论文之四》,《理论月刊》2017 年第 5 期。

策特别措施法》等相关法律,加强生态环境治理和改善。

20世纪90年代以来,建立完善的法律问责机制,以监督和制约政府的行政权力,预防和惩处政府官员的违法违纪行为,成为西方一些国家公共管理创新的重要趋势。比如,美国通过立法的形式促进国家良好生态环境发展,并实现社会经济发展与环境相协调的人文理念,同时美国各联邦、州、地区和地方可根据本地区的实际情况制定不同层次的环境保护法律制度。1969年,美国通过了《国家环境政策法》,明确规定了国家的环境政策,并将促进人与自然和谐发展的理念贯穿于环境政策之中。《国家环境政策法》的立法目的是:宣示国家政策,促进人与自然的充分和谐发展;提倡防止或者减少对环境与自然生物的伤害,增进人类的健康与福利;重视生态系统、自然资源的重要作用;设立环境质量委员会。该法分为两部分,一是国家环境政策宣言,二是环境质量委员会。在环境污染方面,美国也制定了较为完善的生态环境保护的法律体系。20世纪70年代,美国先后制定了《清洁空气法》《清洁水法》《资源保护与再生法》等法律。[①] 1990年通过了《污染预防法》,宣布对污染应该尽可能地实行预防或削减是美国的国策。1992年颁布《能源法》,以税收优惠鼓励开发利用太阳能、风能、生物能及沼气等新能源,推广新技术。

德国政府从20世纪70年代开始着手环境立法工作,1972年,德国通过了第一部环境保护法——《垃圾处理法》。自从有了环保法之后,从1982年以来,德国政府便把生态环境保护视为德国政治生活中优先考虑的事务,将环境保护提高到国家层面,加强对生态环境的保护,并在环境治理问题上坚持贯彻环境生态优先原则。到了20世纪90年代初,环境保护被写入德国《基本法》,"国家应该本着对后代负责的精神来保护自然的生存基础条件",此条款对德国整个政治领域产生重大影响。[②] 因此,该法的实施在一定程度上为德

---

① 谢秋凌:《美国生态环境保护法律制度简述》,《昆明理工大学学报(社会科学版)》2008年第1期。

② 邬晓燕:《德国生态环境治理的经验与启示》,《当代世界与社会主义》2014年第4期。

国的生态环境保护提供了制度上的保障作用,有利于国家生态环境保护的落实与执行。为了加强生态环境保护政策的落实,德国在行政管理体制上实行地方自治。德国的地方政府层级主要包括县和镇,地方政府遵循自治原则,县、镇级地方政府要完成大部分的环境工作。[①] 在生态环境保护中体现责任担当,共同承担起生态环境保护的责任。

(三)环境绩效问责机制

绩效问责,是行政问责和政府绩效评估活动的结合,是在对政府绩效水平考察评估的基础上启动的问责,它通过考察评估政府的工作绩效,衡量政府工作成果,对没有达到绩效目标的政府及公务员进行问责。在以往的问责机制中,大多关注官员的过失或过错,而在绩效问责制中,强调的则是官员行政活动的绩效和贡献,体现了社会对政府工作绩效水平的期待,"无过"再也不是政府官员逃避责任的理由。绩效问责对政府官员形成了一定的压力,对其行政能力要求更高,是行政问责制的深化和发展。

美国是世界上最早对政府管理活动进行绩效问责的国家。早在 20 世纪60 年代,美国总审计办公室就提出了关于政府行为的效果性、效率性、经济性"三 E"审计计划。到了 20 世纪 90 年代,美国民间组织,如坎贝尔研究所逐渐开展政府绩效评估活动。1993 年,美国制定了《政府绩效和结果法案》,通过三个项目报告来实现对政府机构管理活动的绩效评估,即战略规划、年度绩效计划、年度绩效报告。每年三月底,各个部门要向总统和国会提交上一财政年度的绩效报告,说明绩效计划实现的程度、绩效目标没有实现的原因和改进意见。

澳大利亚的政府绩效问责具有四个鲜明的特色:一是科学设计政府绩效评估指标体系。澳大利亚设计政府绩效评估指标体系,侧重于政府组织履行

---

① 郭秀丽:《德国环境保护的"生态民主"》,《求知》2015 年第 2 期。

职责的最终效果,并关注取得最佳效果的行动计划、创新能力、业务流程等能力类指标,以及产出(提供服务数量)、技术效率(产出与投入之间的关系)、结果(服务目标所达成状况)、成本效益(投入与结果之间的关系)等因素。① 二是绩效问责主体多元化。澳大利亚绩效评估有政府内部和政府外部的评估主体。政府内部的评估主体主要由三部分人员组成,分别是由总理、财政部部长、国库部部长等五名主要负责财政支出的内阁成员组成的支出审核委员会,由国库部和财政部的人员组成的支出审核委员会和公共服务委员会。政府外部的评估主体也有三类人员,分别是参议院(上院)、众议院组成的财政委员会,公共账目联合和审计工作委员会,联邦审计署。三是以结果和目标为主要路径,以战略愿景为最终导向的绩效评估问责体制。这一体制把"结果"和"战略规划"作为政府及其公务员绩效评估的基础和前提,同时在权责一致的基础上签订绩效协议。四是构建了保障绩效问责实施的规范程序。澳大利亚绩效评估问责制分为:战略规划阶段、评估报告起草阶段、绩效考评回顾阶段、评估效果检验阶段等四个阶段。

　　新加坡在实施绩效问责制方面,也有很多值得借鉴的经验。一是推行任人唯贤、论功行赏的贤能管理体制。二是借鉴企业管理模式,强化公务员工作绩效。三是推行以职业规划为目的的双轨绩效评估制,以储备人才。四是引入第三方机构,确保绩效问责结果的公正性。新加坡特别强调将管人与管事、政策制定与政策执行分开,其中负责对公务员管理的机构主要是人事委员会和公共服务委员会。人事委员会隶属于总理公署,专门负责公务员管理方面的政策法规制定。公共服务委员会是公务员管理的最高机构,由公务员体制之外的第三方人士组建而成。②

---

　　①　唐铁汉:《我国开展行政问责制的理论与实践》,《中国行政管理》2007 年第 1 期。

　　②　卢智增:《国外行政问责机制研究——我国异体问责机制创新研究系列论文之四》,《理论月刊》2017 年第 5 期。

（四）环境伦理问责机制

伦理问责,就是对政府机关及公务员进行道德问责的一种问责形式。伦理问责的重心,就是考察公务员的道德行为是否符合法律所认可的标准。[①] B.盖伊·彼得斯认为,伦理问责是加强政府责任的最后途径,"是可达到的最经济的控制形式,最终也是最有效的形式"。[②]

美国实施伦理问责机制时间长,制度较完善。1978 年,美国联邦政府颁发了《文官制度改革法》《政府道德法》,明确规定了政府官员的行为准则。1989 年,美国修订了《道德改革法》,要求主要官员必须在任职前申报自己家庭的财产状况,之后在工作中也要按时申报财产情况。此外,在《廉政法》中,也明确要求政府官员必须向公众申报自己的收入和财产,如果逾期不报,官员就会被司法部门起诉。[③] 而且,为了提高官员财产的透明度,美国还将政府官员的财产情况向社会公众和媒体公开。

英国要求政府公职人员不仅要遵守国家各项法律,还要自觉遵守不成文的"荣誉法典"。英国文官法规定了公职人员进行惩处的条件,如公职人员不诚实、不请假而缺勤、赌博、违反纪律等。英国于 1996 年还专门颁布并实施了公务员良好道德规范,英国"公共生活标准委员会"则提出了公务员的七项伦理原则,即无私、廉政、客观、责任制、公正、诚实、表率。为了落实伦理责任,英国于 1994 年专门成立了诺兰委员会,负责对公务员进行道德评价。

为了约束公务员的行政行为,法国制定了一系列法律制度。1946 年 10月,法国制定了《法国公务员总章程》,1959 年,对《法国公务员总章程》作了一百多处修正,并补充了七个条例。1983 年,法国颁布了《公务员权利和义务

---

① 张康之:《寻找公共行政的伦理视角》,中国人民大学出版社 2002 年版,第 49 页。

② [美]B.盖伊·彼得斯:《官僚政治》(第五版),聂露、李姿姿译,中国人民大学出版社 2006 年版,第 342 页。

③ 傅思明:《英国行政问责制》,《理论导报》2011 年第 4 期。

总章程》,之后,又颁布了《国家公务员章程》《法院工作人员章程》《议会工作人员章程》《地方公务员章程》等。[1]

澳大利亚《公务员法》对公务员的价值观和行为准则进行了明确规定,如规定公务员必须以公平和专业化的方式履行其职责,必须模范遵守最高层次道德标准,必须杜绝歧视,等等。[2] 公务员还必须遵守现行法律制度,执行所在部门长官的命令,并对工作上的来往信息严格保密;对雇员或者受雇方在利益上的冲突,采取公开或者合理的方式进行调节;有效使用国家的一切资源,不得滥用职务权力,为他人或者自己牟利。

韩国在行政伦理法制化上虽然起步较晚,但制度相对较完善,制定了很多管理公务员的法规,规范公务员的行政伦理行为。其中,比较有特色的内容主要有:第一,任职前的宣誓制度;第二,财产申报制度;第三,金融实名制;第四,公务员离职后的就业限制政策;第五,成立了伦理委员会和防止腐败委员会。[3]

日本也建立了完善的行政伦理法制体系,出台了《国家公务员法》《国家公务员伦理法》等法律,对国家公务员的义务、行为规范、违法违纪处罚等都予以明确。另外,日本还专门出台了《国家公务员伦理规程》《人事院规则》等,明确了公务员工作的伦理原则,对公务员行为进行了各种详细的规定,可操作性较强。[4]

（五）环境审计问责机制

环境审计问责是委托代理理论的必然逻辑。审计机关有权对政府及其组

①　姜士林等主编:《世界宪法全书》,青岛出版社1997年版,第1145页。

②　中组部研究室(政策法规局)、人事部政策法规司编:《外国公务员法选编》,中国政法大学出版社2003年版,第5页。

③　卢智增:《国外行政问责机制研究——我国异体问责机制创新研究系列论文之四》,《理论月刊》2017年第5期。

④　卢智增:《国外行政问责机制研究——我国异体问责机制创新研究系列论文之四》,《理论月刊》2017年第5期。

成部门的财政支出情况进行审计,以保证纳税人的钱被合理合法使用,其实质是对政府经济行为及其结果进行独立的监督。

环境审计制度最早源于美国,随后西方各国均建立起符合本国国情的环境审计制度,如表4-1所示。根据比较可以看出,生态问责制度建设较为成熟的国家环境审计制度均具有相对独立性强、审计内容全面的特点。所列举的具有代表性国家的审计体制均独立于行政体制之外,且环境审计主体数量多为两个,具有较强互补性,能够最大限度地发挥环境审计制度效用。同时,根据各国审计体制类型的不同,环境审计制度也各有侧重。如法国环境审计内容广泛,环境审计具有防护、评价、监督、影响和反馈等多重功能。环境审计以事前审计为重点,重视公众参与和人与自然的可持续发展。加拿大环境审计制度侧重绩效审计,强调环境审计的经济性、效率性和有效性。英国则采用国际化环境审计标准,并以此作为制定环境审计具体指标内容的划分依据,使得环境审计更具有科学性。

表4-1 代表国家环境审计制度

代表国家	初始时间	审计体制类型	审计主体	审计主要内容
美国	20世纪60年代初	议会制	环境资金审计处、环境绩效审计处	环境审计以空气污染和环境变化实时监控为主
法国	1967年	司法型	审计法院	法国环境审计具有多重功能,审计范围广泛,且会综合考虑自然和人为因素,对政府进行全方位的生态监督与问责
英国	1989年	议会制	国家审计署、地方环境审计委员会	采用欧盟环境管理和审计计划(EMAS)、国际环境质量标准体系ISO 14000作为环境审计标准
德国	1992年	独立型	德国联邦审计院、经济审计协会	国家审计具有独立性,采用国际化审计标准,国家审计与社会审计并行
加拿大	1993年	议会制	国家审计署、联邦审计署中的环境可持续发展委员会(CESD)	对联邦政府可持续发展战略执行状况进行监控;监督公众环境申诉程序与请愿进程

四、国外生态问责制的经验借鉴

（一）健全且发展性的法律法规

西方一些国家十分重视法律法规对生态问责制的约束与保障作用，探索建立了具有本国特色的生态问责体系，生态问责法制化贯穿了权责划分、生态责任认定、制度运行、问责结果处理等各阶段，出台了诸多配套解释性法律文件，对相关规定进行详细解释说明，为生态问责制的操作运行提供了有效保障。以德国为例，德国联邦和各州共出台了八千余部生态环境相关法律法规，并实施了欧盟的约四百个环境法律规范，多数法律涉及生态问责相关规定，促进了本国生态环境问责制的长效发展。

根据立法传统、立法运行和立法发展的不同，可将环境法的立法模式分为单行法模式、基本法模式、综合法模式和法典化模式四种类型。单行法模式即单独立法，具体是指在需要对环境问题做出处理的实践过程中，针对某个具体的环境问题或事项进行特别规定，将其以法律的形式确定下来，作为处理未来类似问题的重要依据。由于西方一些国家的环境立法体系是在"先污染，后治理"的惨痛教训后不断探索与完善的，故在环境法治建设初期，大多数西方国家均采用单行法立法模式，对环境治理过程中的不同问题有针对性地立法解决。单行法立法模式在短期内对环境治理起到了一定成效，但随着时间的推进与立法数量的增多，其立法分散、在实际操作中缺乏整体性、统一性不协调的弊端也日益明显。在此基础上，西方各国根据自身需要不断整合调整，形成了基本法立法模式和综合法立法模式。基本法和综合法都是对单行法进行整合的立法模式。其区别在于基本法模式将单行法中的普遍性环境问题整合统一起来，对共性问题做出统一规定，以此来统领环境单行法。综合法立法模式则在整合单行法的基础上，基于环境发展的需要对其不断修订与完善，从而形成一部新的综合性环境规范法律。从法律效力来看,基本法处于环境法的最高位阶,综合法大于或等于单行法,两种立法模式均有效弥补了单行法立法分散、难以协调的问题,在实践中减少了法律规定的冲突,增强了环境法律规范的可操作性。法典化立法模式是一套立法完整、内容具体的综合性环境法律规定的总和。它以德国、法国等有着浓厚法典文化传统的国家为代表,环境立法的"综合性"和立法规范的"具体性"是其最重要的特点。

在英国、法国、美国、德国、加拿大、日本等生态问责制发展较为成熟的国家,虽然各国的环境立法模式有所不同,但都建立了基本环境保护法,并在此基础上对环境问责相关法律规定加以建设与完善。如以基本法立法模式为代表的美国,其环境问责法律规范由《国家环境政策法》《信息公开法》《环境质量改进法》等构成。其中,《国家环境政策法》不仅对政府环境责任做出了明确规定,还整合了环境问责单行法律,建立"环境质量委员会"作为总统环境咨询机构。值得指出的是,《国家环境政策法》是世界首部有关环境影响评价的正式立法,有利于实现政府行为与环境保护之间的合理平衡,为政府科学决策提供了重要依据。加拿大则是综合法立法模式的代表,其环境问责代表性立法包括《加拿大环境保护法》《联邦问责法案》《联邦可持续发展法案》《加拿大环境评价法》。每部法律均从不同角度和领域对环境问责作出立法规范,如表4-2所示。如《加拿大环境保护法》明确界定了政府在环境保护中应承担的责任和履行的义务,并在公民参与和多方合作的基础上建立了环境保护责任制度。《联邦问责法案》则对政府环境责任监督、环境信息公开等内容作出了具体规定。

表4-2　加拿大环境问责立法规范

代表法律	主要内容
《加拿大环境保护法》(Canadian Environmental Protection Act,1999)	明确了政府在生态环境保护方面的责任和义务,建立了环境保护责任制度

续表

代表法律	主要内容
《联邦问责法案》（Federal Accountability Act，2006）	适用于对政府部门在生态环境方面的监督评价和责任追究，并规定了信息公开等方面的内容
《联邦可持续发展法案》（Federal Sustainable Development Act，2008）	围绕持续发展原则，规定了环境决策方面的内容；确保欧洲议会对政府生态环境领域的监督、控制和问责权
《加拿大环境评价法》（Canadian Environmental Assessment Act，2012）	详细划分相关责任机关的环境权责，详细规定了评价过程的每一环节，并将公民参与和信息公开贯穿其中

（二）协调有序的多元问责主体

　　国外一些国家的环境问责主体多元化特征明显，并依照各国政治体制的不同而各具特点。综合来看，西方各国环境问责主体既包括立法机关、司法机关、行政机关内部问责，也包括环保组织、咨询机构、公民、新闻媒体等外部监督。例如，西方一些国家环保组织发展较为成熟，德国于1899年成立的德国自然保护联合会（NABU）成员约有二十五万人，该组织具备相对完善的组织管理运行体系。在实践中，自然保护联合会主要通过政治参与、听证、生态环境综合调查报告、游说等方式对公共部门生态环境承担状况进行问责。此外，多数国家权力机关中设有专门的生态环境问责机构，并通过法律法规对权责划分、责任认定、启动条件、运行程序等环节进行了明确规范。法国分别于1993年和2008年设立隶属于生态环境部的可持续发展委员会（CFDD）和经济社会可持续发展理事会（CEDD），二者均为半独立性质机构，对政府生态环境损害行为进行问责。另外，法国还建立了行政调解专员制度，可针对政府生态环境不当行为进行调查取证，提出修改意见并强制执行。

　　值得指出的是，各国均十分重视公民的作用，公民参与贯穿生态环境问责制的始终，能有效监督和规制政府行为。各问责主体相辅相成、各尽其责，形成多元问责合力，保障了环境问责的公正性与科学性。

（三）设计合理的问责机制

国外一些国家生态环境问责体系在经过长期实践日趋合理的同时,环境问责相关配套制度建设也不断发展成熟。一方面,环境信息公开、环境审计、环境影响评价、环境公益诉讼等制度已得到完善,并设有专门的生态环境问责机构,形成了科学明确的法律规范体系。通过上文分析,所列举的英、法、美等国都将环境保护配套制度纳入到本国生态环境问责体系中来,且根据国家特点各有侧重,生态环境责任追究配套制度建设日趋完备。另一方面,生态环境运行程序相关内容规定详细具体,且问责力度大、独立性强、问责流程公开透明,为环境问责的有效运行提供了保障。例如,加拿大于2002年修订了1973年颁布的《加拿大环境影响评价法》。此次法律修订对环境影响评价过程各环节机关主体责任构成和责任范围进行了明确规定,对生态环境影响评价运行程序进行了补充完善,并建立制约机制,将信息公开和社会参与纳入环境影响评价全过程。

（四）建立环境影响评价制度和环境公益诉讼制度

1. 环境影响评价制度

环境影响评价制度是对公共部门行为的事前监督机制,能够有效降低政府规划和建设项目的环境成本,从源头上对生态环境进行防护。环境影响评价制度最早建立于美国。随后,法国、英国、德国、加拿大等国家相继将环境影响评价纳入本国环境法制体系,如表4-3所示。例如,美国环境影响评价制度以实现人类社会和自然环境的和谐发展为目标。在对重大项目决策进行环境影响评价的过程中,会准备多个替代方案,并对每个方案所产生的环境影响、环境修复资本等具体指标进行一一测量评估,生成环境影响报告书。环境影响报告书将在提交上级部门的同时向社会公众公开,接受社会各界为期90

天的质询。专门机关将整合社会各界的评论建议对报告进行相应修改与完善，并再次公布，提交给决策者。加拿大环境影响评价制度包括项目审查、项目调查、生成报告和公开质询以及批准四个阶段，项目环境影响评价进度状况将在政府官方网站上予以公开，社会各界人士都可对其进行监督质询，公民参与贯穿环境影响评价全过程。综合来看，各国环境影响评价制度均十分重视信息公开与社会和公众参与的作用。

表 4-3　国外一些国家代表性环境影响评价制度

代表国家	实施时间	适用法律	主要内容与特点
美国	1969 年	《国家环境政策法》《国家环境政策法条例》	在决定对环境质量产生重大影响的决策时，有必要对环境的影响进行评估报告，报告内容包括对环境的不良影响、选方案、潜在环境资源损害等内容。并就环境影响评价主体、对象、内容以及编写环境影响报告书的时间、方式等程序性问题进行详细阐述
法国	1976 年	《自然环境保护法》	环境影响评价由具有环评资格的单位来执行，在过程中十分注重征询公众及有关团体的意见，环保主管部门会对环境影响评价的结果进行审查
英国	1988 年	《环境影响评价条例》	环境影响评价包括筛选、范围确定、影响分析、制定减缓措施、筹划环境报告、审查、决策、跟踪和公众参与九个步骤，且内容详细具体。在进行环境影响评价的过程中注重广泛听取咨询机构专家的建议，注重公众的积极参与
德国	1990 年	《环境影响评价法》	在制度上、程序上都保障了公民的参与权。环境评价机构为中立机构，按照专业的技术标准完成相应的工作任务，不对项目的环保可行性做出结论，审批方式权责分明
加拿大	1992 年	《加拿大环境评价法》	环境影响评估小组是一个具有高度专业水平的中立机构，确保了公平和科学的环境评估。环境评估的全过程和结果将发表在官方网站上，让社会公众了解相关信息并作出改进

2. 环境公益诉讼制度

环境公益诉讼制度是监督和质询公共部门环境责任承担的重要制度工

具,各国均十分重视环境公益诉讼制度建设。例如,美国环境公益诉讼制度侧重强调公民环境权利,每个公民个体都可对环境问题进行诉讼,公民环境诉讼权力受法律保障。德国环境公益诉讼制度具有团体性的特点。截至2019年,德国约有一百多个环境保护团体,环境保护团体诉讼受到国家法律保护,已成为德国环境问责的重要手段。环境保护团体可依照法律程序对政府不作为、乱作为和企业违规运作等问题提起环境诉讼,监督和问责承担环境责任的公共部门。在加拿大,公民有权向公共部门行政行为提出环境诉讼,且环境诉讼具有较为严格、规范的程序。不仅如此,加拿大还建立了特色的"环境请愿制度"。公民可通过环境请愿向联邦政府反映环境问题与公共部门不合理的环境行政行为,环境请愿书既可以是多人联合签名的请愿书,也可以是一封简单的信件。环境请愿书将交由环境审计署进行情况调查处理,并定期向社会反馈意见。公民可通过环境请愿这一渠道对公共部门环境责任进行监督问责。综合来看,各国的环境公益诉讼制度均注重维护公民的环境权益,规范公共部门环境行为。

第五章　西部地区政府生态职能转变

一、西部地区政府生态职能在
生态文明建设中的重要性

我国政府职能转变的逻辑与西方国家基本相同,但发展历程稍有差异。在西方国家,政府职能的转变是由经济的转型所带动。在资本主义还未成熟的 17 世纪至 19 世纪初,法国重商主义的代表安图安·孟克列钦提出了国家在经济活动中发挥作用的观点,认为商业是国家活动。在之后的 150 年时间里资本主义逐步发展,18 世纪亚当·斯密提出政府应充当"守夜人",经济的运行是由市场这只"看不见的手"在操控。直到 1929 年美国爆发的经济危机为凯恩斯的政府干预理论提供了发展的空间。如今,西方国家政府职能在经济、社会和公共服务等方面都表现出了增强的趋势。① 在中国,政府职能是在长期的历史实践中探索出来的。1978 年,党的十一届三中全会将我国的工作重心转移到经济建设上来,开始探索政府在市场经济中的职能作用。党的十六届六中全会进而提出要对政府职能进行全面的调整和改革。党的十八大和十八届三中全会进一步强调要简政放权,实现政府职能转变和创新政府职能

---

① 薛澜、李宇环:《走向国家治理现代化的政府职能转变:系统思维与改革取向》,《政治学研究》2014 年第 5 期。

管理方式①,并将推进政府绩效管理,完善责任追究制度作为重点改革方向列入政府改革的任务之中。党的十九大报告明确指出:"转变政府职能,深化简政放权,创新监管方式,增强政府公信力和执行力,建设人民满意的服务型政府。"生态环境保护和污染治理逐步被列入官员绩效评估和责任追究指标的行列,政府的生态职能建设也成为政府行政体制改革的重要举措。

西部地区是我国资源的重要富集区,拥有广阔的发展空间,加快西部地区的经济发展,对我国整体经济实力提高有重要意义。然而,西部地区在发展过程中,面临着市场经济发展与生态环境脆弱的矛盾。因此,在生态文明建设过程中,西部地区地方政府如何转变政府生态职能,解决生态问题,显得越来越重要。

(一)转变政府生态职能,有利于合理规划生态资源

西部地区出现生态危机,大多是由人为因素造成的。根本上来说,是市场经济的利益主体在经济活动过程中,不遵从自然规律,肆意破坏生态资源,造成生态环境恶化,引发一系列的生态危机。

首先,人口迅速增长,造成对自然资源需求量急速增加,导致自然资源严重破坏,土地荒漠化出现。如陕西省在1893—1993年的一百年间,人口急剧增长了六倍。然而,土地资源有限,各种用地却没有增加,人们为了生存发展,必然向自然索取资源。在土地与人口减增的矛盾下,必然形成"人口增长—粮食缺乏—土地开垦—绿树植被消失—土地荒漠—自然灾害加剧—经济发展低下"这一恶性循环。严峻的生态危机形势,需要西部地区政府在新发展理念的指导下,根据人口需要,结合特定区域经济与环境发展、经济与社会发展的现状,以及自然生态环境承载能力,设置适当的土地资源规划目标。

---

① 孟庆国:《简政放权背景下创新政府职能管理的方法路径》,《国家行政学院学报》2015年第4期。

其次,土地粗放型管理模式,导致土地生产力下降。目前,西部地区人均耕地面积很大,相应的人均产量较低。农村还比较落后,畜力不足,农业机械化水平不高,耕地以粗放型管理模式为主,粮食生产基本是广种薄收。再加上经济不发达,资金缺乏,西部地区群众的土地收入与土地保护资金也非常有限,如一些应该归还田地的秸秆与畜粪,不回归到土地之中,被当作生活燃料。这种掠夺式的经营方式,难以改良土地。在土地结构恶化、肥力水平下降的形势下,土地的抗蚀力与生产力也随之下降。这些问题的解决,需要当地政府切实转变生态职能,合理规划土地管理模式,由粗放型管理向集约型管理模式转变。西部地区政府可以根据本地区地形特征、人口特点、经济发展情况,设计相应的土地管理模式。如在地势平旷的平原地带,可以采取大户转包的土地管理模式。具体来说,就是农户把所承包的土地,转包给专业种粮大户,由种粮大户对土地开展集中经营管理,这有利于农业生产的现代化、规模化,也能提高土地利用效益。对于丘陵地带的土地,则可以采用村集体代种代耕的模式,也称之为"反租倒包"模式。具体来说,就是村集体承包全村所有的粮田,然后村集体聘请农机合作社,对承包土地开展集约化管理,这是适合季节性土地流转的模式。为了提高土地的合理利用率,西部地区政府还可以在农村推广土地耕作社会化服务。如农民只在田间从事简单的劳务,然后向专业合作组织缴纳费用,就可以由这些合作组织去完成各类主要的农事活动。通过这一方式,粮食生产都可以借社会化方式统一进行,如农作物的播种、育苗、翻耕、收割都可以采取一条龙有偿服务,从而达到改良土地、机械化生产、提高农作物劳动生产效率、建设生态农业的目的。

最后,对土地资源破坏掠夺。一些西部地区经济主体在经营活动中,会对土地产生不同程度的破坏。如在建造各种住宅及场地、水库的过程中对自然资源处理不当,导致地表植被被破坏,大量土地裸露而出,各种松散的堆积物随处可见,扩大了土地荒漠化面积,加重了荒漠化程度。因此,西部地区政府应根据国家"十二五""十三五"规划纲要和"西部大开发"战略,根据生态环境承载能力、国土利用、城镇格局等合理规划国民经济发展布局,协调经济发展与自然环境关系,推动生态环境健康发展。

(二)转变政府生态职能,有利于健全生态配套机制

西部地区具有生态环境脆弱、生态资源价值与功能价值重要性和特殊性为一体的特征,改善生态环境,实现生态环境的可持续发展,是一件关系西部地区、推动经济可持续发展的大事。这必然要求西部地区政府转变生态职能,建立一个多元主体投资的生态配套机制。生态配套机制范围应覆盖生态工程建设、生态环境保护、环境污染治理、资源有效开发等领域,其目标是实现经济利益与生态环境双赢,建设致富型生态环境。

具体而言,生态配套内容,主要包括几个方面:第一,退耕还林配套补偿政策。如凡是个体承包退耕还林还草,每一亩土地补偿粮食 100 公斤,连续补偿 8 年。同时,每一亩土地补助大约五十元的种苗费。地方财政负担粮食费用,不转嫁在农民身上。对于退耕还林的重点县城,西部地区政府应给予必要的财政补助,财政补助资金应重点安排在种苗基地建设方面。第二,禁牧配套政策。政府应给予养牧人一定牲畜饲养,给予饲养棚圈等设施必要的财政补贴。政府还可以将财政资金投资在种植饲草方面,把这些饲草无偿赠予牲畜圈养户。第三,生态建设的基础项目。项目投资分两种方式,一种是政府投资,民间专门负责实施项目,先给钱后植树的模式;另一种是民间植树,政府出钱买断将其当作为生态林的模式。第四,养殖教育配套措施。具体来说,就是政府免费或者廉价提供种苗、牲畜、种植养殖技术给养牧人,教会他们改变种植养殖生产方式,提高生产效率,推动生态环境良性循环与共同致富的实现。

(三)转变政府生态职能,有利于建设生态文化

西部地区生态环境建设,直接关系到人民生活水平提高、经济发展,以及中华民族的整体凝聚力,对边境安全、社会稳定也有重要的战略意义。然而,

西部地区长期以来,都处在一种较为封闭的状况之中,人们的文化水平、思想观念相对落后,人们为了生存,在生产活动中,一味向大自然索取,不懂得平衡生态建设中的利用与节制之关系,导致生态环境恶化。因此,西部地区政府要转变生态职能,引导公民、社会组织树立一种生态文化的价值理念,在全社会营造生态文化的氛围。

完善的生态文化,主要体现在加强制度文化建设、推进生态文明建设、转变生产消费观念、开展生态环境教育等方面。西部地区生态建设是在一个安全、高效、有序的制度环境中开展的,这需要政府加强生态文明制度建设,以制度规范作为约束人们自觉行动的外在力量,为生态文明建设创造不竭的动力源泉。西部地区政府应加强环境保护的生态立法,制定生态环境保护的道德规范,在制度上防治生态环境污染。

西部地区政府转变生态职能,推动生态文明建设,营造生态文化氛围。如政府通过建设一批环境产业开发区、绿色食品企业、绿色食品基地、国家级高科技生物资源开发区等生态工程,加大生态保护区建设,推广清洁生产技术,推动生态工业发展。

生态文明建设还需要国家财政资金支持,这需要西部地区政府寻求中央政府财政支持,多方面拓展资金投资渠道,为构建西部生态文明建设提供经济基础和物质保障。

生态文明建设成功与否,与人们的生态观念转变息息相关。因此,西部地区政府要转变生态职能,大力宣传生态环境保护知识,树立正确生态消费观念,培育勤俭节约的生态意识,有效利用地方文化开展生态文化教育。西部地区政府还可以通过大力发展旅游业的方式,引导人们转变观念,树立生态文化理念。如政府大力提倡发展西部地区生态旅游业,选取人文资源丰富、富有民族文化特点、自然风光优美的自然村寨来发展旅游产业,既可以节省大量资金与土木,增加村民收入,也可以保护生态环境。在民族文化资源丰富的地区,设置专门的民族文化旅游村,通过旅游者与民族村落村民的讨论交流,既可以使旅游者获得当地民俗文化知识,享受高质量的旅游经历,也可以提高村民的生活水平,弘扬西部地区生态文化,保护西部地区生态环境。

一切破坏环保行为的产生,与公民文化素质较低、缺乏环保意识、环保行为无序、污染环境行为等是分不开的。西部地区政府转变生态职能,要加大生态环保知识宣传力度,通过举办各种类型环保展览会,用通俗易懂的方式,对公众宣传生态环境恶化带给公众的危害,通过教育让生态环境保护行为成为一种社会风尚与习俗,全方面提高公众的科学文化素质,增强公众的环保意识,使生态意识有机统一于文化软环境中,为营造山川秀美的西部地区提供智力支持。

(四)转变政府生态职能,有利于促进生态环境治理

目前,西部地区生态环境较为脆弱,水资源出现短缺、森林生态系统失衡、水土流失与沙化现象较严重。因此,迫切需要西部地区政府转变生态职能,有效治理生态环境,推动生态环境朝着良性化的方向发展。

西部生态危机出现,主要是没有解决好生态环境建设中开发与治理的矛盾、保护开发要求与落后管理水平的矛盾、保护治理与经费短缺的矛盾。西部地区政府可以发挥生态治理职能,通过环境立法、政策制定及严格执法,在整个社会中营造良好的法治文化环境,建构强有力的西部生态治理保障系统,建立一整套与治理生态环境、防沙治水等有关的法律体系与政策。只有加强严格执法、依法治理生态环境,才能建设人与自然和谐发展、山川秀美的西部地区。

生态资源是一种具有公共物品属性的资源。然而,在西部开发中,存在产权安排不合理、产权主体不明朗、产权制度不健全等问题,这不利于生态环境治理。

目前,我国西部生态环境破坏主要分为两种:第一种是盲目掠夺自然资源、盲目开发土地所造成的;第二种是企业生产经营活动带来的自然环境严重

污染与破坏。西部地区政府应面向市场,完善生态治理工程。西部地区政府可以引入市场机制,明确与生态环境资源的使用权、所有权、收益权、管理权之间的关系,推动资源合理配置的实现,对企业实施严格的环境标志认证制度,并且制定信贷、税收上的优惠政策,推动环保企业不断发展壮大,促进西部经济发展中生态环境的有效改善。

现代社会的一个重要标志,就是公众广泛参与社会各项事务管理。在西部生态文明建设过程中,政府应转变角色,引导公众持久参与西部生态环境治理工程。西部地区政府应培育法治环境,广泛提高公众的生态环保意识,让公民意识到生态环境保护人人有责。西部地区政府还应该通过立法,明确公民各项环境法律权利,推动公民在参与维护环境权益工作上,做到有法可依。在程序法、实体法与环境管理制度上,应规定公民参与生态环境保护的形式、途径、程序等内容,提高公民参与生态环境保护的可操作性,降低公民参与公共环境治理的门槛,推动环境决策民主化的实现。西部地区政府还可以营造环境决策的民主氛围,以公众参与环境治理推动生态治理更为深入开展。

二、西部地区政府生态职能定位

（一）生态文明建设的制度设计者

俗话说:没有规矩无以成方圆。西部地区政府职能的发挥,应体现在设计完美的生态文明建设制度上。一个好的制度,能保障生态文明建设得以顺利进行。刚性的生态保护法律制度对避免西部地区环境在经济发展过程中进一步受到破坏,并得到改善的作用不言自明,而且西部地区的环境保护法律制度建设也将促进当地的经济发展:一是促进西部地区产业布局合理化,提高产业布局的效益;二是推进产业技术进步,提高资源开发和能源利用的能力;三是优化产业结构,促进产业的内涵式增长,实现资源型经济向技术型经济转化。① 然而,我国西部地区的环境保护法律制度建设还不健全,如法律手段单一、地方立法针对性不强、环境管理部门设置不合理等。因此,我们要进一步健全环保法律制度,消除法律障碍,促进西部地区经济与环境协调一致,推进西部地区可持续发展。

1. 明确地方政府的生态责任主体地位

面对西部地区日益严重的生态问题,地方政府应该意识到生态文明的建设和保护工作并不是法律和规章制度单方面的约束力量就能完成的,地方政府作为该地区的管理者,自然是地区生态环境保护和建设工作的责任主体。地方政府官员的生态责任意识和主体意识直接决定了政府投入到生态环境保护和建设工作中的人力和物力,进而影响到地区生态文明建设整体工作的成效。因此,西部地区需要明确自身在生态文明建设中的主体地位,充分认识到环境保护的重要性,树立生态环境保护的榜样,发挥其在生态文明建设中的主导作用,运用多种方式、渠道来促进地区生态环境的建设并推进生态环保事业的长久发展,才能说服并带动当地企业和群众的环保积极性,实现西部地区的可持续发展。此外,地方政府还需引导当地传统产业向生态产业、高科技产业方向转变,鼓励企业坚持低碳发展,实现可持续发展的生态型经济发展模式。同时,地方政府可对企业环保工作给予适当经济补贴,如对高污染企业购置净化过滤器等环保设备的补贴,以实际行动支持和鼓励企业积极投入环保事业。

2. 建立环境信息公开制度

建立环境信息公开制度,能提高环境治理的透明程度,增强政府的公信力。西部地区政府应该与所管辖的地方电视台、纸质媒体等新闻媒介展开合

---

① 龚仰军、应勤俭编著:《产业结构与产业政策》,立信会计出版社 1999 年版,第 243—256 页。

作,向公众公开各种生态环境治理的信息,满足公众的生态环境知情权,并引导公众发挥自己的环境批评权与监督权,对生态环境行为开展管理与监督。为了发挥网络媒介的监督力量,西部地区政府在各个省、市、县、乡镇,铺设网络光纤,大力普及网络技术,让网络覆盖到每一个地方,引导公众参与到生态文明建设进程中。此外,西部地区政府还应该完善电子政务的软环境与硬环境建设,加强政府与新闻媒介、政府与公众之间的交流与沟通,建立信息公开与发布制度,提高政府管理的公信力与透明度。

3. 制定生态环境法规

生态环境建设是一项系统的、宏伟的、公益性质的工程,具有广泛的社会性,覆盖社会各方面、各阶层的利益。改善西部地区的生态环境,要加强西部地区环境保护法制建设,使环境保护工作更加规范化、制度化,提高环境保护的效率。加强环保法制建设,要以立法的形式规范自然资源的开发,改善生态环境,确保生态文明建设的正常开展。

加强西部地区环境法制建设,有利于促进该地区经济发展:

首先,加强环境法制建设,可以促进西部地区产业结构合理化。一方面,通过制定各种环境法律制度,如天然林禁伐制度、退耕还林还草制度等,可以引导农业产业结构,促进农业产业结构的合理化、多样化。另一方面,通过法律手段,政府可以用补贴方式,鼓励清洁生产,实现产业结构向高效率、少污染方向发展。政府还可以通过法律制裁方式,控制企业排污行为,有利于生态环境的改善。

其次,加强环境法制建设,可以促进西部地区产业技术的发展和应用。一方面,鼓励和扶持有利于环境保护的产业技术研发,并禁止个人或企业运用达不到环保标准的技术,从而提高环境治理的效率。另一方面,实行环保技术引进及技术转移制度,满足个人或企业的技术需求,降低新技术使用成本,为新技术的转化提供条件。

最后,加强环境法制建设,可以促进西部地区产业布局科学化。一是通过实行退耕还林还草、防沙治沙、生态移民等生态制度,有效地改变不合理的农业环境布局;二是实行环境影响评价制度,有效预防不利于环境保护的产业布局;三是禁止污染产业进入或者让污染产业远离城市及人口密集的地区,有效保护聚居环境。

目前,我国生态环境法制建设取得了较大的进展,但是与西部地区实际状况相适应的生态环境法律法规及其配套措施还不健全,如"三同时"制度、环境影响评价制度、限期治理制度等。这些行政制度或措施发挥了一定作用,但是还不能完全满足市场经济条件下环境保护的动态需要,导致对破坏野生动植物资源、草地资源及乱砍滥伐行为,治理效果不够明显。而且,有的地方立法未能有效反映地方环境保护的特殊需要,缺乏灵活性,其主要规定大多与国家立法相重复,国家法律怎样规定,地方立法就怎么套,使地方立法失去了其应有的作用。虽然我们要维护法制统一,并不是要让所有的地方立法都与国家法律规定呈现一个面孔,而是要根据每个地方不同的环境状况和环境问题,结合每个地方的实际情况,有针对性地将国家的环境法律法规具体化,制定有地方特色的环境资源行政法规或规章。尤其是西部地区地域广阔,生态环境有较大差异,环境法制规范也应该有不同的侧重,因此,我们必须对当地的环境状况进行深入的调查研究,优化地方环境立法。

西部地区政府要以生态规律全面指导地方立法,采用法律手段,最大限度去规范企业生态经济活动,遏制各种人为因素破坏生态环境行为,遏制生态环境的进一步恶化。同时,西部地区政府应该赋予环境执法部门应有的权力,建立有效的生态执法监督制度,加大生态执法工作力度,尤其要加强对生态重点工程的环境管理工作,进行严格的执法监察,对一切偷捕猎杀,非法滥垦,乱挖草地,擅自采金、开矿等破坏生态环境的行为,应依法严厉打击。对西部地区的重污染企业、高耗能企业所造成的环境污染问题,应依法采取措施制止。

4. 健全生态环境公益诉讼制度

生态环境公益诉讼制度是公民和社会组织参与监督问责、维护生态环境利益的重要途径。我国的生态环境公益诉讼制度还不够健全，监督和问责功能不够强。健全环境公益诉讼制度，必须推动生态环境公益诉讼立法建设，制定规则，对诉讼资格、诉讼范围、诉讼程序、操作运行等要素进行具体规范。一方面，放宽生态环境公益诉讼主体资格限制，将社会组织的诉讼条件拓展为所有依法登记的非政府组织，并允许公民个人进行生态环境公益诉讼。另一方面，扩大诉讼范围，诉讼范围应涵盖环保部门和相关执法机关履职状况、不作为乱作为的行政行为、公共部门管辖范围内的生态环境问题等多方面。加大政府支持与经费投入，对环境社会组织进行业务培训，提升社会组织人员素质，强化专业能力。将环境公益诉讼制度与司法部门、各环保行政部门、监察部门相结合，强化部门联动与制度衔接。同时，积极推进司法改革，完善环境公益诉讼审判机制，保障公益诉讼实施成效。

西部地区政府还应建立有效的生态环境保护机制，正确处理生态环境保护与地区经济发展之间的关系。地方政府要结合各地实际，制定切实可行的生态环境治理规章制度，如源头保护制度、损害赔偿制度、责任追究制度、生态修复制度等，制定以生态环境保护为中心的目标责任制度，增强规章制度的可操作性，用制度保护生态环境，尽量减少决策失误带给生态环境的消极影响。同时，制定当地生态环境治理规划，让生态治理工作有章可循，一张蓝图绘到底，一任接着一任干。西部地区政府还应该建立重大决策影响生态环境的评价机制，建立部门之间联合审批制度，开展生态环境的建设与保护以及督促、协调、规划、检查方面的工作，建立生态环境监测管理机制，完善生态监测的网络体系。此外，还应建立健全西部生态环境评价指标体系，对西部地区的矿产、耕地、水、草原等自然生态资源开展环境管理工作。

5. 建立合理的生态补偿机制,优化生态资源配置

《中共中央关于全面深化改革若干重大问题的决定》进一步指出:"建设生态文明,必须建立系统完整的生态文明制度体系,实行最严格的源头保护制度、损害赔偿制度、责任追究制度,完善环境治理和生态修复制度,用制度保护生态环境。"党的文件对我国当前生态文明建设具有指导性意义,为西部地区森林生态效益补偿机制构建提供了重要的政策依据。

目前,西部一些地区不合理开发与利用生态资源,给生态环境带来较大损害,导致西部地区生态环境恶化,制约着西部地区的可持续发展。因此,为了保护生态环境,我们必须建立合理的生态补偿机制,通过政策、经济、法律等有效手段对自然资源开发者和生态环境破坏者强制性征收一定的费用,提高其环境行为成本,从而激励行为主体减少环境损害,有效推进生态文明建设。为此,我们可以借鉴国外生态补偿的经验,结合我国实际,针对生态补偿的基本内容、基本方式、补偿标准等,制定有针对性的补偿办法,特别是在某些重点领域,要从补偿资金、补偿方式等方面入手,确保生态补偿落到实处。

生态补偿主要有以下四种方式:一是生态资金补偿,就是通过补偿金、银行信用担保的贷款、赠款、贴息、补贴、财政转移及加速折旧等多种方式进行补偿。二是生态政策补偿,就是通过政府履行权利来对受偿方补偿,在补偿范围内,受偿方行使自身的优先选择权,协助政府制定相关的治理政策来改善环境,使经济得到发展。三是生态实物补偿,就是补偿方通过物质及生产要素等方式来进行补偿,以实际物品来吸引受偿方提高生产能力。四是生态智力补偿,就是补偿方通过技术服务对受偿方进行补偿,帮助受偿方培训专业人才,提高受偿方的技术水平。比如,对于那些转型做绿色产业的农民来说,由政府来进行财政补贴、信贷优惠,在生态农业上对他们进行培训,使他们成为生态型农民,是一种比较好的生态补偿方式。

完善的生态补偿机制,应包括以下内容:第一,设计专项的生态补偿法律

法规。目前,我国生态补偿法律法规体系还不完善,补偿标准、补偿方式与补偿内容还不够明确。因此,西部地区政府应建立完善的专项生态补偿法律法规,理顺自然资源与生态环境保护两者的关系。第二,国家应加大对西部地区财政资金转移与支付的力度。西部地区对我国生态安全的构建,一直都非常重要。因此,我们应通过中央财政转移支付的手段,建立专门的西部地区生态补偿基金,用于西部地区,特别是国家重点项目的生态环境损益补偿以及生态环境项目投资。第三,西部地区政府应该把发展绿色能源项目和绿色产业作为补偿机制的重要环节,重点扶持绿色能源、绿色产业发展。如西部地区政府可以大力加强风能、太阳能等绿色能源的开发与利用,大力发展绿色农业、生态旅游等。第四,建立中东部地区对西部地区的 GDP 补偿机制。西部地区有丰富的自然资源,对中东部地区经济的发展有正向的促进作用。受益的中东部地区,应按照每年增长 GDP 的一定比例,对西部地区进行生态资源补偿,从而弥补西部地区由于生态环境破坏而造成的经济损失,促进西部地区生产方式与经济结构的转变,拓宽西部地区的发展空间。

6. 建立环境损害责任终身追究制度

针对一些地方官员的环境违法行为,我国要探索环境损害责任终身追究制度,但是目前该制度建设还不完善。例如环境问题具有滞后性和时效性,而领导干部的任职具有一定时期性。通常领导干部在一个地区任职一段时间后,会调任到其他地区任职,这就使得环境损害责任追究缺乏延续性。如何划分生态环境损害责任范围,认定领导干部责任对象是待解决的难题。除此之外,环境损害责任终身追究制度依托环境审计制度发挥功能,科学合理的环境绩效与审计指标是其实施的前提。当前我国环境绩效的"负载表"侧重于强调环境保护、环境资源消耗、耕地资源保护等自然资产指标,较为单一。

2015 年 8 月,中共中央办公厅、国务院办公厅印发了《党政领导干部生态环境损害责任追究办法(试行)》,明确指出要建立生态环境损害责任终身追究制,从源头上加强生态环境保护。环境损害终身追究制度主要针对的是行政决策问题。我国环境法制建设是伴随着经济建设中出现的环境问题逐步建立的,其重点是科学处理经济发展与生态环境之间的关系。我国经济发展用30年走完了发达国家200年的历程,环境问题也有了集聚性、滞后性的特征。环境损害责任终身追究制度让党政领导干部为决策失误"买单",强化了生态问责力度,有利于党政领导干部转变执政理念,科学决策。

7. 制定地方配套政策,提高地方生态效益

(1)出台生态环境政策,实现区域协调发展

我们要出台一系列推动当地生态文明建设和社会经济发展的生态环境政策,鼓励县域生态经济发展,因地制宜,大力培育特色优势主导产业,推进城乡一体化,实现区域协调发展。比如,桂林市龙胜各族自治县把龙脊梯田和温泉相结合,创新发展生态旅游;荔浦县重点发展芋头、马蹄、夏橙等当地特色农副产业,加强生态农业建设;桂林通过临桂新区建设,减少漓江污染,提升城市生态文明综合指数。

(2)制定生态产业政策,带动城市和谐发展

近年来,桂林市加速调整产业结构,用循环经济理念指导产业发展,积极发展生态产业,着力推进具有桂林特色的循环农业及生态旅游业,使第三产业比重逐步优化,最终实现生态市建设的目标。为此,桂林市出台了《关于加快重点工业产业及战略性新兴产业发展的若干政策意见》,大力调整工业园区产业结构,优化产业布局,促进产业转型升级,加快生态工业园区建设,走新型生态工业化道路。桂林市还探索出资源节约型、环境友好型的综合性旅游业发展模式,打造绿色旅游产业体系,发展旅游循环经济产业,推广生态旅游,倡导生态旅游消费,实现旅游业的可持续发展。

(3)推行节能环保政策,实现资源综合利用

为了提升生态文明的质量,桂林市制定并推行节能环保政策,扎实开展低

碳城市试点工作,开展临桂新区绿色生态城区建设,推动循环经济示范企业和示范园区建设,加强节能减排公共测试平台建设,推广公共节能,建立太阳能、风能等可再生清洁能源产业,提高资源综合利用率。

（二）生态文明建设的宣传倡导者

要解决生态环境问题,落实生态责任,地方政府要切实转变本地居民的环保观念,加强地区群众的生态教育,提升他们的环保意识,引导他们正确处理生态环境问题,因而建立和完善生态教育体系势在必行。如何将教育水平的提高与生态教育体系的建立相结合,是西部地区政府亟待解决的难题。西部地区也需要地方政府充分发挥其行政主体的影响力和号召力,构建以政府为指导,整合当地企业与群众等各方面社会资源的生态教育体系。

生态文明建设是一项复杂的系统工程,它涉及经济发展方式转变的问题,需要自上而下地发动,也需要自下而上地推动,尤其离不开广大公众的推动与参与。积极进行生态环境的宣传教育,是西部地区实现合理的政府生态责任的有利因素。目前,西部地区生态文明建设,主要还是依靠自上而下的法制规范和行政力量推动,这是因为一些民众的民主意识、生态意识不强,公共参与意识比较淡薄,自下而上参与公众事务管理能力相对较弱,生态监督方面比较滞后。但是仅依靠制度与法律力量,生态文明建设难以见效,因此,西部地区政府应加大宣传教育力度,增强公众环保意识。要想提高西部地区民众的生态意识,首先要树立正确的生态价值观,加强引导民众树立人与自然和谐相处的理念,这样才能提升其环保意识。其次,要借助媒体、网络等新媒体扩大生态教育的宣传力度,使西部地区的民众了解、熟悉生态环境的治理现状以及如何更好实现人与自然的和谐相处。在宣传保护生态环境重要性的同时,也要宣传如何进行生态环境保护的行为,比如从民众自身的行为中做起、主动监督政府保护环境的做法是否合乎法律等。西部地区政府应当鼓励合法的生态环保组织发展,树立"榜样",提高民众对生态保护的认同感、责任感,充分发挥群众的主观能动性,积极鼓励民众对政府、企业及个人的生态行为进行监督。

2014 年,西部地区环境教育基地总数为 343 个,不足全国环境教育基地总数的 20%,少数民族地区还存在语言和风俗习惯的差异,所以,西部地区政府不能忽视生态环境的宣传教育工作。由于西部地区城镇化水平还不高,经济发展依然以传统农业为主,加上西部地区是少数民族聚居区,因此,加强乡村生态宣传具有现实意义。基层政府要重视生态保护在乡村的宣传工作,尽可能采取"贴近实际、贴近生活、贴近群众"的宣传方式引导农村群众从自身做起,保护自己赖以生存的自然环境。另一方面,生态危机在一定程度上也是价值观危机,是由错误的生态理念和欠缺的环保意识导致的。广西壮族自治区政府于 2013 年发起了"美丽广西·清洁乡村"的号召,大力整治村镇生活垃圾,取得了显著的效果。但是被动的整治往往难以彻底解决环境污染,还需要加强对于村民环保意识的教育,让生态理念深入基层,使村民享受到良好环境带来的切身利益。西部地区自然环境优美,全国大部分的长寿之乡和众多世界闻名的旅游资源都在西部地区,但旅游资源的过度开发在一定程度上破坏了生态平衡。因此,西部地区政府应该合理规划旅游资源,加大旅游景区生态环境保护的宣传力度,倡导文明旅游,切实维护美好的自然环境。

为了增强环境保护宣传的实效性,西部地区政府应有针对性地向公众宣传生态环境保护知识。如为了防止水土流失、草地退化、土地荒漠化,加快"三北"防护林体系工程、小流域治理工程建设。地方政府应向公众宣传生态工程对环境保护的积极意义,普及封滩育草育林、乔灌草结合、人工营造草场与飞播互相配合、防风固沙林带体系建设等知识。为了遏制大河水系江河源头生态环境的恶化,西部地区政府应向公众宣传天然林保护工程建设与水源涵养林建设知识,引导公众利用当地丰富的太阳能、风能等生态资源,减少或制止人们樵采对林草植被资源的破坏,恢复与保护广大森林草原自身的生态功能。在水土流失严重的地方,地方政府则应向公众宣传退耕还林还草的意义,以及以小流域为单位开展山水林田路综合治理的作用,全面普及水土保持生态系统知识。在黄土沟壑地带,地方政府应向公众普及减少水土流失、节节拦洪的积极意义。面对珍稀野生动植物种群资源缺乏的事实,西部地区政府应向公众开展宣传教育,引导公众与环保组织掌握抢救受威胁物种与挽救频临灭绝物种的知识,掌握疏通野生动物栖息与迁徙的方法,掌握保护灭绝物种遗传基因的知识,从而有效地加强生态保护。

为了切实履行生态文明建设宣传倡导者的职能,西部地区政府可以举办各种生态宣传组织活动,鼓励社会各界参与到环境保护工作之中,使生态环境知识真正普及公众。西部地区政府可以通过举办"六五环境日"宣传活动、举办各种公益活动、新闻媒体宣传、林业成就展览节等多种方式,在学校、机关、工矿企业、社区、农村等各领域,进行科普宣传与生态文明建设教育活动。如通过新闻网络媒体,鼓励公众开展古树名木的普查与认定工作,激发公众参与生态文明建设的积极性,自觉履行环境参与权与环保监督权。同时,西部地区政府可以开展"五个一"绿化环境创建活动,大力建设绿色社区、绿色村庄、绿色机关、绿色学校、绿色机关,鼓励社会力量参与营造三八林、结婚纪念林、青少年林、友好林、花草树木认建认领认养等活动。通过这些活动,使生态文明知识由理论变为一种实践。同时,西部地区政府还可以广泛建立生态科普知识宣传教育基地,发挥基地的生态文化传播功能,提高本地区生态文化产业的竞争实力。除此之外,西部地区政府还应该提高公民的生态居住、生态出行、生态消费的意识。提倡生态居住意识,就是指导居民不刻意追求大面积住房,平日节约消费,不去购置太多的房子,在平日生活中,提倡节能装修、绿色装修,尽可能节水与节电。提倡生态出行意识,就是出行时尽量选择环保的公共交通工具,少开耗费汽油的汽车,减少噪声污染与尾气排放对城市环境的破坏。提倡生态消费意识,就是要求公众不要选择给生态环境带来破坏的消费活动,杜绝各种超前消费、过度消费、野蛮消费、奢侈消费等,如公众在饮食消费过程中,应尽量做到不食用、不购买一切危害生态环境的食品、产品,在穿着消费上,应尽量不去选择对身体有害的、能耗高的化纤产品,而是购买一些对环境负面影响较小的棉麻衣服。

（三）生态文明建设的组织管理者

为了推动生态文明建设,西部地区政府要履行生态环境组织管理者的职能,调动自然资源、人文资源投入到生态文明建设之中。生态环境问题,归根结底是一种社会问题与经济问题。目前,西部地区生态环境面临着严重恶化与退化,广大人民群众面临着严峻的生存危机。这给人民群众带来了极大的损失与痛苦,也对社会稳定与民族关系带来了严峻的影响。这一切问题都需要西部地区政府发挥组织管理职能来解决。

1. 优化产业结构

为了发展西部地区生态经济,西部地区政府在定位组织管理职能上,应把优化产业结构与农牧业经营方式转变相结合。如积极调整西部产业结构,推动生态保护与工农业生产同步发展。西部地区产业结构特点是比较单一,经济发展程度也比较低,这是严重影响经济发展的一个重要原因。为此,西部地区政府应大力调整经济结构,降低传统农业结构在第一产业中的比重,发展具有节水、高效性质的农业。在发展第二产业工业的时候,应与西部民族特色以及地方特色相结合,如引导具有民族特色手工艺产品的发展。发展有特色、有强大竞争优势的农牧业、传统民族手工业、特色资源加工产业,等等。在发展第三产业的时候,应促进商业、流通业、社区服务业、生态旅游业的发展。推动单一、低效、高耗能的产业向生态型、节水、高效的产业方向转变,这样才能推动西部地区经济的可持续发展。西部地区政府还应转变经济增长模式,优化农业牧业的产业结构。在西部地区,一些传统的粗放型、低水平的农牧业生产模式,对生态环境有破坏,难以实现农牧业生产与生态环境保护两全其美的发展。因此应改变传统的农牧业生产模式,把广种薄收的模式变为精种高产的模式,把靠天来养牲畜变为集约化的生产模式,从而改变在过去传统经营模式下,超载过牧造成草地退化,以及草畜矛盾与生产能力下降的状况,争取实现农牧业增收与生态环境改善"双赢"的局面。西部地区还应坚持"立草为业",就是把发展草业当作特色产业来经营生产。在开展草原基础建设的基础上,采取休牧、退耕还草、减畜育草等策略,扩大草原的植被覆盖面积与提高草场自身的生产能力,推动畜牧业由传统的放牧模式向以人工饲草基地为主的现代化畜牧业生产模式转变,从而减少天然草地的自身压力,遏制草原退化与草地沙化的趋势。

2. 优化资金投入

在发挥组织职能上,西部地区应提供资金与资源,着手解决地区人口的生存问题和经济困难方面的问题。西部地区政府可以通过鼓励与政策引导,推动经济增长与人口增长、经济发展与生态资源环境承载力之间的互相平衡;大力提高地区的文化教育水平与医疗卫生水平,加大落后地区的通信、交通等建设,调整人口布局与转移剩余劳动力,把过剩的人口压力转化为一种推动生态建设发展的强大动力,从而缓解人口过剩与土地资源的矛盾;还应把普及教育的任务当作头等大事,通过教育普及,来提高西部地区人口的思想文化素质,在教育内容上,应开展适应自然的传统生态伦理教育,提升人口的环境素质与生态道德素质,推动西部地区人与自然和谐发展,达到经济发展与生态环境发展的共进;此外,还应对群众开展有效利用自然资源的技能与知识方面的教育,提高广大群众的资源开发利用效益,引导他们改变传统的消费方式与生产方式,减少浪费自然资源,避免对大自然无限索取行为的出现。此外,西部地区各级政府,在生态环境建设中,应把广大群众的增收致富置于重要地位,切实考虑禁牧、禁耕等活动给广大群众带来的损害,从而切切实实去解决群众用钱、吃饭、燃料等生存问题,扭转过于泛滥的过牧、过垦、过樵等现象。为了保护农牧业,可以在生态自然保护区内实施有关禁牧移民工程,对于一些在生态移民中失去发展场所、生存之地的群众,应采取异地安置政策,满足移民的基本生活、生产方面的需要,从而真正解决生态环境问题。

3. 建立健全生态管理体制,促进生态文明建设

为了更好地促进生态文明建设,我们可以设立专门的组织机构,作为城市可持续发展的决策部门和统筹部门。其职责,一是组织实施城市可持续发展战略,并制定城市可持续发展战略的对策,构建可持续的生产和消费模式;二是从生态文明战略目标出发,统筹开展各类具有地方特色的创建活动。为了厘清各管理部门在生态文明建设中的职责,地方政府要从建设生态文明、强化政府统筹管理、优化部门结构出发,按照部门职能统一原则,整合相关部门的职能,由一个部门统一行使,切实发挥政府主导的生态经济责任,切实解决个别职能交叉、权责不清、多部门管理且又管不好的问题。

4. 建立宏观调控体系,切实推动生态与经济协调发展

地方政府部门应建立全面的宏观调控体系,围绕生态文明建设的目标,按照生态环境保护优先考虑、城市发展合理布局、经济建设有序开发的要求,统筹当地生态环境与经济社会发展,推进重点区域和关键领域协调发展,推动生态环境和经济社会的协调发展。

(四)生态文明建设的资金支持者

西部地区的生态治理,是一项规模浩大的工程。无论是现在生态工程的治理还是将来的治理,都需要巨大的资金投入。尤其对于财政比较困难、经济欠发达的西部地区,如何解决生态文明建设中的资金短缺问题,是迫切需要解决的一个难题。生态文明建设与西部地区政府的资金支持者职能发挥是密切相关的。比如,广西从 2008 年起设立生态广西建设引导资金,财政逐年加大投入,2011 年增加到 4500 万元,在生态产业、节能减排、环境保护等方面支持一批试点示范项目的实施,同时吸引了社会资金近 5 亿元投入生态产业的发

展,效果显著。云南省财政逐年增加环境保护资金,创新环保投融资机制,大力推行 PPP 和政府购买服务模式,大力加强全省重金属污染防治、九大高原湖泊保护治理、生物多样性保护、环境监测监察能力等,扩大生态补偿覆盖面。云南省于 2017 年 6 月设立省绿色发展基金,组建省环保投资公司,进一步提高财政资金效益,引导社会资金用于污染治理和生态保护。

1. 建立多元化的生态资金投资机制

西部地区政府在资金支持者的职能定位上,应建立一种依靠国家政策倾斜,投资主体多元化与投资方式多样化的资金投资机制。在国家政策倾斜上,西部地区政府应争取国家的特殊优惠生态治理政策,期望获得中央财政资金上的支持。根据目前西部地区经济发展比较落后,社会自主投资能力还比较低的情况,应争取让国家作为资金投资的主体,把资金投入重点倾斜在西部地区。在一些实施生态保护措施的地区,对群众采取禁采、禁伐、禁耕、禁牧等生态保护活动,应引导政策与资金上的投入与支持,保障西部地区能摆脱生态环境日益恶化的困境。为了解决资金投入问题,西部地区政府应发挥市场机制的调节作用,从机制与体制这两个方面来探索产权不明问题的解决策略。如建立耕地草场经营权、承包权的动态流转机制,把责、权、利与土地的建、用、管互相结合,合理有效利用草地、耕地资源,达到对生态资源的充分利用与最佳配置。地方政府还应密切关注在生态环境建设与保护过程中,各个群体的现实利益问题,制定能确保群众利益,包括流域系统补偿、工商企业投资补偿、环境税补偿在内的补偿机制。同时,西部地区政府可以学习中东部地区运用利益返还的方式,返还西部所提供的公共产品,并合理承担西部地区所付出的生态治理资金成本。

2. 建立以市场为主体的生态资金投入机制

西部地区政府在建立资金投资渠道上,应发挥市场“无形的手”的作用,也就是积极引导与培育与生态导向密切相关联的生产行为与消费行为。地方政府应制定与运用税收政策，通过制定减免税收方面的政策，来鼓励有关生态环保产业的不断发展；也可以制定高税收政策，来限制污染型企业或者商品的经营扩大。如云南省主要是通过三种资金筹措方式来开展生态文明建设。一是专设生态项目投资资金。在 2002—2012 年期间，云南省财政累计生态环境投资的资金结构中，省财政资金为 85 亿元。从 2009 年开始，云南省的财政部门把其中的 10% 应用在环保部门项目资金上，在 2012 年就安排三个多亿的专项资金用在生态项目支出预算方面。二是创新资金的投入模式，实施财政资金效应。如云南省采取 BOT 模式，即建设—运营—移交的方式，吸引广大社会组织、民间力量进行资金投资、融资。此外，云南省还采取申请世界银行贷款的方式，来筹集生态建设方面的资金，保障生态建设资金的需要。同时，云南省还积极探索长效的资源利用补偿机制。尤其在建设公益性环保项目中，通过经济手段建立合乎经济规律的价格机制，达到激励生态环保事业的目的。三是建立预算机制与绩效考评机制，从而保障资金能有效发挥效益。云南省还结合自身的实际情况，建立了一种"横—纵—翼"的生态建设资金预算机制与绩效考评机制。这一"横"，就是在申报生态建设项目专项，应该明确绩效考核的目标。这样能使云南省政府在财政预算的时候，应重点考虑资金使用方面的绩效情况。在执行预算的过程中，云南省政府应监督相关的绩效目标运行情况；在预算工作结束之后，政府应对有关部门预算支出开展绩效考核。一"纵"，就是云南省政府应对下拨的生态建设资金，开展相关的绩效考核、严格检查并考核有关资金的使用情况，把这一考评结果作为下一年度预算工作的重要依据。一"翼"，就是在云南省生态功能区开展转移支付方面的考核工作。在分配资金上，以生态价值的大小作为主要根据。对于一些生态价值高的地区，云南省政府给予重点支持与倾斜，采取奖励引导的机制，并实施"以奖代补"的方法，对能够用财力安排支出的生态环保地区，根据投入额的比例给予相应的配套奖励，并与有关环保部门合作，开展环境质量方面的监测工作。

3. 建立绿色政府采购制度

《中华人民共和国政府采购法》第九条明确规定,政府采购应当有助于实现国家的经济和社会发展政策目标,包括保护环境。因此,要强化地方政府的生态责任,必须建立绿色政府采购制度。我们可以根据各地实际,针对不同领域、不同产品制定相应的科学的绿色采购标准和具有可操作性的实施细则,推广电子化绿色政府采购,及时公开绿色政府采购信息,建立绿色政府采购的激励机制,对达到生态文明建设要求和绿色采购标准的企业给予优惠补贴。

4. 建立专门的环保财政系统

针对西部地区的特殊性,为保障环保部门权力得以正常行使以及保证部门独立性,资金链是重要保障,所以建立专门的环保财政系统是必然的,即由国务院统一拨款支付地方政府环保经费。中央政府需给予地方政府在生态环境保护与平衡方面更多的财政支持,同时明确行政主体生态环保资金对应的生态责任,落实政府环保财政的财政支出。西部地区政府要切实增加生态环保的投入,将更多的财政支出投入到环保工作中,尤其要把生态文明建设和环保技术的引进开发及应用提上西部地区政府的议事日程,增加技术相关的财政预算,积极引进和应用国内外先进的环保技术,动员社会群众为治理和恢复地区原始生态环境而努力。同时,公开环保预算,加强群众监督,确保基金能真正落实到位,并采取有力的奖惩机制,规范政府的环保工作行为。其中,对于严格执行环保政策,认真履行生态责任,并且其生态环境有所改善的行政主体,中央政府应予以适当的精神鼓励与经济奖励;而对于那些不作为,导致生态环境恶化的行政主体则直接削减其环保财政预算并责令批评改正。

（五）生态文明建设的协同治理者

最早使用协同治理理论的是英国"协同型政府"（Joined-up Government）

改革。Perrib 等指出,"所谓协同治理就是在政策、规则、服务供给、监控等过程中实现整合,且这种整合体现于不同层级或同一层级内部不同职能间,政府、私人部门与非政府间等三个维度"①。Pollittc 认为:"协同治理是一种通过横向和纵向协调的思想与行动以实现预期利益的政府治理模式,它包括消除政策间的矛盾和紧张以增加政策的效力、通过减少重复以更好地利用稀缺资源、增进不同利益主体的协作、为公众提供更多的无缝隙服务等四项主张。"②协同治理,就是"运用协同理论的基本思路和方法,研究协同对象的协同规律并实施治理的一种理论体系,其目的是更加有效的实现系统的整体效应"③。

生态协同治理是指为了获得生态治理的最大化效益,协同政府部门、非政府组织、企业、公众等多元主体,在网络信息技术的支持下,通过协同规则、治理机制等方式,共同协作治理生态,以最大限度地维护和增进公共利益。海洋的公共性与统一性要求沿海各区域对海洋进行协同治理,以公共海域为中心协同各主体进行生态治理,使经济效益和生态效益持平,实现经济可持续发展。

1. 协同社会的治理

(1)建立公众环境参与机制④

协同社会广泛参与生态环境治理是改善生态环境问题的重要途径。据防城港市政府的一份关于生态总体规划实施的调查显示,85%的受访者支持防

---

① Perrib,D.Leat,K.Setzer and G.Stoker,*Towards Holistic Governance:The New Reform Agenda*,New York:Palgrave,2002,pp.28-31.

② Pollittc,*Joined-up Government:A Survey*,Political Studies Review,Vol.1,No.1(January 2003),pp.34-49.

③ 潘开灵、白烈湖:《管理协同理论及其应用》,经济管理出版社 2006 年版,第 63 页。

④ 卢智增、梁桥丽:《北部湾沿海地区生态协同治理研究》,《天水行政学院学报》2016 年第4 期。

城港总体规划,12%的受访者表示无所谓,3%的受访者表示反对,但无明显反对理由。可见,大多数人关心与自己生产生活息息相关的生态环境。因此,我们要保障公众的环境知情权,充分调动公众参与生态治理的积极性,增强公众环境参与意识,健全公众环境参与机制,扩大公众参与的范围,增强公众参与的深度,提高生态协同治理的有效性。同时,我们要建立环境听证制度、环境信息公开制度等,使公众了解生态治理的内容、方式、进程等,提高公众参与生态治理的广度与深度。

（2）提倡社会监督,落实生态治理政策

我们要将社会监督机制引入到生态协同治理过程中,让公众充分发挥自身权利,形成一种自下而上的生态治理路径,增强生态治理决策的科学性、透明性和执行力。同时,通过社会监督,公众可以通过环境公益诉讼等政治参与手段,直接对破坏生态环境的行为进行抵制,推进生态协同治理的发展。

（3）鼓励不同主体参与,实现生态综合治理

生态协同治理,除了政府,还涉及企业、公众、非政府组织等多元主体。政府作为协同治理的"董事长",要对协同治理的政策负责,还要通过财政手段,加大对生态协同治理的投资力度,并对各方利益进行监督、协调,而具体的、详细的工作则需要各位"股东"的积极参与。只有这样,才能形成多元主体共同参与生态治理的良好局面,真正实现协同治理。

2. 协同市场的治理

（1）利用市场竞争机制,推进生态协同治理

市场竞争机制的形成是西部地区生态治理的重要环节。为此,我们要转变生态治理理念,打破政府垄断,引入市场竞争机制,让各治理主体发挥自身能力,开启生态治理领域项目的改造,在治理过程中既协同又竞争,通过市场竞争,优化产业结构调整,改善生产方式,淘汰落后的产能,提高经济效益和生态效益,提高生态治理效率,减少负面效应,加快生态协同治理进程。

（2）共担成本，共享收益，增强生态治理动力

我们要通过行政手段和市场竞争体制来干预生态补偿，建立合理的生态补偿机制，使各主体共同承担生态治理的成本，共同分享生态治理的收益，增强各主体生态治理动力，主动参与到生态协同治理中。对于生态协同治理中出现的问题，政府要进行公平合理的评估，做到奖惩分明。对于生态脆弱的地区，政府则要给予财政、技术等支持，协同其他主体来帮助传统产业生态转型，促进生态经济发展。①

3. 协同区域的治理

为了使生态协同治理的政策和手段更有权威性，我们要在相关行政区域之上成立一个跨区域生态治理的权威机构，来对各区域、各主体的职责进行规定，保证区域协同治理的一体性和独立性。成立跨区域生态治理的机构，既能避免每一个行政区域的地方保护主义行为，解决区域间的利益冲突，维护共同利益，又能促进各行政区域的相互交流，形成既竞争又合作的关系，提升区域的生态协同治理水平。通过建立跨区域生态治理的机构，可以制定一系列生态协同治理的制度，明确各区域、各主体的职责，对各行政区域的生态治理行为进行及时监督，解决区域沟通少、协同难的问题，避免地方政府的搭便车行为，共同完成区域的生态治理，促进西部地区经济共同发展。

总之，共同利益是西部地区寻求生态协同治理的重要基础，使各行政区域政府、企业、社会公众的生态协同治理成为可能。我们要增进西部地区的共容利益，增强各区域、各主体的合作意识，提高区域生态协同治理的积极性，加快改善西部地区生态环境，实现西部地区生态文明。②

---

① 卢智增、梁桥丽：《北部湾沿海地区生态协同治理研究》，《天水行政学院学报》2016年第4期。

② 卢智增、梁桥丽：《北部湾沿海地区生态协同治理研究》，《天水行政学院学报》2016年第4期。

（六）生态文明建设的监督控制者

生态文明建设是一个庞大、系统的工程,涉及多方面的利益。西部地区政府只有正确发挥监督与管理生态文明建设职能,才能保障生态文明建设的顺利开展。在西部地区,地方政府在生态监督管理方面还有不足。数据显示,2014 年,我国西部 10 省环境保护监测能力建设投资共 148564.5 万元,占全国投资总数的 25%;监察能力建设投资共 42140.1 万元,占全国投资总数的19.6%;核与辐射安全监管能力建设投资共 6272.5 万元,不足全国投资总数的 10%。单从以上我国生态监督投资占比来看,我国西部地区的监管成效并不乐观。当然,这其中既有执法人员执法不严的主观因素,也有经济发展水平、监督机制不健全和西部地区复杂的自然环境等客观因素的存在。

1. 监督资源合理利用

生态文明建设是一个资源有效开发与利用的过程,西部地区政府应监督与管理资源的有效利用,始终做到资源的开发有度。西部生态文明建设,需要树立一种资源持续利用的观念,才能从根本上监督与管理资源的有效利用。为此,西部地区政府应指导各个地方,根据资源的不同类型,采取不同的开发利用方式。自然资源根据利用性,可以分为可再生资源与不可再生资源。对于可再生资源,西部地区政府应监督社会公众组织养护或者培养,并提高其资源的存量,达到对资源的取之有度。对于不可再生的资源,西部地区政府应开展保护工作,使不可再生资源的开采控制在一定范围,不允许随意开采现象发生。在开发与利用矿产资源上,西部地区政府应采取"适度进口、立足国内、促进交换"的政策,尤其是矿产资源的利用与保护。为了能高效利用能源,西部地区政府可以发展循环经济,达到保护生态环境的目的。在生态环境保护上,运用有效的生态环境保护措施,高效利用能源资源和清洁生产,推动生产、分配、流通与消费四个环节与生态环境保护周期有机统一。通过这一措施,也能推动经济社会发展与生态环境治理与保护的互相协调,生态环境保护模式与生活消费之间互相协调,以资源循环利用来推动生态产业的发展。企业可以在生态运行状况中实现生态消费与可持续生产,也能推动资源的有效利用,达到组织与监控生态资源的可持续发展目的。

与中东部地区相比,西部地区经济社会发展较落后,经济发展与生态环境这一公共产品的建设与保护是分不开的。西部地区政府应组织与监督生态环境这一公共产品的生产过程,如科学合理应对生态环境保护与治理过程中出现的主要问题,在具体政策指导下开展具体的环境保护工作。西部地区政府还应协调一切与环境保护有关部门之间的关系,如环保部门与商业、农业、税收、工业等部门之间的关系,监管生态建设过程中工商登记、项目审批、产品赊销、征用土地、税收、交通运输等事项。为了促进社会主义市场经济的发展,西部地区政府还应清除部门壁垒,清除个别政府部门之间职能重叠的现象,促使各个政府部门为生态环境目标去努力。

2. 加强生态环境监督与管理

西部地区政府在对生态文明的监督与管理上,应根据生态文明的保护与治理目标,制定与西部地区相适应的生态环境监督办法与管理标准。在生态管理过程中,西部地区政府应根据生态环境监督与管理标准来分析生态环境治理的信息,当出现生态环境问题的时候,应分析出现问题的原因,并采取相应的保护措施。如西部地区的峨江是长江的一个主要支流,是长江上游水质恶化的一个重要源头。为了对峨江水质进行监督与管理,四川省成立专业的生态环境监察组,对峨江的污染企业如造纸厂、矿产挖掘企业开展监督与管理活动,杜绝企业污染水质问题发生。通过这一措施,在较短的时间内改善峨江的水质,发挥政府在生态环境保护与生态治理中的监督与管理作用。

与中东部地区不同,西部地区由于特殊社会条件与自然条件的限制,为了经济发展与生态环境保护的两全其美,政府可以加快调整产业结构的战略计划,以此来监督与管理生态文明建设。西部地区政府在生态环境治理与保护工作上,应监督产业结构的转变过程,借此推动西部地区经济社会发展,建立完善的西部地区生态工业体系,强化生态环境和经济社会协调发展的机制,走生态工业的发展道路,从而监督生态工业建设的全过程。西部地区蕴含丰富的自然资源,也是许多大江大河的发源之地,以及动物植物繁育生息的主要场所,这些都是西部地区发展旅游产业以及自然生态环境资源的优势。西部地区政府应承担监督生态环境旅游业发展的责任,极力推动生态环境旅游业的市场化与产业化的进程。但西部地区在生态治理与环境保护过程中,遇到许多制约性的因素。西部地区政府应积极面对这些因素,把生态环境保护当作一场市场交易的互动,把生态环境保护逐渐纳入产业化与市场化的轨道。尤其在社会主义市场经济条件下,西部地区政府应引导企业或者社会公众,自觉参与或自我约束生态保护活动,推动生态文明建设走上市场化与产业化的发展轨道,从而有效发挥监督与管理职能。此外,西部地区政府还应完善全民参与生态环境与生态保护机制。在人与自然和谐发展过程中,公众一直处在主导地位,在生态治理与生态环境保护中也应发挥主导作用。生态环境保护工作的顺利进展,需要社会各界力量的广泛参与和支持,才能发挥西部地区政府监督与管理生态治理的职能。

3. 建立生态监督机制和政府生态问责制

政府生态经济责任的落实,离不开强有力的监管机制。因此,我们要建立健全生态环境治理的监督体系,联合政府各部门,发动民间和非政府组织力量,建立一个以生态管理部门为主体,社会组织、新闻媒体、人民群众广泛参与的监督机制,对企业的生产行为、环保部门的执法行为、政府的生态责任履行情况等实行全方位监督,加大环境执法和监督力度,形成环境监督合力,并且实时公开相关信息,以强化生态环保部门和地方政府的生态责任,使其更加有效地推动当地生态文明建设。对于涉嫌污染农村环境的企业和个人,要严格按照法律法规严肃处理,并通过建立地区性或全国范围内的企业诚信信息系统,及时公开信息,予以曝光警示。同时,要开通群众反馈热线,开拓网络、电话、信件、传真等渠道,多元化回收反馈信息,形成政府、企业、民众一体化交流体系,实现环境监督常态化。

为了将西部地区政府生态经济责任落到实处,我们要建立政府生态问责制,从道德、行政、法律、经济等方面加强对政府生态经济责任的问责,对于违反生态经济责任的行为追查到底、严肃处理,对于完成不了生态目标、违反规定、出现失责的相关职能部门及负责人进行责任追究,以确保当地生态文明建设的顺利进行。对于造成"三废"污染的企业,应该让企业承担起主要的生态治理责任,并运用行政和市场手段进行相应的处罚以及生态补偿,坚持"受益者付费、破坏者付费",避免"灯塔效应"发生。对于一些村民随意向江河排放粪便、污水等环境污染行为,要村民承担相应的惩罚,并进行一定的生态修复。对于政府部门,则应该制定相应的农村生态环境保护规章制度,并加强环境执法监督,通过完善政府官员、企业主管、村民的责任追究机制,让政府官员、企业主管、村民都意识到环境污染后果的严重性,懂得"环境问题无小事",自觉承担生态环境保护责任。[1] 比如,桂林市政府在创建全国生态文明示范区的过程中,为了保证各部门职责到位,建立了相应的目标责任考核机制,实行目标管理,严格考核评价。

三、西部地区政府生态职能转变之趋势

(一)"约束"向"主导"转变

在过去的计划经济模式下,经济管理体制是一种高度集权的模式。在这

---

[1] 卢智增:《西南民族地区农村生态环境治理研究——以广西博白县为例》,《学术论坛》2015 年第 9 期。

一模式下,生态建设机制的需求与供给都处在一种相对平衡的状态之中。在这一模式中,政府对生态建设的管理,是一种约束式的管理模式。约束管理模式,不是一种良性的、生态的模式,在此模式下,生态建设需求与供给的平衡,是一种僵化的平衡,必然阻碍生态建设的发展。

西部地区政府应该作为"引领者"积极参与到生态环境治理中。虽然西部地区的生态发展受到经济总量、人口素质、自然地形和政府政策等多重约束,但是政府制定的公共政策和法律法规本身就具有引导功能,具有很强的强制性和约束力。政府在发挥生态职能的同时并非是一个独立的个体,而是在一个复杂的行政生态环境之中,无论是公民、企业还是其他社会组织这些具有能动性的客体面对政策约束时都会产生无形的反作用力,因此仅仅发挥政府的约束力往往不能实现公共政策效率最大化。加强政府引导将更加侧重政府决策的前瞻性和科学性,所以,政府必须准确把握战略方向,才能有效引导全社会进行生态环境治理。此外,需要强调的是,政府"约束"向政府"引导"的方式转变,有别于积极干预和自由放任等传统意义上的控制导向型职能,它将能够更大限度发挥主动性。转"束"为"引",不仅没有弱化政府的调控能力,反而能够增强政府的环境公信力,提高环境政策的执行效率。

因此,西部地区政府为了有效发挥生态职能,应打破计划经济的管理模式,由约束向主导的方向转变。

1. 主导西部地区生态移民工程

主导职能的有效发挥,首先应体现在主导西部地区生态移民工程。为了保护生态自然资源以及促进经济的发展,推行生态移民工程是长久之计。西部地区人口密度比较小、人数少,且文化层次也不高,这给移民工程带来了困难。生态移民工程是一项艰辛且复杂的工程。为此,西部地区政府必须发挥主导作用,解决生态移民工程中移民的衣、食、住、行、就业等问题。同时,政府应主导生态移民教育政策,加大对西部地区人口的教育投资,提高西部地区年轻一代的文化普及程度,让年轻人都获得良好的教育,提高西部地区人口的文化素质。政府还应解决西部生态移民工程中的生态治理问题,妥善处理好西部地区居民的长远生计问题,解决移民工程中经济发展与城镇建设的问题,把西部地区建设成为山清水秀的生态环境自然保护区,推动西部地区成为中东部地区发展的绿色生态屏障。

2. 主导西部地区居民生计问题

西部地区政府应在解决生态建设中的居民生计问题上,发挥主导作用。在西部地区生态环境脆弱的地带,生态环境保护与居民生存问题是一对难以解决的矛盾。众所周知,生态环境保护必然对居民的生存问题带来消极的影响。如为了保护草地自然资源,必然会产生牧民放牧与禁牧两者之间的矛盾,从而产生草畜矛盾,以及农牧民日常烧柴与禁伐之间的矛盾。矛盾必然会影响生态文明建设的推进。为了解决生态环境保护与保障当地居民生存与生计问题之间的矛盾,西部地区政府应让当地居民享受国家资金补偿,提高居民的赚钱能力与增强自我"造血"机能。为了解决生态保护与农牧民增收这一两难的问题,可以在西部地区推广实施高效的生态农业,也可以采用高科技成果,加大退耕还林的步伐,推动农业取得较高的经济效益与生态效益。西部地区政府还可以组织地方农业科研机构,采用高科技技术提高耕地的单产量,在减少耕地面积的基础上实现粮食产量与农民收入双增收。政府还应帮助牧民因为禁牧而从事家庭养殖业、家庭畜牧业、服务业等。西部地区政府还应采用新技术去大力改善广大农民的生活,以沼气能源来代替当地居民烧柴这一生活燃料的问题。对于一些在退耕还林过程中产生的剩余劳动力,可以开展劳动技能培训,建立完善的劳动就业服务网络体系,发展剩余劳务经济。

3. 主导生态环境重建问题

西部地区政府还应在生态环境重建中发挥主导作用。长期以来,在"人定胜天"思想的主导下,人类自身与自然界是互相对立的,人类一直无穷地去攫取自然资源,没有考虑到自然界的承载能力。西部一些地区,为了开辟农田、增加粮食产量,出现了大规模毁草、毁林的现象,造成植被被破坏、水土大面积流失等。有的地区政府在经济效益的驱动下,违法捕猎与破坏森林资源,造成了珍稀动植物品种的急速减少甚至灭绝。为此,西部地区政府应转变人们头脑中传统的观念,引导人们树立人与自然等量齐观的观念,以尊重自然资源为生产生活的前提。在生态环境重建上,西部地区政府还应建立西部环境市场,主导建立以防治环境污染为主的市场体制,以市场力量来推动生态文明建设的开展。

(二)"管理"向"服务"转变

为了解决市场失灵问题,自凯恩斯主义开始,西方国家掀起了政府干预理论的思潮,强调政府管理的必要性。但是政府管理也具有一定的弊端,如果超出一定的限度,必然会阻碍社会的发展,难以实现资源配置的帕累托最优。传统的政府生态管理,本质上就是借助政府权力对生态问题形成强制性的控制。① 作为追求经济利润的企业来说,如果当管理政策带来的收益小于成本时就会采取抵制行为,阻止管理政策的落实。因此,政府的"管理"需要承担公共资源浪费的风险。这种困境促进了新公共服务理论的发展,强调政府应当"服务而不是掌舵"。

"管理"与"服务"这两种管理模式所采取的手段不同,从而导致最终目的也不一样。在计划经济模式下,政府的传统生态管理方式是以环境管理为主,管理对象就是给环境带来严重损害或造成严重污染的行为者,如社会组织、企业、个人,采用的管理手段是运用法律、行政,还有其他经济手段,对企业经营活动进行约束。如对企业的低硫煤使用、排污许可产出、污染治理等开展技术

---

① 赵映诚:《生态经济价值下政府生态管制政策手段的创新与完善》,《宏观经济研究》2009 年第 9 期。

方面的约束。这种管理模式,具有浓重的行政管理模式色彩。在过去计划经济时代,这种管理模式,对生态环境采取直接管理,对政府统筹规划、宏观调控是非常有益处的。然而,伴随着市场经济的发展,这一种模式令政府管理活动失灵,使之背离了"为人民服务"、服务型政府的宗旨。

经过长期的实践,我国也提出了建设服务型政府的思想并不断涌现出成功的案例。例如,2016 年山东省委、省政府印发了《关于加快推进生态文明建设的实施方案》,此方案再次明确了地方政府的工作职责,将通过构建科技创新,建设产业、科研和人才"三位一体"的工程技术协同创新中心,以及培养和引进高层次创新人才来推动生态领域建设。除此之外,山东省还大力拓宽融资渠道,加大生态补偿,利用齐鲁文化挖掘传统生态文化思想等,都凸显了地方政府向"服务式管理"方向的优化和完善。西部一些地区粗放式发展模式仍然比较突出,政府管得过多,助长了一些权力寻租行为,因此,政府要放下姿态,不要片面强调自上而下的控制,而是应该适当为生态环境的改善提供更多的公共产品和技术支持,更好地推动生态文明建设。

因此,为了适应市场经济时代的特征,政府应从管理职能模式向服务职能模式转变。服务职能,是采取如沟通、协调、引导、信号传递、激励等非强制性的服务方式或者服务手段,加强与管理对象的信息沟通,改善被管理者与管理者之间的关系,消除或者尽量去减弱在环境管理中所出现的一切摩擦与冲突,从而获取被管理者对政府活动的信赖,并主动配合政府的行动,达到提高生态环境管理活动的效率,降低生态环境管理活动的成本。

西部地区政府为了实现职能活动向服务方向的转变,应从两个方面开展。

1. 制定服务活动标准

生态环境建设,是一个涉及各方面利益的系统、复杂的工程,因此强化政府的服务活动职能非常重要。目前,我国政府在管理体制上,采取的是一种横向管理模式,容易在实际运作中,导致经济发展政策与生态环境政策发生互相脱节的现象,造成经济活动只追求短期经济增长,忽略了长远经济发展。西部地区应严格遵照国务院颁布的《全国生态环境建设规划》的具体规定,在总结退耕还林的具体经验基础上,结合本地区实际情况,完善生态环境建设方面的规划,明确生态建设工程的重点地区、总体目标、政策措施。之后,应有效组织好财力、人力、物力等力量,协调社会各界利益,指导生态建设主体开展正常的生态活动,管理与监督生态建设工程。

西部地区大多数是少数民族聚居区,因此,西部地区政府在制定服务活动标准上,应根据《中华人民共和国民族区域自治法》的准则来行事。民族区域自治制度是国家制定的一项管理民族地区事务的重要政治制度。西部地区应发挥民族区域自治制度的优势,达到制度促进民族地区社会与经济发展的目的。这就需要西部地区政府有效认识与行使自治权,才能推动政府职能实现转变。为了实现政府职能向服务职能方向的转变,西部地区政府应进一步加强法治政府建设,根据民族区域自治法的准则,积极探索民族地区管理制度创新的方式。同时也应以法律制度作为依靠,积极推进立法工作的进程,推动法律改革的顺利进行。

2. 加强科技投入及科技服务工作

在知识经济时代,科学技术是第一生产力。由此看来,科学技术不仅是促进生产力发展的重要力量,也是生态建设顺利开展的强有力保障。因此,在西部地区生态环境治理进程中,地方政府应增加科技含量方面的投入,颁布激励科技人员参与生态环境建设的政策。在实践过程中,推广和广泛应用与生态建设有关的科技成果。面对生态建设所存在的一些问题、环境治理上的难题,政府应开展科技攻关。生态建设成功的关键,就在于是否根据经济规律、自然规律、科技力量去行事;也要看是否参考专家意见与尊重群众经验,把建设生态示范工程、提供技术保障、开发先进适用技术等融进生态建设过程之中。在生态建设中,西部地区政府应尽力做到技术服务到位、合理规划科学方案、农民科技培训足够、优良种苗技术到位;在效果评估、规划论证、监督工作等环节上,发挥科技专家的指导作用。

（三）治理向建设转变

高污染高耗能高排放的粗放型经济增长模式不是我国经济发展的出路,治理环境污染、缓解生态危机才是我国长期发展战略的必然选择。据《中国环境统计年鉴—2015》的数据显示,我国 2014 年环境污染治理投资总额9575.5 亿元,其中西部地区环境治理投资 2032.2 亿元,新疆(4.24%)、内蒙古(3.16%)、贵州(1.84%)、西藏(1.56%)、甘肃(2.10%)和宁夏(2.86%)六个省份的环境污染治理投资占 GDP 的比重均超过 1.51%的全国平均水平,较往年有很大提升。但环境治理毕竟不是政府生态职能的最终目标。随着东部地区产业升级和产业转移的进程加快,高污染企业开始向西部转移,西部地区的生态环境将面临新的挑战。西部地区政府应当将职能重心转移到生态环境的建设上来,无论是大型防污、治污设备的"硬实力"建设,还是生态环境管理的制度化、智能化的"软实力"建设,都必须紧跟国家加快生态文明建设的步伐,与时代接轨。

在市场经济环境中,生态文明建设方向不应该是治理,应该着重于建设。建设合理的生态文明体系,才能保障生态文明建设顺利开展。为此,西部地区政府建设职能的有效发挥,应从以下三个方面开展。

1. 开展生态环境恢复建设工程

目前,西部地区生态环境恶化的一个突出表现,在于土地荒漠化面积扩大、水土流失现象较严重,脆弱的生态环境,制约了人民生活水平的提高与经济发展。因此,西部地区应致力于生态恢复建设工程,稳步推行退耕还草还林、荒山荒漠绿化、治沙防沙、综合治理水土流失等各种生态治理的建设工作。地方政府也应积极推行生态农业,推动农业经济可持续发展与生态保护之间的良性循环。为了有效减轻农业经济施予自然环境的压力,西部地区政府应加快城市化与工业化的步伐,推动城市经济的发展,在工作中不断完善生态环境保护的立法制度,坚决贯彻国家有关生态环境保护法律规章制度。

2. 加快生态环境保护法律体系建设步伐

西部地区政府应加快生态环境保护法律体系建设的步伐。目前,我国制定与出台关于生态环境保护的法律与政策,比较侧重于以预防生态污染为主,同时突出环境管理与生态环境的防治结合。如颁布的《中华人民共和国大气污染防治法》《中华人民共和国环境保护法》《中华人民共和国固体废物污染环境防治法》等一共六部法律与九部关于生态资源保护的制度。另外,我国颁布与出台七十多条生态环境保护的规章、二十八条生态环境保护法规,以及生态环境治理的目标、标准、责任制度等,从而形成了一系列我国生态环境法律、生态治理标准、生态环境政策、生态环境管理体系等。在教育方面,生态环境保护知识已纳入到九年义务教育体系范围之内。我国一共有上百所中专、一百四十多所高校、职业高中等都设置了专门的生态环境保护专业。然而,国家生态环境保护法律政策,与地方具体实际还有一定的差距,这造成了生态环境保护法律法规执行力与贯彻力度不强,西部个别地区存在执法不严、有法不依等现象。西部地区政府应征求公众的意见,在调研西部地区实际情况的基础上,完善西部地区生态法律规章政策。在执法工作上也要下大功夫,坚决打击一切破坏生态环境的违法犯罪活动。

3. 加强开展生态移民迁入地建设

生态文明建设的开展,与移民迁入地建设是密切相关的。西部地区政府应开展生态移民迁入地建设,才能保障生态文明建设之顺利开展。西部地区在开展生态文明建设上,应科学规划生态移民地的建设规模,并结合本地实际情况与当地的生产实践状况,发展有本地特色的生态经济。如开展农牧业产业化经营,提高迁移地城镇的就业容量与经济发展实力,让迁移的居民发挥自己的能力特长,提高自身的生活水平,巩固生态移民效果。为了发展迁移地的经济,西部地区政府还应解决好迁入区域的交通建设道路问题,为公众提供水、电、通讯等基础设施建设,发展科技、教育、卫生、文化、社会保障等公共服务设施,这也是稳定移民生产生活的一个重要举措。以西部地区江河源区为例,迁移牧民在定居生态移民地后,发展畜牧业会遇到畜种改良技术、牧草种植加工技术、"六化"牧场技术、疫病防治技术等技术难题,这就需要西部地区政府根据一定的生活生产标准,以及牧场土地的资料,根据迁入地的牧场与土地来换置迁出地的牧场土地。在迁移工作结束之后,西部地区政府应依法律,结束迁出地与移民之间的关系。同时,政府可以根据土地置换的原则,完善移民的土地承包合同制度,稳定迁移移民的流向,防治移民回迁,并采取整体搬迁的策略,消除移民"背井离乡"的感觉,增加移民对迁入地的归属感。对于少数民族生态移民来说,更倾向于整体搬迁。在迁移工作开展之后,西部地区政府应完善对生态移民的属地管理,为生态移民提供上学、工作等方面的便利,解决生态移民的后顾之忧,稳定生态移民的走向,以达到稳定社会秩序的目的。

(四)"限制"向"合作"转变

政府"限制"管理理念在一定程度上可以认为是消极的管理制度,是一种利用公权来限制目标对象的强制性行为。政府所提供的公共产品具有非竞争性,有的地方政府为了片面追求经济增长,对一些污染企业"开绿灯",使原本落后的西部地区在这种"限制"型模式下管理不到位,地方政府自身反而沦为生态问题的始作俑者。政府职能创新的进程不断推进,政府生态合作也即将走向常态化。政府生态合作可依托政企合作和区域间政府合作。例如,江西省新余市在2013年与湖南永清环保股份有限公司签署了《合同环境服务框架协议》,将由企业配合完成城市的生态修复和环境治理工作,西部地区未尝不可学习此类新的发展模式,合作共赢。区域间政府合作可分为宏观区域间政府合作、次区域间政府合作和微观区域间政府合作。① 我国西部地区作为"一带一路"建设的中心区域和"中国—东盟"自贸区的重要窗口,加上西部地区正在形成的"天山北坡""南北钦防""呼包鄂""银川平原"等众多城市群,无论是宏观区域间政府合作、次区域间政府合作还是微观区域间政府合作都将给西部地区生态合作带来新的机遇。

在计划经济模式下,政府的生态建设模式是一种自上而下的限制模式。市场经济的发展,需要政府退出限制者的角色与身份,充当合作主导者,与社会公众、社会组织一起合作建设生态文明。现代治理理论认为,生态文明治理主体,应该是多元化的;也就是说治理主体应该由私营部门、政府部门、公民个人、第三部门等组成。加上生态治理是一项比较复杂、系统化的工程,耗费时间长。政府的治理能力比较强、治理资源比较多,这是个人和其他社会组织所无法比拟的。然而,政府这一单一治理的范式存在很多缺陷。如政府作为治理主体,会面临技术、专业性知识、生态信息获取等困难,从而增加了政府生态治理成本。在一些微观治理活动中,政府的作用具有一定有限性,而其他治理主体则可以弥补其不足。这一切都需要西部地区政府转换角色,由限制向合作的方向转变,建构一个多元主体共同参与的生态治理机制,以多元主体治理来弥补传统政府治理的缺陷,从而改变政府作为唯一治理主体的缺陷,这也是建构生态型政府的理性选择。

政府、企业、媒体、社会公众等多元主体共同合作治理,可以促进西部地区政府生态责任的落实。因为生态保护和治理是一个复杂的涉及众多相关者的利益协调过程,要将多方利益集团联系起来,共同治理生态环境问题。在生态责任追究机制的建设过程中,要注重公民环保意识的增强,通过建立公众环境参与机制,让公众加入到环境治理过程之中。西部地区政府通过增加对生态

---

① 杨爱平:《论区域一体化下的区域间政府合作——动因、模式及展望》,《政治学研究》2007 年第 3 期。

环境保护的投入,拓宽生态补偿的资金来源渠道,使得各方利益集团合作有财政方面的支持。非政府组织作为公众利益的代表,要充分发挥他们的重要作用,积极引导他们加入到生态追究的各个环节之中。通过多方合作治理来提升生态环境效益,增进社会整体福利,并有助于形成民主和多元化的社会格局。

1. 建立公民与社会舆论参与生态治理的合作体系

西部地区政府合作职能的有效发挥,需要突破单一行政监督模式的缺陷,建立社会公众与舆论媒体参与生态治理的合作体系。为此,西部地区政府也可以采用听证、举报、信访等监督体系与监督手段,建立一种形式多样化、主体多样化、监督效率高的新型合作制度。同时,在公众中建立快捷和畅通的公众监督渠道。如地方政府可以设立"网上举报""市长热线"等,开展多层次的、越级别的合作方式,建立一种具备公开性与时效性的监督制度。换句话说,西部地区政府应该发挥生态组织协调功能,以合作者与组织者的角色,采用法律、经济、行政等手段,组织公众参与到生态环境建设之中。在平日也可以制定有效的管理措施,发挥公众力量,对森林生态资源进行监督与管理,限制一些不合理森林资源的采伐与利用,保护生态环境。生态环境治理,通常涉及各行各业的利益,影响到社会各个领域,具有综合性与广泛性等特征。西部地区政府部门应建立有效的部门协调机制,加强各个部门、各个地区、各个行业之间的沟通与联系,减少部门之间的矛盾与互相脱节现象的发生。西部地区政府可以确定生态环境保护部门的多样职能,如监督职能、发展规划职能、制定政策职能等。同时,也可以建立环境产业协会。根据国外的管理经验与市场经济要求,对现有的环境协会或者环保组织进行改组,使环境协会组织拥有一定的权力,能对企业生产的产品开展生态资质审查,从而促进企业生产朝着生态环保的方向发展,实现行业发展与企业利用的共同实现。西部地区政府也应组织社会组织开展生态环境保护方面的研究工作。生态环境保护是一项复杂的系统工程,涉及多学科领域,属于新兴的边缘学科。生态环境保护所涉及的自然要素,是人类所能开发与利用的草场、森林、矿藏、水体、土地等。为了弥补西部地区生态环境资源人才稀缺上的不足,西部地区政府应组织教育部门与科研院所开展专业人才的培训工作,拓展不同方向的研究领域工作,发展以气候学、治污工程学、草原养护、沙漠化防治、动植物品种施救等学科领域的研究工作,创造有效的生态建设治理模式,这是西部地区政府的重要任务。

2. 建立网络监督合作机制

西部地区政府管理模式向合作身份转变,也体现在职能工作上,应建立完善的网络监督体系。生态环境建设,是一项政策性与社会性很强的、系统化的工程,这都需要政府对生态环境制定一种持续的、长期的、富有规划的政策。在过去的计划经济时代,政府的生态环境保护监督带有行政管理的色彩,体现在监督手段比较单调,监督形式也比较单一,监督渠道环节也比较复杂等方面。这也令人们在环境保护方面的意识比较差,自然也缺乏参与生态环境治理的积极性。在市场经济的环境中,生态环境保护工作面临一系列新的问题,如人们的环境保护意识需要觉醒、环境保护工作点多面广的特点,这一切都需要政府健全一个完善的保护生态环境监督网络,从而吸引公众参与到生态环境保护工作之中,真正实现职能向合作方向转变。为此,西部地区政府应制定信息公开制度。通过信息公开,实现信息共享,让公众都能平等地享受信息知情权。而且,生态环境信息公开也是一种全新的环境管理策略。通过生态环境的信息公开,能让公众享受生态环境的批评权、知情权。通过信息的公布,也可以发挥公众监督与公众舆论的力量,对生态环境破坏与环境污染的人施加舆论压力。这就需要西部地区政府加强电子政务软环境与硬环境方面的建设,加强政府与新闻媒介、政府与公众之间的联系与沟通,建立完善的信息公开制度与信息发布制度,提高政务活动的透明度,建设政务透明的政府。而且,透明政府也是现代国家实现善治与民主治理的必然要求。一个透明政府的设立,也能使广大公民享有监督权、参与权与知情权。成立透明政府,需要实施完善的信息公开机制。毋庸置疑,信息公开将增强政府公务人员的信用意识。通过信息公开制度,推行政务公开与各项管理体制改革进程,也是政府提高公信力、吸引公众参与政务管理的正途。

3. 建立与环保 NGO 的生态合作关系

西部地区政府向合作者身份转变,还需要鼓励与支持环保 NGO 的生态活动,借此增强政府与社会组织的合作职能。所谓 NGO,就是非政府组织(Non-Government Organizations,简称 NGO),这是社会结构分化的必然产物。NGO的主要职能,就是将生态保护与生态管理作为其基本目标、基本职能。[①] 在我国生态文明建设的过程中,NGO 作为一种非政府组织,对生态文明发展有着重要的作用。政府应采取多种策略,帮助 NGO,树立一种科学的、优先的生态观,明确生态优先的价值取向。生态优先观,就是一种生态相对主义,主张在经济发展中追求人与自然的和谐,不是只为了保护生态环境,而去反对社会进步与经济发展的生态观。西部地区政府应帮助 NGO,在生态活动中树立科学的生态优先观。此外,政府应该合理转移生态管理职能,拓宽职能发展空间。在生态管理职能中,西部地区政府管不了的、不应该管的、管不好的,可以由NGO——非政府组织来承担责任,这样能提高非政府组织参与环保工作的积极性。西部地区政府还应该建立与完善相关的 NGO 管理体制,为 NGO 的发展奠定制度上的保障。NGO 在发展的过程中,由于管理制度上的局限,会出现人员短缺、资金不足、价值观偏移等现象,这一切都需要西部地区政府制定有关的生态管理体制,促进 NGO 的合理发展。

理论研究与实践经验都证明,单一的中央集权的利维坦模式与完全私有制的市场模式,在生态环境治理上都已经宣告失败,这就需要政府与社会中介

---

① 黄爱宝、陈万明:《生态型政府构建与生态 NGO 发展的互动分析》,《探索》2007 年第1 期。

机构合作的 NGO 模式,也就是一种多元环境治理的需求。这就需要以培育生态 NGO 为基础来建构多元治理的模式。

在建构生态 NGO 上,西部地区政府需要做的事情,就是开展生态理论研究的工作,为生态 NGO 理论的发展提供借鉴。西部地区政府应建立一个民主协商机制,为生态 NGO 创造一个制度上的保障。在生态组织活动上,应建立高效的生态政治参与模式,为生态 NGO 的发展给予社会上的支持。同时培育生态市场,为发展生态 NGO 奠定基础。为了改善生态政府与生态 NGO 之间的信任关系,政府应提升社会资本存量,建立政府与生态 NGO 之间的信任,推进两者一体化进程获得实现。

四、西部地区政府生态职能之实现路径

(一)建设以循环经济为主导的生态经济体系

1. 构建循环经济型工业

首先,西部地区政府要调整优化工业结构,要按照新型工业化的发展要求,加快生产力布局,逐步形成有利于资源节约和环境保护的工业体系。建立健全环境准入制度,大力发展资源利用效率高、污染物排放强度低的产业,坚决淘汰技术落后、浪费资源、污染严重的产业和产品,进一步优化传统产业技术结构和产品结构。同时,西部地区政府要根据各地的生态环境实际,合理进行生态功能区规划,切实保护生态环境脆弱区、重要生态功能区、风景旅游区、水源保护区等重要生态环境敏感地区。

其次,西部地区政府要积极培育循环经济型行业和企业,建立清洁生产组织管理体制,大力开展节能、节水、节材和资源综合利用工程,实现增产减污。实施工业园区企业生态化战略,鼓励废物的循环利用,形成生态工业群体。通过废物交换、循环利用、清洁生产等手段,形成企业共生和代谢的生态网络,促进不同企业之间横向耦合和资源共享,物质、能量的多级利用、高效产出与持续利用。

最后,西部地区政府要大力发展环保产业,积极培育环保企业和集团,大力研发和推广环保技术、工艺和产品,特别是要加强工业废水、城市生活污水、城市固体废物等生态化处理,发展环保服务业,加快推行环保设施运营的市场化、社会化、企业化和专业化。完善再生资源回收体系,实行垃圾分类回收,开发利用"城市矿产",推进秸秆等农林废弃物以及建筑垃圾、餐厨废弃物资源化利用,发展再制造和再生利用产品,鼓励纺织品、汽车轮胎等废旧物品回收利用;推进煤矸石、矿渣等大宗固体废弃物综合利用。

2. 大力发展生态效益型农林牧渔业

西部地区政府要按照"整体、协调、循环、再生"的要求,实施农业产业化经营,加强农业资源良性高效循环利用,大力发展高产、优质、高效、生态、安全农业,建立结构合理的生态农业体系。要加强森林分类经营,实现森林资源开发利用的集约化、生态化,逐步建立起比较发达的生态林业产业体系。要大力发展生态畜牧业和生态渔业,推行畜禽养殖业清洁生产和规模化、标准化养殖,实施"无公害畜产品行动计划",积极推广生态型养殖模式。

3. 发展绿色产业

大力发展节能环保产业,以推广节能环保产品拉动消费需求,以增强节能环保工程技术能力拉动投资增长,以完善政策机制释放市场潜在需求,推动节能环保技术、装备和服务水平显著提升,加快培育新的经济增长点。实施节能环保产业重大技术装备产业化工程,规划建设产业化示范基地,规范节能环保市场发展,多渠道引导社会资金投入,形成新的支柱产业。加快核电、风电、太阳能光伏发电等新材料、新装备的研发和推广,推进生物质发电,生物质能源,沼气、地热、浅层地温能、海洋能等应用,发展分布式能源,建设智能电网,完善运行管理体系。大力发展节能与新能源汽车,提高创新能力和产业化水平,加强配套基础设施建设,加大推广普及力度。发展有机农业、生态农业,以及特色经济林、林下经济、森林旅游等林产业。比如,贵州省大规模调整种植业结构,因地制宜把蔬菜、茶叶、食用菌、精品水果、中药材等绿色优势产业补上去。贵州省政府办公厅为此专门下发关于打赢种植业结构战略性调整攻坚战的通知,该通知提出,15度坡以下的耕地,主要改种蔬菜、食用菌、草本中药材等高效作物;15—25度坡耕地主要改种蔬菜、中药材、茶叶、精品水果等;25度坡以上的耕地全部退耕还林还草,还林以经果林为主,大力发展林下经济。

4. 加快发展生态友好型服务业

西部地区政府要大力推进生态友好型服务业发展,打造绿色流通渠道和交易体系,将当地生态旅游资源优势与自然、历史文化遗产保护结合起来,发展生态旅游业。如广西要重点着力打造桂林山水、北海银滩、德天瀑布、百色天坑、金秀大瑶山、资源丹霞地貌等六大生态旅游品牌。西部地区政府还要按照绿色市场标准,鼓励开设无公害食品、绿色食品、有机食品专柜,成立"绿色商店""绿色超市",培育"绿色市场"。比如,重庆市要求各区县(自治县)商务局、有关商贸行业协会,利用媒体、会展平台等多种方式,加强绿色商场、绿色饭店、绿色市场的宣传推广工作,培育消费者绿色消费观念,引导从消费生态有机食品向消费绿色家电、绿色建材等有利于节约资源、改善环境的商品和服务拓展,鼓励商品包装从奢华过度包装向方便简洁包装转变。

（二）建设可持续利用的资源保障体系

西部地区政府要贯彻"在保护中开发、在开发中保护"的原则,合理规划、开发自然资源,实现自然资源的集约化利用,提高自然资源的综合利用率,增强自然资源对经济社会可持续发展的保障能力。

一是加强水资源的保护和优化配置,实施水(环境)功能区划管理,建立健全取水许可和水资源有偿使用制度,加强水资源的监控和监督,全面掌握水资源状况。比如,四川省达州市着力构建水源保障工程体系、功能完备的防灾减灾体系、碧水长清的生态保护治理体系、多元化水利融资体系等"四大体系",始终坚持生态优先、绿色发展,全力推进水生态文明建设,优化全域水资源配置,全面强化河长制、湖长制,构建党政同责、部门联动、统筹有力、监管严格的河湖管理保护机制,完善湖泊水域、岸线、水生态等监测体系,健全完善公众参与机制,构建起河畅、水清、岸绿、景美的和谐达州。

二是加强土地资源的合理开发利用,严格保护耕地资源,建立健全占用耕地补偿制度、基本农田保护制度、非农业建设占用基本农田许可制度和补划制度。要进一步优化土地利用布局,严格控制建设用地规模,提高土地集约利用和节约利用水平,实现区域经济布局、人口分布、土地承载能力相互协调。

三是切实加强森林资源保护管理,严格执行采伐限额制度,确保森林资源总量持续增长。还要大力保护生态公益林资源,加强对森林资源的动态监测与评价,努力提高森林覆盖率和林木蓄积量。

四是加强矿产资源规划、开发、监督管理,科学划定矿产资源禁止开采区、限制开采区和允许开采区,规范矿产资源开发市场,提高矿产资源综合开采和利用水平。

五是加强生物资源保护,合理规划生物资源保护利用,加强生物资源就地、异地保护和基因库建设,建立生物资源增殖、物种及其产品经营的管理体系。

六是加强清洁能源和可再生能源的开发利用,优化能源生产与消费结构,大力开发利用太阳能、风能、潮汐能、生物能、地热能等可再生能源。比如,2019 年 9 月 19 日,中国大唐集团有限公司与广西壮族自治区人民政府在南宁签署《新时代全面深化战略合作框架协议》,双方将全面深化战略合作,重点加强清洁能源投资开发,推动广西能源产业化发展。根据协议,大唐集团将充分利用红水河流域电源规模、集控梯级调度、安全生产运营等方面优势,全面落实水电规模扩机、龙滩水库消落区新建水电规模,积极探索"沿红水河"区域水、风、光和上下游产业互补的新模式,在百色、河池、来宾等"沿红水河"区域进行清洁能源综合开发,打造红水河流域能源经济走廊。同时,大唐集团将积极参与广西城市新能源示范的规划建设,推进分布式能源开发、冷热电联供等综合能源服务。

(三)建设山川秀美的生态环境体系

西部地区政府要切实加强环境监管,严格执行环境影响评价制度、污染物排放总量控制制度和排污许可证制度,力争从源头上防治污染和保护生态,确保生态安全。

1. 加强环境污染综合防治

西部地区政府要以饮水安全为重点,加强水污染防治和水质目标管理,保护好饮水水源,严格限制高污染行业的发展,统筹供水、用水、节水与污水再生利用。要加强大气污染防治,严格控制各类大气污染物排放,尤其是要抓好火电、钢铁、有色冶炼、化工、建材等行业的大气污染,切实提升空气质量。要加强固体废物污染防治,加快资源化、减量化、无害化、循环化步伐,加强城镇生活垃圾分类收集及无害化处理。要加大农村环境保护力度,加强农业和农村环境污染防治,加强村庄环境综合整治,加强农产品产地环境的监督性监测,实施农业环境质量定期评价,实现农村小康环保。

2. 切实保护好自然生态

一是建立重要生态功能保护区。西部地区政府要结合当地生态环境实际,根据国家相关法规政策,在一些具有重要水源涵养功能和生物多样性关键区域建设一批生态功能保护区,确保流域区域生态平衡和生态安全。

二是加强自然保护区建设和管理。西部地区政府要加快自然保护区的规范化建设,加大对自然保护区的经费投入,对自然保护区的生态保护进行科学评估,努力提升自然保护区的管理水平。比如,云南省是我国西南生态安全屏障和生物多样性宝库,承担着维护区域、国家以及国际生态安全的战略任务,生态区位极为重要,生物多样性保护极其关键。云南省把自然生态保护作为首要任务,把生态修复治理作为核心使命,把绿色发展作为重要内容,把改革创新作为动力源泉,强化落实监管责任,建立健全长效机制,全面提升云南省自然保护区保护管理水平。截至 2017 年底,云南省已建立各种类型、不同级别的保护区 161 处,总面积 286.41 万公顷,占全省土地面积的 7.3%,全省90% 的典型生态系统和 85% 的重要物种得到有效保护,初步建成布局合理、类型齐全的自然保护区网络体系。

三是强化资源开发生态监管。西部地区政府要切实加强对农业、林业、畜牧业、矿产、水、海洋、旅游等资源开发活动的生态监管,不仅要防止新的人为生态破坏,而且要监督落实生态保护和生态恢复的效果。比如,广西于 2018年 10 月出台了《广西矿产资源开发利用及执法监管工作实施方案》,在全区开展矿业权出让及矿产资源开发利用和执法监管工作,督促地方国土资源主管部门合理设置砂石采矿权,严厉查处违法违规设置及出让砂石采矿权行为;督促矿山企业依法实施矿产资源开发利用方案,严厉打击不按照批准的开发利用方案施工;严厉打击未取得采矿许可证擅自采矿,擅自进入国家规划矿区、对国民经济具有重要价值的矿区和他人矿区范围采矿及超越批准的矿区范围采矿等违法违规行为,以维护良好的矿产资源开发秩序,促进矿山安全生产水平的提高。

3. 加大生态修复和重建力度

首先,西部地区政府要建立以森林为主体的生态屏障,充分发挥生态系统的自然修复功能,保护好自然植被和生物多样性。其次,要加强地质环境保护,加强矿山和重大地质灾害区的生态治理,推进地质灾害危险性评价和滑坡、崩塌、泥石流、地面塌陷等地质灾害防治。再次，要开展重点江河水生态系统保护与修复试点，实施补水工程、污染防治、生物护岸、河道清淤、退耕还泽、生物多样性保护等措施，发挥自然生态功能。

（四）建设人与自然和谐的人居环境体系

西部地区政府要稳定人口生育水平，减轻资源环境压力。坚持走新型城镇化道路，不断完善城镇基础设施和公共服务设施，逐步形成大中小配套、布局合理、各具特色、优势互补的生态城市和生态集镇以及生态社区，为居民提供良好的人居环境。西部地区政府要按照社会主义新农村建设和乡村振兴战略的要求，科学规划乡村体系，建设具有民族特色和区域风情的生态村庄。比如，近年来，贵州省加大农村人居环境整治工作力度，深入实施"四在农家·美丽乡村"六项行动计划和"10+N"行动计划，出台《贵州省传统村落保护和发展条例》，编制实施《贵州省村庄风貌指引导则》《贵州省农房风貌指引导则》《贵州省乡村污水治理三年推进方案（2018—2020 年）》《贵州省推进"厕所革命"三年行动计划（2018—2020 年）》《贵州省农村"组组通"硬化路三年大决战实施方案（2017—2019 年）》等，加快建设农村水、电、路、讯、房、寨基础设施和公共服务设施，对村庄建筑风格、乡土风情、村落风貌、田园风光、特色产业等进行个性化指导，突出"一村一品""一村一景""一村一韵"，农村人居环境不断得到整体改善。

（五）建设体现现代文明的生态文化体系

一是提高全民生态文明意识。西部地区政府要高度重视生态文明的宣传教育工作，通过媒体宣传、学校教育、干部培训等形式，大力开展人口、资源、环境国情省情教育、生态环境警示教育和节约资源保护环境主题宣传活动，积极培育生态文化、生态道德，使生态文明成为社会主流价值观，成为社会主义核心价值观的重要内容。从娃娃和青少年抓起，从家庭、学校教育抓起，引导全社会树立生态文明意识。把生态文明教育作为素质教育的重要内容,纳入国民教育体系和干部教育培训体系。将生态文化作为现代公共文化服务体系建设的重要内容,挖掘优秀传统生态文化思想和资源,创作一批文化作品,创建一批教育基地,满足广大人民群众对生态文化的需求,不断增强公众的节约意识、环保意识、生态意识,提升生态文明素质,形成人人、事事、时时崇尚生态文明的社会氛围。同时,以企业为主体推进绿色生产,推动企业建立适应资源节约型、环境友好型社会要求的生产方式,鼓励企业积极推行生态设计、清洁生产,开发生产环保型、节约型产品。

二是培育绿色生活方式。西部地区政府要倡导勤俭节约的消费观,广泛开展绿色生活行动,推动广大民众在衣、食、住、行、游等方面,加快向勤俭节约、绿色低碳、文明健康的方式转变,坚决抵制和反对各种形式的奢侈浪费、不合理消费。积极引导消费者购买节能与新能源汽车、高能效家电、节水型器具等节能环保低碳产品,减少一次性用品的使用,限制过度包装。大力推广绿色低碳出行,倡导绿色生活和休闲模式,严格限制发展高耗能、高耗水服务业。在餐饮企业、单位食堂、家庭全方位开展反食品浪费行动。党政机关、国有企业要带头厉行勤俭节约。倡导绿色文明健康的生活方式,在全社会推行有利于资源节约、环境保护的生产方式、生活方式和消费方式,实现人与自然和谐、良性互动。

三是鼓励公众积极参与。西部地区政府要完善公众参与制度,及时准确披露各类环境信息,扩大公开范围,保障公众知情权,维护公众环境权益。健全举报、听证、舆论和公众监督等制度,构建全民参与的社会行动体系。建立环境公益诉讼制度,对污染环境、破坏生态的行为,有关组织可提起公益诉讼。在建设项目立项、实施、后评价等环节,有序增强公众参与程度。引导生态文明建设领域各类社会组织健康有序发展,发挥民间组织和志愿者的积极作用。

(六)建设科学、高效、稳定的能力保障体系

西部地区政府要把科技发展的重点放在资源节约利用、环境保护和公共

安全保障上,以提高资源综合利用效率和延长产业链为目标,加强当地优势资源的综合利用与产业化技术研究,重点研发区域性环境污染的综合防治技术、退化生态系统的修复重建技术、重点产业清洁生产技术、废物资源化技术、生态环境监测评估技术、关键共性技术等,力争取得突破性成果,解决制约经济社会发展的重大瓶颈问题。

第六章　西部地区生态问责制的构建

　　我们要从内部运行机制和外部配套机制两方面构建西部地区政府责任追究机制。通过内部运行机制和外部配套机制相互作用,共同促进,形成西部地区生态文明建设的良性运行模式。

　　要实现生态责任追究效果的最大化,既要加强同体问责,也要重视异体问责。因为同体问责具有较大的局限性,有时候会造成责任追究不到位或者追究软体化,只有加强异体问责,发挥社会各界的监督作用,实现生态责任追究主体多元化,才能形成强大的问责合力,有效约束地方政府的环境行为。因此,我们要转变生态责任追究主体职能,把单一的事务性追究转变为事务性追究、财政性追究、制度性追究等多种形式并存。在实践中,我们可以成立由专业学者、环保部门、普通群众等构成的地方生态责任追究委员会,负责专门的生态责任追究。同时,要不局限于传统的信访举报、直接举报、书信举报等监督方式,要拓宽生态监督的新途径,特别是要充分利用信息时代的新媒体媒介进行生态环境监督。如 2015 年福建开通专门负责环境污染问题举报的微信新媒体平台,该平台具有"短平快"的特点,一定程度上确保了地方政府生态责任追究机制的落实。

　　为了充分发挥生态责任追究机制的效能,我们要合理拓宽责任追究范围,合理界定责任追究标准,做到追究过程中的党政同责,也要对一般的失职行为,如地方政府及官员的隐性失职、生态决策失误、用人不当、平庸无为、违反可持续发展和利益短视等行为追究责任,增强地方百姓对地方政府的信任。同时,生态责任追究,不是当地党委和政府的"独角戏",而是一场全民参与的"大合唱"。

因此,我们必须兼顾创新和继承,参考国外的生态问责方式,结合中国实际,构建有中国特色的多元异体生态问责制,我们要以中国共产党领导为核心,以权力机关问责为关键,充分发挥新闻媒体和人民群众的问责力量,增强司法机关问责的独立性,加大民主党派参政议政和民主监督的力度,创新西部地区政府生态责任追究机制。

一、加强西部地区权力机关问责

由于人民代表大会是我国的民意代表机关和最高权力机关,是最重要的异体问责主体,因此,启动地方各级人大及其常委会对政府及其官员的刚性问责,是具有权威性和实效性的刚性问责方式,是我国行政问责制改革的突破口,也是建立行政问责机制的核心内容,是实现政府工作透明化、公开化、合理合法化以及转变政府职能的切实有效的路径选择。[①] 就生态问责而言,立法机关的问责具有最高法律效力,尤其是我国人民代表大会具有吸纳民意的作用。因此,西部地区必须强化权力机关问责,强化人大对政府落实环境保护责任的常态化监督作用,建立以人大为中心枢纽的问责机制,督促政府不断深化环境保护工作。

(一)进一步完善质询权

人大代表行使质询权是人大监督政府工作最重要的方法。根据《中华人

---

① 卢智增:《论服务型政府的问责体系构建》,《"建设服务型政府的理论与实践"研讨会暨中国行政管理学会 2008 年年会论文集》2008 年 12 月。

民共和国宪法》《中华人民共和国各级人民代表大会常务委员会监督法》等有关法律文件的规定,人大在启动问责程序过程中,可以行使质询权、调查权、罢免权和撤职权,而且受质询的机关必须答复。《中共中央关于全面深化改革若干重大问题的决定》指出,要进一步完善人大工作机制,"通过询问、质询、特定问题调查、备案审查等积极回应社会关切"。询问或质询是各级人大代表及其常委会组成成员对本级人民政府及其部门工作中的不足提出意见,要求有关部门作出合理解释的一种活动。询问或质询可以采取口头以及书面的形式进行,这种通过质询权问责政府官员的制度,效果更好,可以解决一些悬而未决的问题。我们可以在地方组织法和监督法中明确规定,质询案由地方人大常委会主任会议决定,并要求受质询机关予以答复,实施质询案"动议即生效"的程序效力。① 这样才能发挥质询权督促政府的威慑力,提高问责工作效率。

(二)进一步完善"工作评议"方式

根据《中华人民共和国宪法》《中华人民共和国各级人民代表大会常务委员会监督法》的规定,人大对行政机关的监督主要通过以下五种方式:一是审查行政机关的行政法规、决定和命令;二是听取和审议政府工作报告;三是质询和询问;四是建议、批评和意见、受理申诉、控告检举;五是罢免、撤职与撤销。除了以上五种方式,各地人大在实践中不断创新,产生了工作评议和述职评议两种新的监督方式。人大通过专项工作评议的方式评议政府工作的成效,突破了人大会议监督的传统,扩大了人大监督的渠道,增强了人大监督效果。② 如《湖南省县级以上人民代表大会常务委员会述职评议工作条例》规定,对政府负责人的评议一般采用书面述职评议的方式。有的地方人大把评议"一府两院"作为工

---

① 田必耀:《人大怎么问责——监督法与人大问责路径选择》,《人大研究》2013 年第 5 期。
② 李学文:《论人大制度下权力机关对行政机关的监督》,《山西广播电视大学学报》2010年第 3 期。

作的中心,同时,除了对行政副职进行评议之外,对行政正职也要进行评议。①

地方人大要坚持评议调查全面有度、评议方式纵深有序、评议反馈持续有力,对地方环境保护工作开展切实有效的评议,摒弃"走马观花",坚持"入木三分",推动评议工作常态化、长效化,提升监督工作水平。比如,可以采取跨年度"回头看"的"利剑行动",组织人大代表调研走访、现场视察、召开座谈会等,"明察"与"暗访"双管齐下,全面摸清当地环境保护工作情况,并要求地方政府进行自查自纠,查摆薄弱环节,必要时可启动约谈,确保评议工作常抓不懈有动劲,以评促改有震慑。

（三）建立环境监督信息员队伍

地方人大可以通过聘请环境监督信息员,建立环境监督信息员队伍,协助人大依法开展环境监督工作。环境监督信息员可以从当地党代表、人大代表、政协委员、民主党派和无党派人士、群团组织有关人员、法律工作者、劳动模范、基层群众等群体中选聘。特别是要注重从技术水平高的环境评估机构中选聘,这样可以有效解决地方人大环境监督技术力量缺乏问题,让人大环境监督更为精准、有力、有效,为地方打赢环境整治攻坚战贡献人大力量。环境监督信息员主要负责在本区域内宣传环保法律法规、方针政策,提高群众的环保意识;监督本区域内的环境违法事件,及时发现、拍摄环境违法事件的影像资料,并向人大环资委报告。

（四）健全地方人大问责制度

根据我国法律规定,全国人民代表大会具有监督、审查、质询、罢免等权力,并可以组成专门的调查委员会,对特定问题进行专门调查,根据调查报告作出决议。但由于这些权力只有当发生重大环境影响或违法事件时才能行

---

① 　杨志勇:《问责政府:人大评议开先河》,《南风窗》2004 年第 4 期。

使,再加上全国人民大表大会机构设置的特殊性,使得环境问责的延续性受到影响,立法机关问责的作用不能得到有效发挥。为解决这一问题,我们要构建以人大为问责主体中枢的问责体系,应该以法律的形式确定人大在生态环境方面独立行使监督权的权力,保证其权力的独立性,确保人大监督政府生态环境违法行为更具有权威性。同时,在地方各级人民代表大会专门委员会下成立专门问责机构,成立生态环境调查小组,对当地的生态环境问题进行专项调查与监督,强化权力机关问责,促进地方环境保护工作的合法化、程序化。

二、完善生态法律问责

邓小平曾经指出:"制度好可以使坏人无法任意横行,制度不好可以使好人无法充分做好事,甚至会走向反面。"[1]在十八届中央纪委二次全会上,习近平总书记强调,要加强反腐败国家立法。制度的最高级形态就是法律,完善生态问责制的关键环节,就是要推行法律制度问责,建立健全司法问责的有效机制,把权力关进制度的笼子里,把钥匙交给人民,形成"老虎""苍蝇"一起打的高压态势,形成不敢腐的惩戒机制、不能腐的防范机制、不易腐的保障机制,实现问责制度化、法律化。

(一)建立健全生态问责法律制度

《中共中央关于全面深化改革若干重大问题的决定》指出:"建设生态文明,必须建立系统完整的生态文明制度体系","对造成生态环境损害的责任者严格实行赔偿制度,依法追究刑事责任"。严格的行政执法是生态环境保护工作有效推行的保障,没有规矩不成方圆,只有加强和完善生态环境立法建设,才能使生态环境保护工作有法可依,有章可循,才能对政府官员的违法行

---

① 《邓小平文选》第二卷,人民出版社1994年版,第333页。

为起到震慑作用,同时依据法律,对其行为进行责任追究,加大问责力度,从而在一定程度上杜绝违法行为的再次发生。

加强和完善西部地区政府生态责任追究制度应该以法规性追究为主,只有制定一系列法律法规,规范生态文明建设标准,才能追究相关责任人的法律责任,保证生态平衡与协调发展。因此,我们要依靠法律反腐,加强顶层制度设计,加快法律制度建设,使之具有可操作性,从而实现问责法律化、刚性化、硬化,也实现问责制的细化、量化。党的十八届四中全会进一步指出,要完善惩治和预防腐败体系,加快反腐败国家立法,形成不敢腐、不能腐、不想腐的有效机制。

西部地区政府生态责任追究要落实到制度层面,必须通过法律的形式加以固定。当前,我国已经形成了一定数量的环境保护相关法律,但仍然还不够健全。我国已经形成了依法治国的基本方略,因此西部地区应依据当地实际情况,充分运用法治思维和方式,发挥地方立法优势,完善生态立法,制定环保法规,确定生态责任的具体条件。同时,由于西部地区生态治理中仍然面临着"违法成本低、守法成本高"的问题,因此,有必要完善执法过程的实施以及加大对违反环境保护的处罚力度,真正发挥生态法律的约束作用。只有这样,才能实现西部地区政府生态责任追究制的法律效应和约束力度。

其一,要明确生态问责法律地位。我们要在《中华人民共和国宪法》《中华人民共和国环境保护法》《中华人民共和国公务员法》等相关法律中明确环境问责的地位。第十三届全国人民代表大会第一次会议通过的宪法修正案将"生态文明"明确写入宪法内容,将生态文明建设纳入战略发展的高度,体现了党和政府对生态文明的重视。党的十九大以来,习近平总书记曾多次提及生态环境问题,并将"生态文明建设"纳入中国特色社会主义"五位一体"总体布局和"四个全面"战略布局。在生态文明建设中,生态环境问责制度是有效规制公共部门行政行为的重要工具。以此为契机,在《中华人民共和国环境保护法》《中华人民共和国公务员法》等相关法律中明确环境问责的相关内容,有利于提升环境问责的法律地位,增强其权威性。

其二,我们要整合《中华人民共和国公务员法》《党政领导干部辞职暂行规定》《中国共产党党内监督条例》等,尽快制定全国性的、统一的、专门的"官员问责法""生态问责法"。当前,我国立法模式更倾向于单行法模式。就生态问责立法而言,不同环境单行法中的规范条款存在着不便于协调操作的问题。整合制定全国性专门的生态问责法,统一中央及地方的生态问责相关法律规范,详细规定各条款的效力大小及适用范围,不仅能有效解决环境问责法律条款交叉化的内在冲突问题,还能提高环境问责法律位阶,增强其法律效力。它可以作为一个统一的标杆来引导基层政府依法问责,将官员问责的主体、客体、程序、范围、标准等内容以法的形式确定下来,改变问责客体的被动性,使所有政府官员在责任面前人人平等,避免因问责措施不完善而出现"替罪羊""丢车保帅"的情况,同时改变地方性规章制度的零散性和差异性的现象,让地方问责制度向着一个整体、统一的方向完善。与此同时,进一步建立健全科学严格的决策责任追究制、公开明晰的行政执行责任制、客观公正的政策评估责任制、行政过错追究制等问责制度。

其三,要完善现有生态问责制度规范。完善现有环境问责制度规范,一方面要加强立法。我国环境问责制度法律建设虽有一定发展,但从当前现实来看,目前的环境问责立法还不健全,具体体现在环境问责配套制度不完善上。当前,我国环境问责立法规范更倾向于环境问题责任追究惩戒等方面的规定,而对于问责客体救济诉求、问责官员复出机制等利益诉求相关规定则较少涉及。此外,环境问责不是一套单一的制度体系,它依靠环境信息公开、环境诉讼、环境审计、环境影响评价等一系列相关制度建设发挥作用。健全环境问责立法规范,必须填补《中华人民共和国行政诉讼法》《中华人民共和国公务员法》等相关法律环境问责客体利益诉求的立法空缺,完善《中华人民共和国政府信息公开条例》《中华人民共和国环境影响评价法》等配套制度法律建设相关内容。另一方面,要完善体制和法律规定。2014年修订颁布的《中华人民共和国环境保护法》进一步规定和明确了政府环境责任,实行最严格的环境保护制度,确定了其基本法的功能。在此基础上,应该对其他环境问责相关单行法律规定进行修订完善,将环境问责纳入制度化、法制化轨道。地方政府要注重收集环境保护法律法规执行过程中遇到的问题,适时向上级提出建议,尽快修订完善环境保护法律体系,加强在该领域的生态安全立法,促进环境经济政策法制化。

其四,要细化生态问责相关规定。随着党和政府对生态文明的愈发重视,我国环境问责制度法律规定也逐渐完善。但在实际操作过程中,环境问责效果并不明显。其主要原因是我国环境问责相关法律规定大多是实体性规范,条款内容规定不够具体和明确,在实际操作中自主性大。针对环境问责规定不够具体、可操作性不强的问题,环境问责立法应做到实体性规范与程序性规范并行。在不断健全环境问责实体性规范的同时,加快程序性立法。明确环境问责对象、问责主体、问责范围、问责程序、责任形式及后果承担等具体性内容,对环境问责程序的发起、启动、调查取证、责任认定、作出决定、处理结果等各环节具体内容进行科学规范,联系操作实际,不断细化与完善相关细节规定,规范自由裁量权,保障环境问责制度有效运行。

国务院办公厅于2014年11月印发了《关于加强环境监管执法的通知》,这开创了生态责任法规性追究机制的先河,体现了国家在生态保护上的坚定决心,具有很强的约束力与震慑力。《关于加强环境监管执法的通知》规定了一些生态责任追究的内容,一是如发生比较严重的环境破坏或者损害事件,并被确认无疑的,将对地方政府进行彻底的责任追究,即生态责任终身追究制;二是对利用职权阻碍环境保护部门及相关单位进行环境维护和生态协调的,要追究相关责任。只有将生态问责制真正纳入制度化、法制化、程序化的轨道,才可以形成相互衔接、相互配套的问责制度体系,行政问责制才能更好地发挥作用。

此外,为了更加有效地加强对地方政府官员的问责,各地应该在中央的统一部署下,结合各地实际情况,发挥地方立法权,对关于官员问责的法律法规进行细化,加强地方立法,制定并完善生态环境保护的地方性法规,增强可操作性,增强对地方政府官员问责的实效性,加快地方生态文明建设。2015年3月15日,十二届全国人大第三次会议通过关于修改立法法的决定,赋予所有设区的市地方立法权。2015年7月22日,广西壮族自治区十二届人大常委会第十七次会议,决定赋予柳州、桂林、梧州、北海、钦州、玉林等六个设区的市拥有地方立法权,可以针对城乡建设与管理、环境保护、历史文化保护等方面的事项制定地方性法规。东部地区的广东省在这方面走在前列,先后出台一系列文件,建立起与生态挂钩的干部政绩考核机制,把生态考核结果作为领导干部选拔任用、奖励惩戒的重要依据,并对领导干部实行生态责任终身追究制。西部地区的桂林市为了加强漓江母亲河的生态环境保护和治理,向上级部门申请从2012年1月1日起正式施行《广西壮族自治区漓江流域生态环境保护条例》,首次将科学保护漓江生态提升到法律层面。①

(二)加强司法机关对环境违法行为的审查

在中国,司法机关的问责主要通过行政诉讼和行政审判实行。相较于行政机关而言,司法机关问责具有较大独立性,能最大限度地保证问责结果的公正公平。司法机关的主要功能是监督和保障政府工作合理运行。健全司法机关问责,要做到放权与规制相统一。一方面,要增强司法机关的独立性,拓宽生态环境行政诉讼渠道、扩大诉讼范围、增加诉讼类型,加大对公共部门领导干部及工作人员生态环境损害行为的审查力度。同时,司法机关还可建立环境法庭,针对公共部门行政行为造成的环境损害问题进行专门问责,强化司法机关问责作用。比如,重庆市法院系统于2011年12月在万州、渝北区法院试点设立环境保护审判庭;2014年10月在黔江、涪陵、江津区法院设立环境资源审判庭,分别集中审理五个中院辖区的一审环境资源案件;2016年3月在

---

① 陈娟:《生态文明,只有起点没有终点的命题——桂林创建全国生态文明建设示范区综述》,《桂林日报》2013年6月4日。

重庆市高级法院、五个中级法院同时成立了环境资源审判庭,在全国率先建立起三级法院纵向全覆盖的环境资源审判组织体系,有效解决了环境资源案件地方保护问题,确保了案件审判的公平公正。三级法院环境资源审判庭作为专业审判组织,均采取刑事、民事、行政案件"三合一"归口审理机制,统一审理与环境资源有关的各类案件,实现了环资案件审判的专门化。同时积极借助外力,选聘106名环境保护法学、环境污染防治与评估、环境致人身损害等领域的专家,组建环资审判专家库,提高环资审判专业化水平。①

另一方面,要规范司法机关审判程序,并将审判过程、审判结果等各环节信息及时向社会公开,接受社会监督,增强环境问责的透明度。比如,重庆市三级法院着力加强对环资案件的理论研究与实践探索,以司法体制改革为引领,创新审理机制,完善裁判规则。渝北区法院总结多年审判经验,形成"三段五环"审判法(即诉前、诉中、诉后三个阶段,诉前协调、审前阻却、综合认证、判后修复、倡议建议五个环节),荣获"全国生态环境法制保障创新制度最佳事例奖"。针对生态环境修复案件如何执行尚无明确法律依据的问题,重庆市三中法院、黔江区法院探索建立生态环境修复执行跟踪机制,建立执行档案,确保生态修复实效。为防止污染行为发生或恶化,万州、涪陵等法院探索试行环境保护禁止令制度,对可能发生或正在发生的生态环境损害行为予以禁止,对环境资源犯罪人员进行从业限制。为解决集中管辖可能造成诉讼不便的难题,各集中管辖地法院采取巡回审判、流动法庭等方式,减轻当事人诉累。②

(三)建构多维化的生态问责主体,明确生态问责对象

政府生态责任追究制度是一种政府生态责任确认和问责的制度,因此,必

---

① 《重庆市人大监察和司法委员会关于全市法院环境资源审判工作情况的调研报告》,《重庆市人民代表大会常务委员会公报》2019年第3期。

② 《重庆市人大监察和司法委员会关于全市法院环境资源审判工作情况的调研报告》,《重庆市人民代表大会常务委员会公报》2019年第3期。

须明确有效的特定问责主体。有效的政府生态责任追究应是同体问责与异体问责相结合,建构多维化的生态责任追究主体。《中华人民共和国各级人民代表大会常务委员会监督法》第五条规定:"各级人民代表大会常务委员会对本级人民政府、人民法院和人民检察院的工作实施监督,促进依法行政,公正司法。"因此,西部地区政府要加强人大在异体问责中的主体地位,充分赋予人大对政府生态环境违法行为的问责权,强化人大的生态问责权。此外,司法机关可以对政府机构滥用行政权对公众环境利益造成损害的行为进行问责;加大新闻媒体的问责力度可以产生舆论压力,促使政府改正错误的决策或行为;公民是政府活动的直接参与者,强化社会公众对政府环境行为的监督力度,可以有效地促进政府努力提升自身的服务意识。因此,要增强新闻媒体与社会公众的参与意识,提高其问责政府环境行为的积极性。

为了实现生态责任追究的有效性,必须要明确问责对象。只有明确问责对象,才能对政府在生态环境保护中的违法行为进行全面的责任追究。因此,有必要在生态环境立法中明确行政机关及其行政人员各自的职责,要合理区分中央政府和西部地区政府的环境责任与义务、国家和西部地区政府环保部门各自的职责问题,进而明晰中央政府和西部地区政府关系的法制化,成为代表不同权利和利益的法律主体,从而明确具体的问责对象。权责一致原则强调权力与责任是对等的,有多少的权力就应该承担多少的责任。所以,要追究责任就要明确各级政府、各部门、各级领导以及涉及相关生态环境保护的其他部门的职责和责任。可以通过建立一个合理明确且具体的生态环境保护职责体系,使其各部门和行政人员明确自己的职责、职权范围,进而可以有效地避免因职责交叉所带来的责任推卸等问题。

(四)加强环境执法,严惩环境违法行为

加强司法保障是环境治理的有效途径,人民法院应当在法律授权的范围内,充分发挥司法作为维护环境正义最后一道防线的功能作用,推动形成环境

行政主管部门主导、企业承担社会责任、公众积极参与、司法有效保障的多元共治的环境治理格局。以线下协调联动机制为蓝本,逐步探索以互联网为载体,联合相关政府部门和单位共同打造生态环境司法保护线上一体化平台,将生态环境综合治理从前端的线索发现到后期的修复实现,从部门协同到第三方资源整合,从行政职能行使到司法赋能,实现全流程再造,打造生态环境保护共建、共治、共享的治理新格局。①

因此,为了大力遏制环境违法行为,西部地区政府要加大司法问责执法力度,严厉惩治违法乱纪官员,严厉查办权力寻租行为和侵害群众环境权益的案件,提升执法公信力,使腐败分子"不敢腐"。西部地区政府可以建立环境执法一体化平台,一方面,平台通过"随手拍"微信小程序凝聚社会公众力量,畅通人民群众参与、监督环境治理途径;另一方面,平台整合法院、检察院、公安局、生态环境局以及其他涉环境资源保护相关职能部门等多维主体,设置相应业务板块,实现执法司法数据在线共享,构建高效化解环境资源纠纷的长效机制。同时,西部地区环保部门必须积极贯彻执行相关生态环境保护的法律法规,强化环保队伍的行政执法能力建设,通过召开查处环境违法行为新闻发布会的方式,警示环境违法行为,防止环境污染、生态破坏事故的发生,以改善区域生态环境质量。同时,要改变环保违法成本过低的情况,从严处罚生态环境破坏行为的单位、个人,不设处罚上限,将生态环境破坏造成的损失和环境修复成本计入环保处罚或环保赔偿中,提高环保震慑力。比如,2013年,桂林市环保局对65家涉嫌污水随意排放、固体废弃物随意堆放、废气超标排放等造成环境污染或生态破坏的企业进行了严厉的行政处罚,从而有效保障了桂林生态环境安全。

总之,在我国全面推进政治体制改革和提高政府治理能力的过程中,相对于其他问责方式而言,法律问责更符合社会主义民主发展的要求,更能体现民

---

① 朱莹、徐旭芬:《发挥司法保障作用　助推生态环境保护》,《人民法院报》2019年9月6日。

主性、公正性、彻底性,更有效果,更具有公信力。因此,构建和完善法律问责机制,是实现生态文明的必由之路,是民主政治发展的必然趋势。

三、加强地方党委巡视问责

在西部地区生态文明建设中,我们要建立党委问责机制,充分发挥地方党委的问责作用,以改革创新的精神进一步建立健全党内监督机制,完善地方巡视制度。

为全面从严治党,解决领导干部"四风"和腐败问题,2016 年,中共中央印发了《中国共产党问责条例》,以责任追究制度规范政府行政行为,并于2019 年进行了修订。我们要以此为契机,将生态环境问责与党的问责相结合,落实"党政同责、一岗双责"的要求,协调完善党政领导干部生态环境责任追究、领导干部自然资产离任审计、环保督察和环保约谈等相关制度,建立部门协调联动机制,要加强党内问责,推动压力传导、责任层级落实,形成问责合力。

(一)增强地方党委巡视主体的独立性和权威性

2015 年 8 月修订后的《中国共产党巡视工作条例》印发,为地方党委的巡视工作指明了方向。《中共中央关于全面深化改革若干重大问题的决定》提出,要改进中央和地方巡视制度,实现巡视问责全覆盖。要建立党风廉政建设责任制,制定实施切实可行的责任追究制度,并由党委负主体责任,纪委负责监督。显然,巡视制度已经成为执政党问责的主要抓手,将巡视制度与生态问责有机结合,具有重要的实践意义。

从 2013 年第一轮中央巡视经验来看,中央巡视组工作的有效开展在很大程度上得益于制度的有效安排,独立性对于异体问责的主体至关重要,问责主体只有具备了足够的独立性才能不偏不倚地、有效地展开问责工作。党中央根据《中国共产党巡视工作条例（试行）》的相关规定，建立了巡视组组长库，人选都是省部级正职的官员，巡视组组长在巡视工作开展之前根据所巡视单位的实际情况从组长库中遴选。中央巡视组组长不受被巡视地区和单位的党委和政府领导，巡视组组员坚持地区回避原则。事实上，中央巡视组与被巡视地区和单位是分立的，被巡视地区和单位很难影响巡视组的政治生命和工资待遇，从而使问责主体更加独立，有利于问责主体更好地发挥问责作用。因此，巡视组能够发现更深层次的问题，并且敢于反映问题，提出处理意见和建议，这是一种比较完全的异体监督。

（二）健全地方党委巡视队伍管理体制

首先，地方党委要改变任命方式，责任与绩效并行。党中央在确定新一轮巡视的任务之后，从巡视组组长库中选定巡视组组长，巡视组组长的任期仅限于当轮巡视期间，到期自动卸任。中央巡视组组长不再是一种"职务"而是"任务"，"一次一授权"的任命方式取代了"铁帽子"的任命方式，这意味着此前的组长长期任用制已失效。从某种程度上说，任命方式的改变很大程度上防止了腐败在巡视组组长身上滋生。同时，绩效考核和竞争机制也被引入到巡视组组长任选机制当中，巡视组组员在当期巡视任务中的表现将作为考核的重要依据。

其次，地方党委要合理安排巡视人员，提高问责能力。中央巡视组在选人方面精挑细选，适当授权，把具有丰富社会经验的高级老干部与年富力强、业务素质过硬的中年干部相结合，多元化的巡视人员搭配，有利于及时发现诸多问题，巡视效果明显。按照规定，担任巡视组组长的人员，一般从已经退居二线岗位且未满70岁的省部级官员中挑选，副组长则是从中央纪委和组织部（副部级）中挑选。从第一轮巡视的巡视组组员构成可以看出，本次巡视组的组长都是正部级领导，都有多年从事党务工作的经历，具备过硬的业务素质与工作经验。而且，巡视组组长并不是只有纪检工作和监察工作的经验，这其中还包含原省委书记、现任正部级领导等。巡视组人员还包括下一级的纪检、审计工作人员,人员的多元化构成,有利于问题的发现、甄别和汇报。我们还成立专业化和职业化的问责小组,科学安排小组成员,合理搭配,组织化管理。通过问责小组主要问责,其他主体问责人员辅助监督,强化问责力度,发掘被问责对象失职、滥用职权等问题。其中在科学安排人员时,可挑选一些原则性比较强、素质过硬的领导干部,并遵循适度原则,赋予适当的职权,使得问责工作更有针对性和时效性。

再次,地方党委要引进绩效机制,督促主体主动参与。在目前行政问责的领域中,总体上问责主体都是比较被动的,问责主体一般都是在上级部门提出要求之后,收到相关举报信息或者相关领导干部违规违法行为被媒体、自媒体曝光而展开调查取证工作,进而展开问责工作。党的十八大之后所进行的第一轮巡视,强化了巡视组组长的任务性,对巡视组组长的领导工作能力作出了要求,对其工作成效也给予了重视,这在很大程度上提高了巡视组的主动性,主动去发现党员领导干部的问题,从第一轮巡视的结果来看,巡视效果较之前有了比较明显的提升。因此,在多元化异体问责的问责主体考核机制中引入绩效管理,重视问责主体工作人员履行权利和义务的情况,做出相应的评价,将评价结果与问责主体工作单位效益和工作人员的奖惩、升迁、工资评价和薪酬待遇相挂钩,从而提高问责主体的问责主动性。

此外,地方党委巡视队伍要明确工作重心,着力于发掘问题。地方党委巡视工作任务要更加明确,着力于发现四大主要问题,包括领导干部之间是否存在权钱交易、贪污腐败的问题,是否存在"四风"之害的问题,是否存在违反党的政治纪律的问题,在选人用人方面是否存在买官卖官、违规提拔干部等不正之风的问题。中纪委在巡视工作培训中强调,巡视组的工作重心集中在发现问题上,巡视组本身不可以办案,这样的安排有利于巡视组在有限的巡视时间内,集中精力发现问题,进一步扩大巡视工作的涉及面,深度挖掘问题,发现更多线索。

（三）创新地方党委巡视方式

首先,各巡视组"开门巡访",主动对外公布组长和副组长的名单、巡视组入驻地点、座机号、手机号和邮政信箱等联络方式,建立与地方、群众的联系,拓宽群众反映问题的渠道;其次,巡视组主动出击,以"个别谈话"为主,让街谈巷议也成为最常用的工作方式之一,从而使巡视工作更接地气;再次,采用普查与抽查相结合的调查方式,抽查部分领导干部报告个人有关事项的情况,掌握领导干部的财产情况、家庭成员情况等信息;最后,巡视组在反馈问题上的方式上也有所创新,巡视组不但对巡视单位进行反馈并提整改措施,还明确直白地向中央反映问题。

为了提升问责效率,我们要坚持地方党委巡视方式多样化。一方面,巡视方式要内外相维,左右相制。巡视方式有多种,主要有公开巡视与暗访巡视、表扬式巡视与纠错式巡视,以及事前、事中、事后巡视等。巡视工作的顺利开展,需要巡视人员多动脑筋,分析各种巡视方式的利弊,综合运用多种巡视方式,实现巡视方式多元化、灵活化,有效减少失监、虚监现象的发生,以实现巡视工作的高效能。另一方面,巡视方式要与时俱进,开拓创新。随着巡视工作的不断开展,我们要适当加快巡视节奏,增加巡视力度,拓宽巡视内容,创新巡视方法,如将定期巡视与突击检查相结合,明察与暗访相配套,努力做到"量身定做"巡视方式,增强巡视制度的实效性。[1]

另外,要创新问责渠道,拓宽行政问责信息源。"明察"与"暗巡"、主动出击和个别谈话、抽查与普查、直接向中央反映问题等方面的工作方式创新,把巡视工作在扩大巡视范围的同时做到更具体、更严密。但是,多元化异体问责在取得良好成效的同时缺乏多方面的渠道问责创新,问责主体仅仅通过有限的途径调查问责,制约了问责的效率和广泛性。

---

① 卢智增、林翠芳:《改进完善党内巡视制度问题研究》,《理论导刊》2015 年第 7 期。

创新多元化异体问责,充分利用目前的新兴媒体,开辟网络问责、电视问政等一些实用、有效、成本低、效果好的"信访制度"新渠道,同时保持问责渠道的畅通性。发现问题时,问责主体向问责对象下发"问责预警通知书",要求被问责对象在规定时间内主动汇报问题,然后再作进一步处理。这些多元化的问责途径相互之间构成一个交错的问责网络,以此来增加问责主体的话语权,规范行政机关及其工作人员的行为与工作模式。

四、完善环保督察问责制度

(一)环保督察问责制度的内涵

党的十九届四中全会进一步明确,生态文明建设和生态环境保护是最需要坚持与落实的制度、最需要建立与完善的制度,为加快健全以治理体系和治理能力现代化为保障的生态文明制度体系,提供了行动指南和根本遵循。环保督察问责制度是一项重要的制度。

环保督察问责制度是指督察人员通过对水环境、大气环境等环境质量和生态环境质量展开综合性及专项性督察,采用"督察进驻""督察反馈"和"移交移送"等程序,监督和检查、督办地方党政环保工作相关人员履行职责和落实整改情况的制度体系。环保督察问责制度是环境保护制度的一项核心制度安排,有效校正了领导干部的政绩观、发展观,促进了治污、防污战役向深层推进。

在环保督察问责制度实施的情况下,环保约谈制度随之应运而生。环保约谈制度是指生态环境部各部门按照各自职能约见未履行环保职责或履行职责不到位的地方党政及相关部门主要负责人员,依法进行告诫谈话以及指出存在的相关问题,提出整改要求并督促整改到位的制度。该制度让不作为、慢作为的官员拥有改正错误的机会,也起到了警醒的作用,让这些官员认识到环保对其政治生涯的重要性。

（二）环保督察问责制度的发展历程

1. 第一阶段：以"督企"为核心的区域环保督查中心

2006 年，受国外环保管理形式的启示，为了建设美丽中国以及满足人民对碧水蓝天的迫切需求，我国于 4 月份在湖南株洲、陕西渭南、河北廊坊、湖北鄂州等地开展了区域环保督查试点工作，成立了区域环保督查中心试点。环保督查中心是以一事一委的形式开展工作，对原国家环境保护总局负责，工作内容以检查企业为主，督促地方政府为辅。区域环保督查中心的出现，推动了我国环境监管体制的完善，促进了中央与地方政府的交流，有效协调解决区域性的环境纠纷。但区域环保督查中心是原国家环境保护总局的派出机构，承担着原国家环境保护总局委托，并不指导地方环保业务，区域环保督查中心没有实际的执法权、处罚权，其无权力要求有环保违法行为的地方政府、企业强制整改，出现了区域环保督查中心的环境治理效果并不明显的局面。以"督企"为核心的区域环保督查中心对地方政府的监督职责一直都没能落实，因此，在 2014 年后，国家将"督企"逐渐向"督政"转变。

2. 第二阶段：以"督政"为主的环保综合督查

环境保护部环境监察局在 2014 年就开始将以"督企"为核心的区域环保督查中心转变为以"督政"为主的环保综合督查。"督政"是指下级人民政府及其相关部门履行环境保护职责情况受到上一级环保部门监督检查并提出处理意见，督促其整改落实，重点督查地方政府及有关部门对环境的防治。环保综合督查加快落实了地方政府环境保护的主体责任，进一步优化了我国的环境治理体系。但是在"督政"工作展开不久后，地方党委环保责任被无形地虚化，地方政府在没有党委支持的情况下，环保工作也很难顺利进行。为此，中央决定在"党政同责、一岗双责"原则下将"督企""督政"并重。

3. 第三阶段：以"党政同责、一岗双责"为原则的环保督察

在 2015 年 7 月，《环境保护督察方案（试行）》在中央深改组第十四次会议上审议通过，正式明确建立环保督察问责制度，并规定以中央环保督察组的形式，对省区市党政及其相关环保部门开展环保督察、督办活动。此次的环保督察活动是以"党政同责、一岗双责"的责任体系为原则，它从决策源头监督，既有法律依据，也有政策要求；从污染源头治理，防止污染扩大，防治潜在污染。环保督察全面提升了环境保护在国家执法体系中的地位，有效提高了地方政府和党委的污染治理工作效率。

为了支持中央环保督察组的工作顺利开展，我国 2017 年出台了《重点流域水污染防治规划（2016—2020 年）》《"十三五"挥发性有机物污染防治工作方案》《国家环境基准管理办法（试行）》等文件。中央环保督察组以铁的手腕整治环境污染重灾区，在全国各地掀起"生态问责"风暴，受到了人民群众的广泛关注。作为生态文明建设的重要推手，中央环境保护督察推动了监管执法的全覆盖，强化了环境监管力度，同时也充分调动了公众环境监督的积极性，极大地推进了绿色发展。经过一年多的实践，环保督察问责制度已成为生态环境保护问责的重要抓手，环保督察问责制度也逐渐完善。

（三）环保督察问责制度的特点及功能

环保督察问责制度作为环保督察组的权威保障，有以下四个特点：巡视级别高、实行党政同责、督察压力逐级传导、督察环节严密。

1. 巡视级别高

即督察组是中央层级，统领全国环境保护监督、督办、督促工作。环保督察组的性质是中央环保督察，是国务院成立的工作领导小组，由生态环境部负

责。组长和副组长分别由前任和现任生态环境部副部长担任,成员由生态环境部、中央办公厅和国务院办公厅督察室的人员组成。中央环保督察组代表着党中央、国务院,是中央层级。

2. 实行党政同责

实行党政同责也就是各省级的党委和政府领导成员及其相关工作人员同时成为中央环保督察组督察对象。环境责任不只是党委或政府其中一方的责任,也不仅是领导或工作人员的职责,而是党政相关人员共同需要履行的职责和应尽的义务。环境治污、防污不到位,相关人员一律都要进行约谈、问责。环保督察问责制度中党政同责的特点将各省级的党委和政府的"一把手"推到了环境保护事业的前沿一线,有权必有责,违法必究。党政同责的规定是环保事业的一项重大突破。

3. 督察压力逐级传导

中央环保督察组从省级层面开始督察,逐渐下沉到地市级,实现督察压力逐级传导。环保督察通过上行下效的正向效应,确立各地方党委和政府对环保宣传的鲜明导向,以此逐级传导环保压力和责任,形成整体联动的环保工作局面。此外,环保督察组为确保举报人的人身安全以及督察过程得到的信息不泄露,督察组在运行过程中,参与人员必须签订保密协议书,极大地保护了举报人的人身安全,同时也确保了未公布的督察信息的保密性。

4. 督察环节严密

中央环保督察组负责环保督察工作,由中央选派组长,现任生态环境部副部长担任副组长,组员由生态环境部工作人员组成。为了能够充分发挥环保督察问责制度的效果,环保督察组以督察、交办、巡查、约谈、专项督察为一个环节。督察意为督察工作人员到第一现场发现存在的环境污染问题。交办即涉及各方面环境质量改善的重要问题,由督察组给当地党政领导和相关人员反馈信息和整改要求,并进行交办工作。巡查指督察组巡查各地党政环境整改要求完成状况;约谈即若巡查中发现治理进度缓慢、整改不力,督察组将对地方党政有关领导进行约谈。专项督察是指如果约谈后,相关人员还不作为或慢作为的,便开展专项督察行动,追究责任,保证环保问题得到解决。

环保督察问责制度是督企与督政结合并重的一次变革,是环境保护事业的一项重要制度。它是环保督察组拿在手里的一面执法盾牌,是环境治理的一柄利器,在环保督察组进行环保督察时发挥着不可或缺的作用。环保督察问责制度与其他环境治理制度相比,有着自身不可忽视的优势。

1. 环保督察问责制度加快推进落实"党政同责、一岗双责"

我国环保部门是统一监督管理与相关职能部门分工负责相结合的环境保护行政管理体制,这种体制容易发挥各部门的职能优势,有利于环境行政部门对环境防治的统一监督管理,环保督察问责制度的实行更是加强了生态环境部对地方环境状况的监督管理。以往我国环境治理的责任大多落在地方政府头上,而地方党委则无责一身轻。此外,不属于环境保护部门的相关工作人员对存在的环境问题则置之不理,选择无视这些问题的存在。环保督察问责制度的出现改变了这一局面。环保督察问责制度加快推进落实了"党政同责、一岗双责"制度,要求地方党委与地方政府承担同样的环境保护和监管的责任,要求党政机关及企事业单位的领导和相关工作人员除了履行自身主要业务外,还要承担相应的环境管理与监督责任,真正实现"党政同责、一岗双责"原则。

2. 环保督察问责制度进一步加快生态文明体制改革、美丽中国建设

习近平总书记强调,要"像保护眼睛一样保护生态环境,像对待生命一样

对待生态环境,坚决摒弃损害甚至破坏生态环境的发展模式,坚决摒弃以牺牲生态环境换取一时一地经济增长的做法"①。党的十八大以来,我国一直在加大生态系统保护力度,建立了市场化、多元化的生态补偿机制,完善各种生态环境管理制度。在建立绿色发展体系过程中,环保督察问责制度起着重要作用,加快了生态文明体制改革、美丽中国建设。

3. 环保督察问责制度促进了产业结构的转型升级

散、乱、污问题企业的存在,严重影响到了中国绿色发展道路。治理散、乱、污问题企业成为我国建设生态文明必须解决的问题之一。环保督察问责制度加速了落后产能的淘汰,为环保督察组雷厉风行关闭不合格企业提供了制度保障。因此,环保督察问责制度不仅成为生态环境保卫战的盾牌,也是治理散、乱、污问题企业的利剑。环保督察问责制度促进了产业结构的转型升级,推进了绿色发展理念。

（四）环保督察问责制度实施中的问题

我国环保督察问责制度在环境治理方面取得了不错的成绩,进一步强化了环境治理制度体系,解决了部分历史遗留下来的环境问题,对生态文明建设具有积极的促进作用。但是,环保督察问责制度作为一项新的环境治理制度,在运用基层力量、执法等方面,仍然存在一些不足。

1. 环保督察仍然面临着经济发展与环境保护的两难困境

党的十八大以来,国家一直强调反对"唯GDP论",着力解决"重发展、轻保护"问题,但是面对巨大的经济诱惑,个别地方政府仍然"以牺牲环境换取经济发展"。环保督察组虽然严查环境违法行为,但是在面对"牺牲一点环

---

① 《习近平谈治国理政》第二卷,外文出版社2017年版,第395页。

境,换取大利益"的诱惑时,他们在执法过程中有时容易有意或无意地选择忽视这"一点的环境问题"。此外,个别地方政府官员依旧存在诸如短期内牺牲环境换取经济增长的想法。如湖南岳阳、永州等地为片面追求近期经济增长,出台了影响环境执法的"土政策";山西无视大气环境质量超标和火电产能过剩的严峻环境问题,违规实施低热值煤发电专项规划。面对利益,不少企业老板、政府官员对环保督察发声质疑,只看局部不看长远。又如,从陕西与湖南督察反馈情况对比中发现,湖南的被整改企业、立案处罚、罚款金额、立案侦查案件、被约谈人数和被问责人数均排列第一,分别是 4024 家、1203 家、6351.1 万元、133 件、1382 人和 1359 人。陕西则与湖南相反,收到的举报案件数、被整改企业、立案处罚、立案侦查案件、被约谈人数是最少的,分别为 828 件、69 家、92 家、1 件、104 人。这充分体现了环保督察组能够准确把握检查路径,坚守环境保护红线,扛起环境防治责任,但也说明了个别西部地区的环保督察仍然存在一定不足。

2. 基层力量没有得到充分的发挥

虽然中央环保督察积极鼓励群众参与到环境治理中,也多方面开通了群众举报渠道,但是基层力量却没有得到充分的发挥,公众参与环保督察行动的广度与深度还不够。环境保护中的公众参与主要指的是社会公众在社会发展中对环境保护的维护、参与与认知程度的活动。环保督察虽然鼓励群众举报地方政府以及企业的环保违法行为,但并没有监督群众破坏环境的行为,也没有督促群众从自身做起,做一个绿色环保行为者。在环保督察中,虽然也收到群众举报案件,但是数量较少,这反映了参与到环保督察活动中的群众只有少部分,甚至在这部分群众中有多数人只有在关系到自身利益时才会主动向环保督察组举报。因而环保督察组在对地方进行督察时,要充分发挥基层力量,积极鼓励群众参与到环保督察大军中,与环保督察组一起为绿色发展展开督察行动。

3. 环境执法没有做到全过程的透明化

虽然中央环保督察组也注重信息公开，但仍然存在有时环保执法没有做到全过程透明化的问题。中央环保督察组虽然向社会公开了环保督察反馈信息，也公开了相应的数据，但是在其进行环保督察的过程中有时并没有完全的透明化，导致公众并没有完全了解环保督察的具体环节是如何实施的。环保督察组在进行督察时，在允许跟进的媒体中，除了央视媒体外，只有地方的媒体，其他网络传播平台没有得到跟踪允许。同时，对地方政府和企业各类的环境问题向公众公开不够全面。

4. 有的环境督察执法人员纪律意识不强

环保督察组人员在进行环境监察过程中应严格执法、严以律己，对有环境问题的企业坚决不放过，但仍有个别执法人员知法犯法，接受贿赂。比如，河北省辛集市环境保护局环境监察二中队原队长李建柱作为郑州市环保督察组组长，在河南省郑州市郑东新区白沙镇人民政府环保办原主任王松波和河南省郑州市郑东新区建设环保局工作人员杨亚飞的联系下，接受郑州市郑东新区相关企业贿赂的 1 万元后，将相关企业存在的环境问题进行更改和删减。李建柱作为环保督察组组长不仅不履行自身职责，反而利用职务之便收受财物，随意篡改督察整改信息，是廉洁意识低、抵腐定力不足、自我认知缺乏的表现。而王松波和杨亚飞作为地方环保部门的领导、工作人员，伙同存在环境问题企业向督察人员行贿，是知法犯法、思想素质低的表现。这些问题反映了加强环保督察队伍建设的重要性和紧迫性。

（五）环保督察问责制度的优化

1. 提高政治站位，继续加强督政

习近平总书记指出，生态环境是关系党的使命宗旨的重大政治问题，也是

关系民生的重大社会问题。① 生态环保督察是党中央在生态环保领域体制改革的创新性重大举措,是推进生态文明建设和生态环境保护的重大制度安排,工作做得好,就是为党增光添彩、赢得荣誉;做不好,就会影响党的形象。因此,生态环保督察必须进一步提高政治站位和政治觉悟,站在统筹推进"五位一体"总体布局、协调推进"四个全面"战略布局的高度,从党的事业的高度、从人心向背的高度、从厚植党的执政基础的高度认识肩负的历史使命和工作职责。要树牢"四个意识",坚定"四个自信",自觉以习近平生态文明思想作为根本遵循,自觉将习近平生态文明思想和党中央生态环境保护决策部署,作为生态环保督察的标准和尺子,坚决维护中央生态环保督察的政治权威,将"两个维护"贯穿中央生态环保督察工作全过程。

生态环保督察必须压紧压实党委、政府生态环境保护政治责任。做好生态环保督察工作的根本点,就是要压紧压实各级党委、政府"党政同责、一岗双责"的政治责任。我国生态环境问题十分复杂,长期积累的矛盾和问题需要一个长期的过程消化解决。不同地方所处的经济社会发展阶段不同,遇到的环境问题不同,有的地方党委、政府在经济发展与环境保护中的态度出现摇摆,不能正确处理发展与保护的关系。面对严峻复杂的形势,必须始终坚持正确的政治方向,抓住主要矛盾和矛盾的主要方面,紧紧扭住各级党委、政府生态环境保护的政治责任。②

环保督察行使的是环境执法权,主要作用是对地方党委和政府生态环境问题的协调、管理与监督。2015 年底以来,中央环保督察组始终坚持有法可依、违法必追,严厉打击了环境违法行为,强有力地震醒了"装在环保袋子里的沉睡者"。但是,要想拥有蓝天白云,这种程度还不够。中央环保督察组要继续加强"督政",将责任真正落到实处。中央环保督察组不仅要进行督察反

---

① 中共中央宣传部编:《习近平新时代中国特色社会主义思想学习纲要》,学习出版社、人民出版社 2019 年版,第 168 页。

② 吴海英:《强化政治监督 推动中央生态环保督察制度落到实处》,《中国纪检监察报》2019 年 5 月 9 日。

馈和开展"回头看"活动,还要加大后督察专项行动力度,继续深化环保督察,将环保压力落到各地方政府,继续震醒"环保装睡人"。同时,要进一步发挥人大、政协以及司法机关在环保督察中的积极作用。中央环保督察组要深度跟进政府与企业整改的整个环节。加强环保督察的队伍建设,努力打造一支公平公正、有原则、有铁腕、作风正的环保队伍。

2. 加强公众环保意识,积极参与环保督察行动

环保督察不仅是政府的责任,也是每个公民应尽的义务。环保督察除了"督企""督政"外,还应该"督民"。环境是人类独特的公共产品,为了改善环境质量,生活在地球上的每个人都应该无条件地为环保献出一份力。环保督察问责制度的有效落实离不开人民群众的支持,环保督察组开展督察行动同样需要基层力量的配合。为了更好地进行环保督察,环保督察组要积极发挥群众的力量,加强环保督察组与公众间的互信力,为环保督察提供基层支持。解决环保问题需要把政府、企业与群众的关系从"你、我、他"变成"我们",实现生态文明社会共享。环保从自身做起,青山绿水、蓝天白云就离我们不远。因此,加强公众环保意识,鼓励群众参与到环保督察行动中,积极宣传环保意识,努力营造人人环保的氛围。

3. 公开环保督察全过程,环保执法透明化

环保督察反馈让公众了解到了环保执法的大概环节,但这仍然不够。为了让公众意识到国家对环保督察的重视程度以及环保的决心,中央环保督察组在进行督察的过程中,可以让有关媒体全程参与,督察过程全部对外开放。严格公开督查信息,督查的反馈信息、问题整改全过程,及时、准确地向公众开放,让公众实现知情权、监督权、参与权等。① 环保过程对外全开放,不仅能够

---

① 刘奇、张金池、孟苗婧:《中央环境保护督察制度探析》,《环境保护》2018 年第 1 期。

加强政府和媒体间的监督合力以及获得公众的信任,还能够对"环保装睡人"起到震慑作用。我们要继续深化"双随机、一公开"监管制度,地方各级环保部门共同建立污染源监管动态信息库,建立环保执法人员信息库。"双随机、一公开"即在监管过程中随机抽取检查对象、随机选派执法检查人员,抽查情况及查处结果及时向社会公开的一种监管模式。"双随机、一公开"监管制度有效确保公平、公正、公开的环境监管执法规范,透明地进行事中事后监管,推进环保执法透明化。

4. 加强作风建设,维护执法队伍形象

环保督察队伍执法的强弱代表国家治理环境问题的决心,承载着群众对碧水蓝天的渴望,目前我国环保督察执法队伍的作风仍需要加强。为了能够打造出一支作风严谨、有担当、思想素质高的执法队伍,各级生态环保部门要加强监督执纪,严惩违法违纪行为,要敢抓敢管、真抓真管、严抓严管,切实履行监督责任。要加强环保督察执法队伍建设和法治教育,提高督察小组人员素质,坚持依法行政,做到既不失职又不越权。要继续加强廉洁督察,加强自律,主动与监察对象划清界限;加强自警,汲取教训,抵制财物诱惑。环保部要加大反面典型案例的教育,以案说法,要求环保督察执法人员填写廉洁承诺书与自查表,时常自省。还要在各地设立生态环境执法队伍表现突出的个人和集体典型经验专栏,向社会展示执法队伍的良好形象。"打铁还需自身硬",不断强化环保督察执法队伍作风建设,用更大的力度推进生态文明建设,书写绿水青山新画卷。

5. 统筹中央环保督察问责制度,完善省级环保督察问责制度

我们要统筹中央环保督察问责制度,强化压力传导,及时报送信息,跟踪落实整改情况,将环保督察与环境保护约谈、党政领导干部生态损害追究办法以及领导干部自然资源离任审计等生态环境保护问责制度相结合,将中央环

保督察、部级专项督察和区域督察中心例行督察同时推进,坚持"党政同责、一岗双责",形成国家督察、地方监管和单位负责相结合的问责合力,增强环保督察问责制度实效性。特别是要进一步完善省级生态环保督察制度。省级地区参照中央环保督察模式建立省级生态环保督察问责制度后,从 2017 年开始,相继启动了省级生态环保督察。省级生态环保督察的实践,是对中央生态环保督察的有力延伸,并与之紧密衔接,对推动地方党委、政府履行生态环保主体责任,落实"党政同责、一岗双责",解决突出生态环境问题,发挥了重要作用。完善省级生态环保督察问责制度,当前应着重做好以下工作:

一是加快省级生态环保督察问责制度法制化建设。当前,省级生态环保督察问责制度的建立,主要是各个省份参照中央环保督察方案制定的"省级环境保护督察方案(试行)"。建议有条件的省份,可研究制定省级生态环保督察地方性法规,加强督察问责、督查督办、台账建立、核查验收、尽责免责等相关配套制度规定和实施办法的制定,加快推动环保督察法制化建设,切实形成完善的环保督察法律法规制度体系。

二是积极创新具有地方特色的方式方法。当前,省级生态环保督察问责制度主要参照中央生态环保督察问责制度的模式建立,除了督察时间、内容有所不同外,基本上都是照搬中央环保督察问责制度现成的模式。应该说,从整个环保督察问责制度体系上考虑,中央环保督察和省级生态环保督察都是督察问责制度体系的组成部分,二者应该是互补、衔接、配套的有机体。省级生态环保督察要树立求真务实、实事求是的态度,结合地方实际情况,把重点放到发现和解决突出生态环境问题上来,放到突出生态环境问题背后党委、政府及有关部门决策和环保责任的落实上来,通过发现环境问题找到内在根源,通过解决根源问题推动突出生态环境问题的解决,从而达到督察的目的。从目前的实践看,有的地方省级督察将很多精力放在覆盖多少市县、问责多少官员等问题上,而忽略了问题的根源,那就是环境问题的背后党委、政府和有关部门的问题是什么、怎么从根本上加以解决。

三是加强省级生态环保督察配套制度设计。从近年中央生态环保督察的实践看,从进驻、展开、反馈到整改、销号,包括整改期间的约谈、通报,再到问责、"回头看",基本建立起涵盖全过程全链条、较为完整配套的制度体系。对于省级生态环保督察来说,从督察进驻、展开到反馈以及开展"回头看",也形成了一套工作体系,但有的地方制度整体设计还有待完善,特别是整改落实环节配套制度建设还相对零散。从笔者了解的情况看,目前有的省份建立了整改销号制度,有的省份出台了环保督察问题整改问责规定,有的省份制定了贴签挂牌亮灯细则,有的省份建立了约谈制度,有的省份建立了周调度、月通报、季讲评制度,但督察整改落实各个环节之间衔接不紧密、整体不配套的问题仍存在,整改落实的督导督办、主体责任、核查验收等环节以及关键环节之间的衔接还需要建立具体可操作且有效的制度。各省份可结合省情实际,研究制定具有自身特色的环保督察配套制度。另外,也要加强负有生态环境保护责任的部门之间及其与纪委和监察委、组织部门的衔接,明确环保部门如何提出问责建议、如何移交问题线索,纪委和监察委如何承接、如何反馈。此外,也要建立协调衔接的长效机制及问责"零报告"制度。①

6. 实施环保督察"回头看",实现责任落实

开展环保督察"回头看",既是对地方生态文明建设的"全面复查"和"再次会诊",更是对落实政府生态责任的有力帮助和极大促进。西部地区政府要把中央环保督察"回头看"整改工作作为重大政治任务、重大民生工程、重大发展问题,以最坚决的态度、最迅速的行动、最有力的措施抓好整改落实,对边督边改过程中不负责、不担当、不作为、慢作为、乱作为,对表面整改、假装整改、敷衍整改的要加大追责问责力度,以此推动环境问题整治常态化、长效化,健全完善抓源头、治根本、管长远的制度体系和工作机制,不断巩固扩大整改

---

① 李国军:《进一步完善省级生态环保督察制度》,《中国环境报》2018年11月5日。

工作成果。如中央第五环保督察组进驻广西开展"回头看"工作以来,全区对33个责任单位和57名相关责任人进行了问责。

五、强化党际监督问责

2016年1月29日,习近平总书记在同党外人士共迎新春时指出,要完善民主监督,加强对重大改革举措、重要政策贯彻执行情况等的监督,促进相关工作。

人心向背、力量对比决定事业成败。我们提出坚持正确处理一致性和多样性关系的方针,就是着眼于形成最大公约数,画出最大同心圆。发挥统一战线法宝作用,中国共产党要发挥领导作用,各方面成员要共同使劲。[1]

民主党派和人民政协是我国特色政治优势,其监督是一种特殊的、柔性的民主监督,具有不可替代的作用。我们党历来重视党际监督,在新的形势下,我们要拓宽问责渠道,加强党际社团问责,加强与民主党派的政治合作,最大限度地发挥民主党派的独特监督作用。[2] 现阶段,应明确民主党派问责权限,为民主党派问责权力、问责方式等内容提供法律保障,强化民主党派生态环境问责作用;同时建立生态环境问题民主评议机制,为人民政协参与问责创造条件,充分发挥人民政协的参政议政和监督问责功能。

其一,我们要出台配套法规,从制度上保障人民政协和民主党派的民主监督职能,合理界定民主党派的问责权限,使民主党派问责法律化、程序化、规范化,增强民主监督的权威性和约束力。要建立一套完整的民主党派问责运行机制,比如民主党派中央直接向中共中央提出建议制度、民主党派与中国共产党和政府部门的协商会议制度、民主党派知情权保障制度、民主党派监督反馈

---

[1] 《习近平同党外人士共迎新春》,《人民日报》2016年1月31日。

[2] 卢智增:《毛泽东异体监督思想及其对我国异体问责制构建的启示》,《理论导刊》2013年第1期。

制度、民主党派与纪检监察部门联系制度等,使民主党派问责有法可依。

其二,开展民主党派环境专项民主监督。由中国共产党委托开展的专项民主监督既是对民主党派履职提出的新任务新要求,也为民主党派强化民主监督职能、提升民主监督实效提供了有力抓手。我们要发挥民主党派对生态文明建设的民主监督作用,助力生态环境问题攻坚行动。我们可以在各民主党派组建深化生态文明建设专项民主监督工作队伍,引导广大民主党员通过开展调研式、体验式、联合式、会诊式、协商式等方式对当地的生态文明建设进行专项民主监督,及时发现和反映存在的环境问题,提出宝贵的意见建议。

其三,推进协商民主,鼓励社团组织问责。我们要创新协商民主形式,充分运用对口协商、专题协商、提案办理协商、界别协商等形式,加强协商密度,增强协商效果。同时可以学习日本的做法,在全国各地成立公民行政问责联络会议,并成立各种专门委员会,随时监督各级政府的不当行政行为。我们可以在《关于加强人民政协协商民主建设的实施意见》的基础上,将包括生态环境保护民主监督在内的民生工作协商,纳入年度协商计划和民主监督计划,并且制定落实和反馈机制,规定地方各级政协要制定年度计划,加强生态环境保护的政治协商和民主监督,为地方党委和政府分忧,规定地方各级党委和政府自觉接受政协的民主监督。

其四,建立民主评议机制和重大事项议事规则。政协民主评议工作是民主监督的重要形式,我们要充分发挥政协的重要职能,充分发挥民主党派和社会各界人士的智力优势、专业优势,以民主评议为契机,针对重大事项、重要政策、民生热点问题、发展规划等,定期对政府有关部门的工作进行检查、评议,提出批评意见和建议。各级政府应听取各民主党派的意见和建议,努力实现科学、民主决策,尤其是帮助环保部门查找问题、解决问题、提高工作水平,切实推进环境质量改善,针对具有代表性、典型性和人民群众关注的生态环境问题,如城乡环境综合治理、畜禽养殖面源污染治理、农村生活垃圾处理、农村"厕所革命"等,开展重点监督、跟踪督办、督促落实。加大各级政协参与生态环境保护民主监督的力度,对地方环境污染治理和生态修复敷衍整改、假装整改、拖延整改进行监督和纠偏,不断深化各级政协对生态环境保护的参与程度,特别是开展生态环境保护专题调研,提出生态环境保护类提案,逐步实现生态环境保护政治协商和民主监督的制度化、规范化和程序化。各地政协每年要结合本地实情和上级要求,精选与生态环境保护相关的议题,充分运用主席会议专题协商、常委会议重点协商、专委会对口协商等方式和途径,多层次、多角度反映民意、汇集民智,提出真知灼见。

其五,各民主党派成立专门的问责机构。我们要通过民主党派问责机构建设,规范民主党派人士的问责纪律,使其符合执政党的主流思想,这样既为民主党派问责提供组织保证,提高问责水平,又可以增强民主党派成员的问责意识,实现民主党派问责专业化。同时,要拓宽政协民主监督范围,积极响应中共中央、国务院的战略部署,将污染防治攻坚战、生态脆弱地区的生态环境保护等纳入政协民主监督的范围和考核范围。①

六、规范媒体问责方式

在全球信息化浪潮的背景下,媒体作为"永不停息的社会雷达",在社会发展和政府改革中的作用越来越突出,媒体问政已经成为党政机关及其工作人员贴近民众的一种新方式,成为考量政治智慧和执政能力的一项新指标,成为治国理政和政治文化发展的一种新趋势。在西方国家,舆论监督被称为"第四种权力",可以提高执政能力,推进民主政治,优化政府形象。党的十八大也提出,要特别强调重视舆论监督,要将党内监督、民主监督、法律监督、舆论监督结合起来,让权力在人民的监督之下,在阳光下运行。党的十九大提出健全党和国家监督体系,构建党统一指挥、全面覆盖、权威高效的监督体系,把

---

① 常纪文、张式军、毛涛:《充分发挥政协环保民主监督作用》,《中国环境报》2018 年 8 月 27 日。

党内监督同国家机关监督、民主监督、司法监督、群众监督、舆论监督贯通起来，增强监督合力。因此，西部地区政府要高度重视媒体问责，充分发挥媒体在生态问责中的积极作用。强化媒体问责，不仅要加大生态环境信息资源的公开力度，扩大政务公开，增强公共部门行政行为的透明度，还应营造良好的媒体运营环境，建立"新闻媒体舆论监督法"对媒体传播领域进行规范。

（一）增强媒体问责的权威性

马克思说："没有新闻出版自由，其他一切自由都会成为泡影。"①在现代社会，新闻自由就像空气，是人们日常生活须臾不可离开的东西。新闻自由是人类言论自由最重要的形式，比追求真理、思想自由更重要，它能给人们提供理性自由选择的可能，能最有效地唤醒人的自由意识，启发民智。党的十八大报告指出，要"推进科学立法、严格执法、公正司法、全民守法"，"绝不允许以言代法、以权压法、徇私枉法"。因此，我们要加强新闻立法，提高媒体的独立性和权威性，增强媒体问责的客观性。我国目前在新闻立法方面还不完善，无论是 2002 年 9 月 29 日颁布的《互联网上网服务营业场所管理条例》，还是 2007 年 8 月 30 日通过的《中华人民共和国突发事件应对法》，或者是 2007 年 4 月 5 日颁布的《中华人民共和国政府信息公开条例》，都不是严格意义上的新闻法。因此，我们要加快推进媒体问责的法治建设，尽快制定符合我国国情的"政府信息公开法""新闻舆论监督法"等，强化新闻媒体问责的合法地位，保障新闻媒体监督权利，规范媒体问责行为，增强媒体监督问责的实效性。

（二）增强媒体问责的自律性

"唯自净者可以净人"。为了更好地发挥媒体的监督作用，我们要通过制定符合媒体宗旨的媒体道德准则，规范媒体问责，确保媒体问责的真实性、公

---

① 《马克思恩格斯全集》第 1 卷，人民出版社 1995 年版，第 201 页。

正性和科学性。近年来,我国也制定了《中国新闻工作者职业道德准则》《关于禁止有偿新闻的若干规定》《中国报业自律公约》等媒体行业道德准则,但是道德准则相对简单,原则的内容多,操作的内容较少,对违反规定者处罚力度太小。今后,我们应该借鉴国外的经验和优秀成果,整合现有资源,制定统一、可操作、约束力强的媒体行业行为准则,以审查新闻媒体工作人员的资格,约束新闻媒体工作者的行为,提高媒体从业人员的道德意识和社会责任感,并对违反新闻媒体职业道德的行为加以追究,保证新闻媒体问责的公众利益性,实现媒体问责的规范化。同时,我们要建立健全各类各级媒体行业组织,成立一些媒体监督委员会,以行业公会为平台,以行业准则为指导,建立起抵御商业诱惑和权力干预的媒体自律机制,增强媒体自我职业约束与道德考量,强化媒体的"自净"功能。[①]

（三）提高媒体问责素养

1. 加强媒体伦理教育,提高公民媒介素养

公民是新闻、信息的接受者和参与者,提高公民媒介素养是充分发挥媒体问责的重要保证。从世界各国的教育实践来看,媒体伦理教育是提高个体公民媒介素养的重要途径,它能够帮助人们在媒介信息像空气和阳光那样包围着我们的信息社会里,形成了解媒介、应对媒介、使用媒介,积极通过媒介参与公共事务的自主意识,拥有不为媒介所左右、自主处理信息的能力。[②] 因此,我们可以将媒体伦理教育纳入到小学、中学和大学的正规课堂教育计划之中,同时还可以借助于社会团体、民间组织等职业教育机构对人们进行媒体伦理教育,进一步提高我国公民的媒介素养。

---

① 卢智增:《论信息时代媒体问责制的困境与出路》,《领导科学》2013 年第 8 期。
② 卢智增:《论信息时代媒体问责制的困境与出路》,《领导科学》2013 年第 8 期。

2. 增强公民意识,培育公共精神

媒体问责的实现在一定程度上依赖于公民意识和公共精神的培育。公民意识是公民依据宪法规定的基本权利和义务,对自己在国家政治生活和社会生活中的政治地位和法律地位的自我认识,体现为公民对相应的责、权、利的心理认同和价值取向。公共精神则是公民对公共事务的主动参与,对公共秩序的积极建设,对社会基本价值观念的认同和对公共规范的维护,它是一种公民美德,更是一种社会资本,对推动民主政治发展和公民个人利益的维护起着重要作用。因此,我们必须大力增强公民意识,培育公共精神,充分发挥公民的监督热情,合理引导公民正确看待媒体问责,避免问责异化。

(四)优化媒体问责环境

1. 建立媒体信息管理机制

我们要树立以人民为中心的媒介理念和新闻执政意识,建立党政干部与新媒体的互动机制。我们可以根据各类媒体信息的不同特点,对其采取不同的管理策略。对于违法信息,要加大打击力度,同时呼吁民众自觉抵制;对于虚假信息,要及时公开事件真相,增加事件透明度;对于低俗信息,要加强沟通,科学引导民众朝健康向上的方向发展。

2. 建立媒体问责的长效机制

一是建立督办机制,及时有效地解决人民群众反映的各种社会问题。二是建立责任追究机制,加强对新闻机构及其从业人员的监管,建设一支忠于党和人民的、具有高度社会责任感的媒体工作者队伍。三是建立媒体问责的配合机制,不仅要加强不同媒体之间的配合,而且要加强媒体与人大、政协、社团、信访等的配合,形成问责合力。四是加大媒体问责力度,利用新媒体的平

台,推行政府信息公开,增加行政透明度,保持问责工作公开透明。①

（五）创新网络问责方式

如今,互联网舆论环境已发生巨大转变,网络平台无疑已成为民众监督政府、反腐的政治参与工具和最前沿阵地,"网络监督"也被戏称为"神兵利器",成为政治体制改革的一股强大推力,为中国反腐倡廉带来正能量。

1. 网络监督的正能量

网络监督,是互联网时代的一种公民监督新形式,是行政监督和司法监督的有力补充,特指人们借助微博、微信这类社会化媒体(social media)或所谓自媒体(self media),对党政机关、社会团体、公职人员有悖于法律和道德的行为予以揭露,吸引社会眼球,形成舆论热点,推动纪检机构采取反腐措施,惩治腐败行为。正是由于网民的广泛性、网络的信息化、上网的便捷性,网络监督在反腐倡廉中日益彰显其独特的优势和功能,发挥着其正能量。

（1）有利于揭露不良风气和腐败现象

在数字化时代,随着网络、微博等新兴媒体成为公民参与反腐败的一个不容忽视的渠道,我国网络监督不仅折射出参政议政模式的变化,而且有力地保障和促进了网民的参与权和监督权。特别是党的十八大以来,网络监督蔚然成风。2012 年,时任中央纪委监察部廉政理论研究中心副主任孙志勇在做客人民网谈当前反腐倡廉形势时说,近年来,中央纪委监察部收到的大量案件举报线索,有不少来自网络这个重要途径。在信息社会,除了公民个体通过网络曝光身边的官员腐败行为之外,一些地方党政机关及其公务员也纷纷加入网络监督队伍。这种网络监督热潮有利于发挥网民的积极作用,激发网民网络检举的热情,有效揭露不良风气和腐败现象,提高办案效率,增强纪检监察工

---

① 卢智增:《论信息时代媒体问责制的困境与出路》,《领导科学》2013 年第 8 期。

作的公信力和透明度,形成人人反腐防腐的社会氛围,从而改变中国的反腐格局,有效弥补传统监督体制的不足。

（2）有利于营造预防腐败和防止腐败扩散的氛围

实行网络监督,可以吸引广大网民的持续关注,并形成强大的舆论热点,产生强大的威慑效应,有效地营造防止腐败扩散的氛围。通过"网络举报""网上公示""微博问政"等网络监督渠道,将官员们时刻置于人民的监督之下,使官员们时刻谨言慎行,不敢腐、不想腐,从而有效预防腐败,减少腐败行为。比如,陕西省委党校原副校长秦国刚的桃色丑闻,曝光后一周左右便被立案调查并开除党籍和公职。这无疑对官员们有一定的警示作用,也有利于防止腐败的扩散蔓延。

（3）有利于加强党政干部和普通民众的廉洁自律

互联网为加强公民对党政干部的舆论监督提供了一个新的平台,互联网信息量大且传播迅速,网民数量逐年增多,网络监督主体越来越多元化,网络监督范围越来越广泛,这本身也是对党政干部和普通民众的一种廉政教育。中国社科院发布的《中国新媒体发展报告（2013）》指出,建立在网络信息技术基础上的新媒体已成为人类有史以来最活跃、最强势的媒体,微博举报、网络监督等越来越成为反腐的新平台。特别是2011年以来,电信网、广播电视网、互联网三大网络相互渗透、相互兼容、整合统一,新媒体以及大众传播逐渐朝网络化方向发展。据中国互联网络信息中心（CNNIC）估算,截至2020年12月,中国网民规模达到9.89亿,互联网普及率为70.4%。此外,截至2020年12月,中国手机网民达9.86亿人。目前,我国已经成为世界上使用新媒体用户最多的国家。这为进行网络监督提供了便捷条件和最大可能,形成了一张无时不在、无处不在的巨大监督网络,这也有利于加强党政干部和普通民众的廉洁自律,避免违法违纪行为的发生。

（4）有利于推动公民政治参与

网络监督为公众表达利益诉求、参与国家决策、监督公共权力提供了一条更加便利的途径。在网络监督之前,如果当地的人大代表或政协委员向上反映老百姓的心声,效果不尽如人意,民意得不到充分、有效的表达,将使公民参政议政的质量大打折扣,同时也将影响民主政治建设的进程。网络监督调动了公民参政议政的积极性,增强了参政议政意识,掌握了反腐的主动权,让民众重新看到了惩治贪污腐败的希望。①

2. 创新网络监督方式

（1）建立健全网络监督相关法律制度

在信息时代,我们尤其要用法治思维、法治程序和法治方法去深化网络监督工作。只有通过顶层设计,加快网络监督立法进程,推行制度反腐、法治反腐,通过法律制度明确网络反腐相关责任人,如纪检监察部门、网络媒体、网民的具体权利和职责义务,进一步规范网络反腐行为,网络监督才能进一步发挥积极作用,才能既打好"歼灭战",又打好"持久战"。首先,应当在反腐败立法中明确公民的基本监督权利,肯定公民的知情权,鼓励合法的网络监督方式,把网络打造成为民意表达的新平台,使网络监督与司法监督、行政监督相互补充,形成监督合力,促进廉洁政治发展。其次,应当建立健全网络监督的法律制度,出台网络监督相关条例,规范网络监督程序,细化网络监督措施,建立网络监督工作机制,及时受理、核查、处理、反馈网络民意,实现网络监督的常态化,发挥网络监督的正能量。再次,应当制定出台针对网络举报人信息的相应保密管理法律法规,对保护公民举报权利和制约公权力滥用作出严格规定,保障网络监督的举报,严惩对举报人打击报复的行为,加强举报人打击报复的风险预测评估,对可能遭受打击报复的举报人,给予最有效的保护,从而有效消除举报人的顾虑。②

（2）建立健全网络监督工作机制

网络监督是信息社会公民行使监督权加强群众监督的新平台,但是深化

---

① 卢智增：《网络反腐的深层困境及其化解》,《行政论坛》2015 年第 1 期。

② 卢智增：《网络反腐的深层困境及其化解》,《行政论坛》2015 年第 1 期。

网络监督需要建章立制,尤其是需要建立健全网络监督机制,规范网络举报信息的收集、研判和处置,让反腐民意得到充分表达和妥善处理,发挥出网络监督的独特功能,弘扬社会正气、彰显社会正义。首先,建立专门的举报中心或举报网站。各级党组织和政府要信心坚定、态度明确、措施得力,广开网上言路,高度重视网络监督,通过专门的举报中心或举报网站,正确地对待网上批评与揭露,贴近网民、贴近生活、贴近实际,时刻关注网民的呼声,保持网络监督的高压态势,推动网络监督向纵深发展。其次,要进一步发挥纪检部门的决定性作用,采取"提前介入、全程介入、系统介入"的方法,建章立制,强化约束,主动作为,加强对网络举报信息的研判与管理,做到去粗取精、去伪存真,认真筛查案件线索并根据不同情况,采用不同方法,及时妥善处理。如果举报内容属实,则由纪检监察部门认定并追究责任;如果虚假举报或者恶意举报,则对举报者予以批评或者给予相应的处罚。比如,桂林市纪委开通了网络舆情信息采集分析系统,桂林明镜网也开通了纪检监察板块,桂林市纪委信访室配备了专用电脑,指派专人每天负责网络舆情搜索排查工作,及时发现、了解和跟踪涉腐网络舆情。再次,要充分发挥民间反腐的力量,加强政府部门反腐与民间反腐的合作,通过国家公共权力保障公民监督权利,形成政府部门、社会、网友的反腐合力。最后,要加强网络监督的专门研究与规划,结合网络监督的特点,对网络监督的科学方法、网络监督信息的处理等作出详细规定,尤其要制定"网络监督改革工作意见""网络监督保密制度""网络监督工作制度""网络监督信息管理办法""网络监督工作问责办法"等网络监督相关制度,增强网络监督的可操作性,提高网络监督工作效率。在这方面,湖南省株洲市走在全国前列,株洲市纪委、市监察局于 2008 年 8 月颁布了全国首个网络监督文件——《关于建立网络反腐倡廉工作机制的暂行办法》,创立了网络反腐倡廉工作机制。

(3)增强网民道德自律

由于网络监督的局限性,可能带来一些负面影响,如有的滥用监督权侵犯他人隐私,有的利用网络打击报复,有的传播虚假消息或反动信息,有的被他人利用宣泄不满扩大事端,等等。因此,为了更好地发挥网络监督的功能,实现网络监督价值的最大化,必须加强对网络监督的正确引导,净化网络文化土壤和制度环境,培养网民的法治精神和自律意识,使网民在进行舆论监督时能以理性思维代替情绪表达。首先,要加大网络监督及相关法律法规的宣传力度,引导网民依法监督、文明监督、科学监督,教育网民如何理性对待网络监督,如何遵守网络监督的法规制度,如何正确使用网络监督的操作方法,提高群众的民主法治意识和网络监督水平。其次,要加强网络伦理教育,倡导网民文明上网之风,帮助网民在媒介信息像空气和阳光那样包围着我们的信息社会里,形成了解媒介、应对媒介、使用媒介,积极通过媒介参与公共事务的自主意识,拥有不为媒介所左右、自主处理信息的能力,建设网络文明,严防网络垃圾文化的侵蚀,净化"网络空气",优化网络反腐环境。再次,对网民而言,要增强自律意识,正确识别信息的真假,要坚定立场,坚持"三不"原则,即不乱发、不轻信、不起哄,不能借反腐之名,用假信息损害他人合法权益,在行使反腐权利的同时,必须承担相应的道德和法律责任。①

总之,我们要正视网络监督,善用网络监督,把网络监督打造成为具有时代特征的民心工程,打好"持久战"和"歼灭战",为"中国梦"的实现保驾护航。

七、发挥社会问责的作用

要把一个国家治理好,实现"善治",需要政府、市场、公民社会三方共同合作,互相监督。生态问责社会主体主要由社会公众、新闻媒体、环境保护社会组织、环保咨询机构等组成,其中,公民是最根本的生态问责主体。我国是

---

① 卢智增:《网络反腐的深层困境及其化解》,《行政论坛》2015 年第 1 期。

人民民主专政的社会主义国家,坚持以人民为中心,政府权力是在人民监督下的权力。公民社会作为第三部门,在问责中扮演着重要角色,广泛的公民参与,可以弥补政府、市场的不足,提高问责成效。①

(一)建立健全社会问责的相关法律制度

我国宪法第四十一条明确规定,中华人民共和国公民有向任何国家机关和国家工作人员,提出批评和建议的权利;如果国家机关工作人员出现违法失职行为,公民有向有关国家机关提出申诉、控告或检举的权利。目前我国的法律法规对公民问责的规定还需进一步明晰,提升可操作性。因此,我们要健全公民与社会组织问责的法律法规及制度,尽快制定"监督法""公民信访法""公民举报法"等法律法规,加大政府投入,给予环境保护社会组织、环保咨询机构等社会团体资金及技术支持,尽快建立公民举报信访受理机制、公民问责与干部管理相挂钩制度、社会团体公益诉讼制度、行风评议制度、人民建议收集制度、特邀监察员制度等,加强环境保护社会组织人才队伍建设,充分发挥环保咨询机构在公共部门行政决策与项目建设中的环境保护作用,形成社会问责合力,使公民问责有序进行。

(二)完善环境领域公民信访制度

公民、法人和其他组织,依法享有要求减轻和消除污染危害、享受良好环境、知悉环境信息、参与和监督环境保护的权利,有权举报违反环境保护法律法规的行为,有合理利用自然资源、保护和改善环境、防治污染的义务。而信访是我国公民参与环境保护的一种合法手段,也是为人民群众排忧解难、构建和谐社会的基础性工作。我们应健全公民信访、问责的保障机制,加强对上访人的权利、人身安全等方面的保护,加强举报人打击报复的风险预测评估,对

---

① 世界银行专家组:《公共部门的社会问责:理念探讨及模式分析》,宋涛译校,中国人民大学出版社 2007 年版,第 20 页。

可能遭受打击报复的举报人,给予举报人最有效的保护,严惩对举报人打击报复的行为。同时,要加强大信访格局建设,打造信访渠道立体网络,将"上访"与"下访"相结合,实现公民诉求表达形式多样化。我们还要在不断健全信访、书信、来电等传统监督方式的同时,积极探索公众参与问责新渠道,如建立环境公益诉讼制度,对生态环境影响较大的项目决策举行听证会,利用微博、微信等新媒体平台对生态环境问题进行揭发评论等,保障公民环境保护的参与权。

(三)加大环境领域民意调查

目前,我国民意调查机构较少,调查手段单一,使得民意不能充分表达。为此,我们要成立民意调查机构,建立听证会制,加大民意调查范围,使公众敢于发表意见、积极表达民意,使政府决策更加体现民意、贴近民众。为了更好地畅通政府与群众的沟通渠道,我们还可以在县、乡、村三级设立民意大会,引导群众通过法律手段维护自己的合法权益,说出想说的话,办成想办的事,让群众充分享有知事权、议事权、决策权和监督权。① 比如,近年来,为落实绿色发展理念,推进生态文明建设,一些地方推行的由党政主要领导负责的河长制,开展"河长制工作民意调查",采取计算机辅助电话调查(CATI)随机抽样方式,通过群众评价,客观分析出当地河长制工作的开展情况和河长制工作的开展现状。当地政府对民意调查所收集到的群众反映的意见和建议,及时进行核实,对存在的问题采取相应措施,制定整改方案,取得了较好的效果。

八、推进生态审计问责

习近平总书记强调,审计机关认真贯彻落实党中央决策部署,依法履职尽

---

① 卢智增:《民族地区信访工作的困境及对策研究》,《经济视角(下)》2012 年第 6 期。

责,扎实勤勉工作,在推动党中央政令畅通、助力打好三大攻坚战、维护财经秩序、保障和改善民生、推进党风廉政建设等方面发挥了重要作用。① 审计是党和国家监督体系的重要组成部分。审计机关要在党中央统一领导下,适应新时代新要求,紧紧围绕党和国家工作大局,全面履行职责,坚持依法审计,完善体制机制,为推进国家治理体系和治理能力现代化作出更大贡献。

2006 年,审计被写进《联合国反腐败公约》,审计被公认为是反腐败的重要手段。作为一种审查机制,审计问责主要关注组织机构内的官员是否合理地使用他们管理和控制的资金。② 为了加强审计问责,我国专门出台了《中华人民共和国审计法》,要求各级政府及组成部门、国有金融机构、企事业单位,应当接受审计监督、问责。根据《中华人民共和国审计法》第二十五条规定,审计机关有权对行政机关主要负责人进行离任审计,监督其所在单位的财务收支等经济活动。而且,审计机关有权制止违反法纪的财务收支行为。

中国共产党第十八届中央委员会第三次全体会议通过的《中共中央关于全面深化改革若干重大问题的决定》,对领导干部自然资源资产离任审计作出明确部署。2015 年,中共中央、国务院印发的《生态文明体制改革总体方案》,提出构建起由自然资源资产产权制度等八项制度构成的生态文明制度体系,将领导干部自然资源资产离任审计纳入完善生态文明绩效评价考核和责任追究制度中。2015 年 11 月,中共中央办公厅、国务院办公厅印发了《开展领导干部自然资源资产离任审计试点方案》。经过多地试点以后,2017 年 6 月,中共中央办公厅、国务院办公厅颁布了《领导干部自然资源资产离任审计规定(试行)》。党的十九届四中全会再次强调,要"开展领导干部自然资源资产离任审计"。领导干部离任环境审计,是在特定领导干部即将离任之时进行的,对其任职期间全面审计活动中对环境财务活动的真实性、合法性的监

---

① 《习近平对审计工作作出重要指示强调 紧紧围绕党和国家工作大局 全面履行职责 坚持依法审计完善体制机制》,《人民日报》2020 年 1 月 3 日。

② 马骏:《政治问责研究:新的进展》,《公共行政评论》2009 年第 4 期。

督,对其效益进行评价的部分,并追究相关责任。可见,审计问责是一种新兴的生态问责方式,对生态问责制建设发挥着越来越大的作用。

其实,审计问责是我国人民智慧的结晶,我国古代的审计问责制度很早就产生了,在几千年的发展历史中,我国古代在审计问责方面积累了丰富的经验,形成了一系列的规章制度,形成了自己的鲜明特色,至今对我们进行生态文明建设仍然具有一定的借鉴意义和实践价值。新时代,我们要从以下几个方面推进生态审计问责。

（一）把握生态审计问责的特点

生态审计问责具有以下几个特点。

1. 时间跨度长

领导干部离任环境审计是随着整体离任审计工作展开和结束,以某一干部任职时间长短为时间跨度。我国《党政领导干部职务任期暂行规定》第三条明确规定:"党政领导职务每个任期为 5 年。"在不考虑极其特殊情况下,领导干部离任审计时间跨度一般为五年,若发生领导干部连任的情况,离任审计工作的时间跨度可能达到十年甚至十五年之久。

2. 财务会计理念是环境审计的基础

领导干部离任环境审计同领导干部离任审计一样,以会计学中的财务会计理念为基础,运用离任审计对领导干部的职责履行做最后的把关。相较2015 年以前的会计审计,2015 年之后的会计审计所用的基础数据发生了变化:企业财务会计在 2015 年以前,"权责发生制"是企业财务会计核算工作的基础,即取得收款权利和付款责任之时而非发生财务收支之时就要进行经济活动记录;而政府多采用以"收付实现制"为基础的预算会计,即在发生财务支出和收取之时才进行活动记录。由此可见,企业财务会计核算较政府预算会计核算更能够全面地反映活动,所以,2015 年财政部印发《政府会计准则——基本准则》要求将企业政府会计核算分为预算会计和财务会计。这标志着以权责发生制为基础的政府会计核算逐步建立,推进国家治理体系和治理能力向现代化发展,同时提升了环境审计所参考数据的可靠性、及时性、全面性,更体现了财务会计当中最重要的信息质量要求之一——实质重于形式。并能借助财务会计思想设计自然资产的核算要素以及要素之间的相互关系。目前被广泛采用的会计等式概括为:资产来源=资产运用,例如水资源的核算指标为:存量总和=分布形态综合。

3. 以领导干部离任审计制度为保障

我国政府审计工作一直以来都有针对性法律法规文件规范和指导审计工作,比如最基础的《中华人民共和国审计法》,同时也有单独政府审计部门开展相关工作。目前,我国领导干部离任审计工作有一套较为合理适用和实用的审计程序,审计经验积累较为丰富,相比于全面的领导干部离任审计,环境离任审计只是其工作的一部分,是在原有全面审计工作内容当中突出环境审计的重要性,补充完善环境方面审计的指标。

4. 以年度审计数据为主要依据

离任环境审计工作时间跨度较长,一般为五年,在这种情况下,每一年的审计数据将成为离任审计工作的主要依据,数据在于平时的积累。若年度审计工作存在数据存储不充分,甚至缺失,将会大大影响到离任环境审计结果的可靠性和真实性,可能会有领导干部失职而未承担相关责任,造成损失而无法追责,影响政府管理制度的权威。

5. 政府环境审计工作处于不断完善的过程中

我国环境审计工作开展时间尚短,虽有国内外环境审计研究成果做参考,也有国际环境保护组织相关文件做指导,但由于实践尚浅,环境审计工作还需进一步加强。2013 年,党的十八届三中全会通过的《中共中央关于全面深化改革若干重大问题的决定》对我国的自然资源管理提出了"探索编制自然资源资产负债表,对领导干部实行自然资源资产离任审计"的要求。我国部分地区相继开展环境审计试点工作,但实践中的环境审计工作大部分集中在领导职责范围内与各种自然资源相关的财务审核,也就是说,工作的重点大部分集中于用来进行财务活动的自然资源,而较少对一切自然资源的拓展价值进行评估。到目前为止,我国已有部分环境审计试点相继发布本地区自然资源环境审计负债表,其中运用到许多方法对各种自然资源进行分析。比如直接市场法中的机会成本法、重置成本法、防护成本法、剂量反应法;以及间接市场法中的揭示偏好法和陈述偏好法。从运用的方法不难看出,我国环境审计体系要素不断完善,主要工作的重点也从单一的对环境相关财务活动审查转向不仅对环境相关财务活动进行审查,而且利用环境审计结果对领导干部的绩效进行评价。

（二）增强生态审计问责的独立性和权威性

独立性是我国审计问责区别于其他经济监督形式的本质特征之一。新时代,我们应该借鉴古代的做法,结合国际发展趋势,切实增强审计机关的独立性,维护审计机关审计工作的权威性。我们可以改革审计机关的隶属关系,将国家审计署隶属于全国人民代表大会直接领导,将地方审计机关隶属于地方各级人民代表大会直接领导,国家审计署设立派出机构,专门对地方政府实施审计监督。①

通过改变审计问责的领导体制,可以加大对政府及其领导的监督力度,对政府权力形成更大的制衡和约束。其一,可以增强审计工作的独立性。全国

---

① 　秦荣生:《从国际趋势看我国政府审计的改革方向》,《审计理论与实践》1994 年第 3 期。

人大常委会是全国人大的核心,将审计署归全国人大常委会,既保证了审计机关对政府问责的独立性,有效脱离地方政府的约束,又可以使审计机关及时向人大汇报审计结果。其二,可以形成审计工作的约束力。由全国人大来直接领导审计署,可以形成人大与政府之间的权力制衡,有利于人大更好地监督政府、约束政府。其三,可以维护审计工作的权威性。审计机关隶属于人大,人大常委会财经委员会专家可以利用自身专业优势,深入了解审计信息,保证审计结果的准确性,使审计意见更具有权威性。

（三）明确生态审计问责的对象、内容和重点

根据《领导干部自然资源资产离任审计规定（试行）》,此项审计制度,审计的是地方各级党政主要领导干部和承担自然资源资产管理和生态环境保护工作部门(单位)的主要领导干部。审计机关应当对地方党委和政府主要负责同志,发改、国土、环保、水务、农业、林业、工信、规划建设、市容等承担自然资源资产管理和生态环境保护工作部门主要负责同志实行自然资源资产离任审计。根据工作需要,也可以对任职期间的领导干部开展审计。

审计的内容主要是包括山水林田湖草有关情况,具体包括土地、矿产、森林、草原、水、海洋等,当然也包括空气质量的变化情况。根据《领导干部自然资源资产离任审计规定（试行）》,领导干部自然资源资产离任审计内容主要包括:贯彻执行中央生态文明建设方针政策和地方党委、政府有关决策部署情况;遵守自然资源资产管理和生态环境保护法律法规情况;自然资源资产管理和生态环境保护重大决策情况;完成国家和地方党委、政府确定的自然资源资产管理和生态环境保护目标情况;履行自然资源资产管理和生态环境保护监督责任情况;组织自然资源资产和生态环境保护相关资金征管用和项目建设运行情况;履行其他相关责任情况。也就是说,主要是审计领导干部在任职期间管辖范围内自然资源资产和生态环境的数量、质量变化情况。

审计机关应当充分考虑被审计领导干部所在地区的主体功能定位、自然

资源资产禀赋特点、资源环境承载能力等，针对不同类别自然资源资产和重要生态环境保护事项，分别确定审计内容，突出审计重点。为了强化审计问责，当前我们应该实现三个重点转移。一是将审计对象由企业重点转移到地方政府及其组成部门，加强对地方政府及其组成部门的环保行政支出的监督，打造廉价政府。二是由事后问责重点转移到事中问责，从源头上预防地方政府环境事件的发生。三是由对单位的审计问责重点转移到对个人的审计问责，可以将生态责任落实到人，避免造成经济损失。① 同时，为了增强审计功能的发挥，在领导干部自然资源资产离任审计实践中，我们要树立大数据审计理念，推进"总体分析、发现疑点、分散核实、系统研究"的数字化审计方式。我们可以建立一个审计问责综合信息平台，加大自然资源资产和生态环境领域地理信息数据和相关业务及财务等数据收集、挖掘和分析力度，及时补充信息，发布审计问责的处理结果。这样，既可以使各监督机构共享信息资源，实现监督资源的合理配置，又可以确保公众、媒体对审计问责结果的知情权，进一步推进资源环境审计信息化建设，提升大数据审计工作水平，提高审计工作质量和效率。

（四）加强生态审计问责的信息化建设

我国领土面积广阔，各个行政区域的自然资源状况也千差万别，这对跨地区的全国性综合环境审计合作造成了很大的阻碍。虽然先进的网络数据建设技术可以为跨地区的综合性环境审计工作提供帮助，但目前国内对资源与环境保护的效益评估和方法体系不够完善，并且跨区域资源环境审计的制度还不健全。由于上述原因，我国领导干部离任环境审计是地区之间数据差异较大，审计工作相对独立，并且审计结果很大程度上依赖于往年审计结果，这就意味着我们需要有相应的数据存储作为基础。

---

① 冯均科：《审计问责：理论研究与制度设计》，经济科学出版社 2009 年版，第 172—173 页。

纸质文件是目前政府最常用的保存文件的方式,这虽是最保险的方法,但是审计工作量大,需要的相关基础材料多而繁杂,单纯用纸质文件作为基础材料会造成审计工作量的增加,这个工作量的增加并非在解决实际审计工作发生的问题上,而是单纯地寻找所需数据而已,这样的数据收集方式不仅非常浪费时间而且浪费人力,在这种情况下就逐渐产生对网络数据库的建设需求。

建设好政府环境审计数据库具有一定的优势。一是便于数据查询。数据库的建立少不了技术人员的支持,合理地依据环境审计工作内容建立数据库的框架才能够做到将数据有逻辑有条理地分类,并在需要时尽可能地缩短查找时间。例如开发政府专用的双会计核算系统,初期开发的投入较大,但是会在后续的审计工作中节省许多时间和成本。二是便于数据分析。数据提取出来最好是可以直接使用,可以大量节省材料处理工作所耗费的时间和费用,这也就是说录入系统的数据可能是经过处理之后的数据,并非原数据。三是便于数据共享。目前,我国基层自然资源资产数据在网络上运用率不高,不同部门、地区之间的基础数据交流依然处于较低水平,大数据利用意识不够强,自然资源资产的信息共享意识有待提高,这必然会影响自然资源环境责任审计的有效进行。若各地区环境审计的数据库能够共享,将有利于审计工作组日常跟踪审计活动,将离任审计活动中的资料检验工作放在平时,这将会节省离任环境审计工作需要耗费的时间。四是安全性能好。数据可以依据国家规定进行公开,但是要保证数据的安全性,保证数据库不会被恶意入侵并发生数据篡改,这就需要三个方面的工作做到位。首先,需要专业网络安全工程人员为该数据库设计特殊的保护程序;其次,加强可进数据库系统工作人员的安全意识;最后,制定相对应的安全操作规范,并且对相关员工进行培训。

因此,为了提升生态审计问责的实效性,我们要大力推进资源环境审计信息化建设,积极探索大数据审计。审计机关要组建数据分析团队,以"3S"(遥感技术 RS、地理信息系统 GIS、全球定位系统 GPS)技术为基础,加大对自然资源资产管理和生态环境保护相关信息系统基础数据的采集和分析,借助基础测绘数据和第二次全国土地调查及最新年度土地变更调查成果等数据,不断扩展大数据环境下开展资源环境审计的深度和广度。

审计机关应当以自然资源资产负债表或者有关部门管理数据资料反映的自然资源资产实物量和生态环境质量状况变化为基础进行审计,并积极利用测绘遥感、地理国情监测等现代科技手段加强数据的分析查验。

发改、工信、安监、环保、规划建设、市容、财政、国土、水务、农业、林业和统计等部门(单位)应当加强与审计机关的部门联动,加快推动建立以地理国情普查和监测成果为基底的自然资源资产数据共享平台,促进提高土地、水、森林、湿地、草原等自然资源资产基础信息数据质量。要向审计机关开放业务管理数据,实现信息共享,为探索大数据审计和运用遥感技术(RS)、地理信息系统(GIS)和全球定位系统(GPS)等技术进行审计提供支持和保障,支持、配合审计机关开展审计。要采集并有效利用相关部门的环境保护督察结果、环境状况公报等数据和资料,争取相关部门的业务和技术支持,发挥监督合力,在推动生态文明建设和绿色发展中发挥积极作用。

我们还要健全自然资产档案建设。原本的自然资产数据库是针对资产的财政收支业务核算记录,最后用于形成资产负债表的工具。自然资产档案理论上是自然资源数据库的一部分,如同人的档案一般,可以获取相关重要信息。对于自然资产来说,以审计报告得出的资产负债表为基础分析得到的自然资源承载力数据是档案中最重要的部分,是领导干部作出科学决策的一大利器。同时档案还可以记录自然资源被用来投入的项目,明确其投入与产出的效益,而且每个地区的自然资源均大相径庭,政府环境部门可以依据本地区需要建立个性化,以便使用。

(五) 加强生态审计问责的部门工作联动

现阶段,我们应该加强审计问责制度建设,建立审计问责的法规体系,规范审计问责程序,使审计问责有法可依,落到实处。当前主要从以下几个方面着手：

其一，尽快制定《审计问责法》，建立健全政府生态责任追究机制，为审计问责提供法律依据。同时，要完善审计问责的规章制度，增强对相关负责人的责任落实，避免出现决策失误时，层层推诿，推卸责任。

其二，协同其他问责机构，形成问责合力。比如，审计机关可以联合公安、监察、财政、税务、海关、物价、工商行政管理等部门，配合履行审计监督职责。我们还可以建立环境监督综合信息平台和"违规人员数据库"，将审计机关的审计报告纳入领导干部的绩效考核中，作为单位考评和个人职务变动的主要依据，将审计机关的审计处罚计入个人档案，甚至可以将审计报告直接送达人大常委会，排除地方政府的权力干扰。审计机关要主动加强与纪委、监察委、司法等部门的配合，研究建立适应自然资源资产离任审计特点的审计成果办理标准，及时移送审计发现的重大问题线索，同时将审计中发现的典型性、普遍性、倾向性问题及时通报纪委、监察委，密切跟踪审计整改情况，推动审计结果在领导干部评价考核和责任追究中的运用。

其三，寻求与外部专业机构的合作。我国领导干部离任审计采用政府审计和内部审计两种方式，并且相关人才短缺一直是我国环境审计执行面临的一大问题，为此我们也可以寻求与独立审计单位的合作，虽然独立审计具有较大的风险，但也正是由于其风险的存在，审计理论的产生、发展和方法的变革基本是围绕独立审计展开的，所以独立审计当中有许多方法是可以借鉴和学习的。同时，也可以与环境保护组织合作形成工作小组，形成固定合作模式，提高执行离任环境审计任务工作小组的综合素质。我国自然环境资源种类繁多，与环境的专属性共同决定了环境责任审计中以资源为考察对象的审计工作的特殊性与复杂性。国内传统的环境审计组织方式不能够满足国家现阶段领导干部离任环境审计的需要，这就要求我们需要向环境审计工作知识和技术较为先进的国家学习，在组织方式、指标参考等方面有所突破。我们可以与国外审计工作组组织交流会议、实地考察来促进国内国际合作，有助于尽快完善环境及审计立法,建设高素质的环境审计工作小组。

其四,建立审计问责联席会议制度。为了减少偏差,可以由审计机关牵头,组建由纪检、监察、司法、人大等部门参与的审计问责联席会议机构,将一般财政、财务收支审计难以解决的问题统一讨论解决,同时可以消除各机构之间的信息障碍,提高审计问责的综合效能。

其五,完善环境审计制度,建立健全生态环境损害责任终身追究制。我们要逐步健全国家审计准则,进一步推进全国领导干部离任环境审计研究,对以牺牲环境、破坏生态平衡为代价来发展经济的领导干部进行追责。进一步明确领导干部自然资源离任审计范围,综合不同地区主体功能定位、生态环境资源状况、自然资源承载能力等要素的具体情况,灵活确定审计内容,实行差别化审计指标,突出审计重点。加快推进建立全国性的自然资源数据共享平台,强化生态环境资源信息公开力度,加强环境审计人才队伍建设,提升业务素质,为环境审计提供专业技术支持和制度保障。[1]　强化协调联动,结合生态环境损害责任终身追究制度,加强统筹规划与方案设计,注重纵向联动与横向协调,量化问责,落实生态环境责任。

（六）规范生态审计问责的实施过程

1.准备阶段

第一,明确审计目标。领导干部离任环境审计的目标要求非常明确:借助审计工具,在整体离任审计工作指导下,对领导干部任职期间的环境管理职责履行情况进行全面的评价。

第二,收集审计资料。离任环境审计过程中需用到的材料较多,因此,一定要明确审计对象任职所在地环境特点,明确哪些自然资源是重点审计项目,

---

①　肖强、王海龙:《环境影响评价公众参与的现行法制度设计评析》,《法学杂志》2015 年第12 期。

重点审计项目包括用于产生主要经济来源的矿产资源、水资源、文化遗产等。同时,要坚持审计对象的资源控制原则。不同地区的领导干部所要面对的环境治理状况不一,尤其是我们国家幅员辽阔、地大物博,南北东西自然资源资产差别较大,在这种情况下,除了基础的水资源、大气资源采取一致控制标准误差不大以外,领导干部会针对各地特有自然资源因地制宜、有针对性地采取不同的管理方法,所以审计人员要注意了解审计对象的资源控制原则。此外,环境离任审计要以审计对象任职期内的审计数据为依据,要准备好往年审计资料。

2. 制定离任环境审计计划

首先,组建离任环境审计工作小组。离任环境审计工作小组是离任审计工作组下的分支,并在其领导下开展工作。离任环境审计工作小组要时刻与离任审计工作组进行工作上的沟通,明白环境审计对整个审计工作的作用。

其次,选择环境审计基础材料的审核方法。材料处理包括以下方面:依据提前确定好的重点资源范围,确定需要实地抽查和财务收支明细账抽查的重点自然资源,抽查自然资源价值量要达到总重点审计自然资产的10%,抽查的依据为领导干部任职期内最后一年的审计结果。同时也需要抽查非重点审计自然资产,以保证数据真实有效,提高审计结果的信度和效度。

最后,对离任环境审计工作进度的安排。该工作的进度安排要配合整体审计工作安排,预留一定的时间进行整体审计结果的综合。

3. 开展离任环境审计工作

审计过程中要注意以下几个方面:

首先,兼顾两个工作重点。一是保证任职期末一年环境审计工作的质量;二是对接受审计领导干部任期内每一阶段的审计数据进行综合分析,呈现其工作绩效的变化。

其次,领导干部任职末年年终审计时的政府财务对账,抽查自然环境资产资料进行核对时的账证核对、账实核对和账账核对。在财务会计进入政府会计核算框架后,便可以更全面地运用对账账务审查方式。登记账簿的根据是经过审核之后的会计凭证,接受抽查的自然资源参与的经济活动项目中取得的原始凭证和账簿记录所记录的信息要求一致;账实相对是指参与审计的资产负债表上记录的账面资产价值与符合实地勘察得到的资产价值;账账相对是指核对不同的政府会计账簿之间的记录是否相符;账实核对是指各项自然资源财产物资及其消耗使用情况和资产负债表中的实有数额之间的核对。

最后,抽查审核的资源资产要素具有代表性和随机性。对于重点自然资产的抽查要有代表性,最重要的资产一定要清查,其他资产则随机抽查,相互配合才能使资料抽查工作更加有效,保证审计报告的信度和效度。

4. 编制资产负债表并形成离任环境审计报告

审计报告要充分利用往年资产负债表,对每一个重点要素账户的结算数据运用信息绘制波动图,计算变化率,或采用其他分析方法等,反映领导干部任职期内的绩效变化。将环境离任审计与绩效评审挂钩,将审计报告的用途扩展,从而提升离任环境审计工作的效益。

审计报告包括两个部分:一是离任环境审计报告,依据审计工作报告专业要求形成的书面报告。二是环境职责绩效成绩单,即对审计结果(包括任职期内各年度资产表各个要素变化情况)进行量化赋予分支后形成的环境绩效成绩单。若领导干部离任环境审计报告较大程度上成功反映领导任职期间的环境管理绩效状况,那么依据本地区自然资产环境特点来量化绩效,得到相对应的分数,这个分数能直观地反映离任领导干部工作绩效处于何种程度,是对其职责履行的高度概括。就像学生接受期末测试一样,试卷的分数就是对考生知识掌握的综合直观反映,看到审计报告就像看到学生的批改试卷一样知道具体知识点的掌握情况,了解其任职期间职责履行的详细情况。

5. 审计报告结果运用

一是作为环境管理绩效之间的对比。采用一定的标准对各地区领导干部离任环境审计结果进行量化之后,可以得到综合性环境职责履行绩效相对分数,可借此成绩进行不同地区之间同一时期领导干部任职期间环境管理绩效的对比,也能够进行相同地区不同领导干部任职期间环境管理绩效的对比。

二是作为任职人员离任后的晋升依据。环境审计工作的侧重点在于环境管理工作方面资金的配置上,这样的好处就是,相关管理负责领导干部在环境经济政策的目标、达成方法上多注重对相关资金使用的谨慎性与合理性;并且目前我国环境审计的主要对象是环境保护资金,审计主要类型是财务收支审计。这就意味着,审计工作侧重于资金配置能够使得我国政府环境审计对环境竞技政策的评价更加容易,并且可以逐渐将重点转向绩效审计上来。毕竟离任环境审计不仅是对环境资源量和增减情况进行反映,而且是与任职领导干部的工作紧密地联系在一起,考察了任职领导干部的工作绩效,这正反映了领导干部离任审计的意义之一。

三是作为下一任领导干部的绩效审核起点。由于领导干部任期末年的审计所得自然资产负债表的结果是下一任领导干部任期开始的初期余值,方便对下一任领导干部的任职绩效进行对比,且对新任领导干部提出了要求。

6. 对领导干部离任环境审计的评审和开发

一是领导干部离任环境审计量化指标的评审和开发。首次进行审计指标量化工作时需要不怕辛苦地对各项核算指标进行评价,最终确认有效的量化指标。形成已有的量化指标后可以作为每一次离任审计绩效成绩的参考依据,当自然资源环境管理制度或资产负债表主要要素发生改变的时候,要对其进行改进,以保证环境管理绩效成绩的信度与效度。

二是领导干部离任环境绩效数据综合方法的评审和开发。在综合评定指标确定后，对任期内各审计年末的数据进行处理时需要采用一定的统计分析方法，在首次运用统计分析方法时要借助相关研究人员的成果，在实践的过程中不断地改进以适应审计报告需要反映内容的需要，并且还要考虑与整体审计报告的衔接，确保离任环境审计结果更好地服务于整体审计工作。

三是领导干部离任环境审计工作执行人员的评审和开发。审计人员履行工作职责过程中遇到操作困难之处时，应采取以下处理方式：（1）若在自己处理权限范围内要综合小组人员意见共同解决；（2）若不在自己职责处理权限范围内时，应及时报告领导，并在允许的条件下请求申请外援协助工作等。无论哪种处理方法，均要进行工作记录并进行总结，记录内容主要包括问题出现的背景、原因、矛盾中心、解决方法，并在审计工作结束会议上进行分享与探讨，为后来的审计工作提供经验。

九、开展环境绩效评估和环境绩效问责

我国于 1994 年发布的《中国 21 世纪议程——中国 21 世纪人口、环境与发展白皮书》，明确提出可持续发展战略。改革开放 40 多年来，在以经济建设为中心的发展战略指导下，我国经济得到迅猛发展，人民生活有了显著进步，但也产生了生态环境不断恶化、生态资源日益枯竭的问题，自然资源的补充越来越跟不上经济的发展，影响了社会经济的可持续发展。因此，如何与自然和谐相处，成为政府、学者、老百姓的重要议题，人们迫切希望政府更好地履行生态职能，有效规范政府行为，加强生态管理，提高生态环境质量，建设环境友好型社会。而开展政府环境绩效评估和绩效问责便是其中最重要的一环，它是检验政府环境管理效果的重要指标，是领导干部政绩考核的重要内容，是加强环境治理的必然趋势。

（一）实施环境绩效评估

1. 政府环境绩效评估的含义

政府环境绩效评估也可以称为绿色绩效评估、生态治理政绩评估，或者绿色 GDP 考核。它是指为了保护环境和维护公共环境利益，采取多种方式和手段，对政府环境管理行为所达到的效果进行比较分析和评价，对环境投入、产出实施监督与评价，对领导干部在任期内取得的生态环境改善、生态资源合理规划开发及环境污染防治等工作实绩的考核评估。通过环境绩效评估，核对和检验环境管理活动中的资金流向、环保计划的实施以及环保目标的实现是否与预期的一致，是否出现环境违纪违法行为，比如环保资金的不拨、少拨、延迟拨付、被挪作他用或者被贪污等。环境绩效评估作为一种有效的环境管理工具，已被各国广泛运用。

2. 政府环境绩效评估的意义

环境问题也是一个国家在国际舞台上综合实力的重要体现。改革开放以来，我国综合国力翻倍增长，但也产生了环境问题，影响了我国生态文明建设。因此，国家要推进生态文明建设，需要调整政府官员的考核结构，引入绿色 GDP 概念，进行生态环境评估及考核。生态环境评估及考核对保持生态环境平衡，加强环境治理，促进生态社会进步具有重大战略意义。

（1）有利于增强地方政府生态意识

通过环境绩效评估，有利于转换地方政府管理理念，转变地方政府生态职能，增强地方政府生态意识，实现由"全能政府"向"服务政府"的转变，为经济和社会发展提供良好的生态环境，切实维护好公民的环境利益，推动生态文明建设和"美丽中国"的实现。

（2）有利于进一步提升地方政府形象

环境绩效评估是地方政府进一步提升其在民众心目中形象的有效途径。

政府是环保政策的制定者和执行者,地方政府对环境保护的态度决定了生态文明建设的快慢和生态环境的好坏。生态文明建设不仅需要地方政府自身的努力,更需要得到社会组织和广大人民群众的积极参与。通过环境绩效评估,可以加强对地方政府生态文明建设的监督,督促其制定出科学合理的环境决策,虚心接受广大人民群众的环境诉求,从而进一步提升地方政府形象。

（3）有利于推进环保事业

开展环境绩效评估能确保我国环保事业的有效进行。通过环境绩效评估,可以对地方政府关于环境保护的决策行为进行检验,通过对比与检测,及时发现地方政府及企业在经济活动过程中出现的环境问题,并且可以利用头脑风暴法和专家法进行风险评估,提出相应的解决方案,为推动环保事业提供政策依据。研究表明,1998 年至 2007 年,在我国工业废弃物的年均增长率中,工业废水为 2.37%,工业固体废物为 9.12%,工业废气为 13.81%,生活污水为 5.28%。而引入环境绩效评估以后,2007 年至 2015 年,中国以年均 5.1%的能源消费增速,支撑了国民经济年均 9.5%的增长。在此期间,中国 GDP 增长了 1.48 倍,单位 GDP 能耗累计下降 34%,减少二氧化碳排放 41 亿吨,森林蓄积量增加了 30 亿立方米,超额完成应对气候变化目标任务。

（4）有利于提高公众的环境参与热情

政府环境绩效评估必须以公众满意度为主要评价标准,这样可以使广大民众及时、全面地了解我国的环境现状,增强环保意识,减少资源浪费和环境污染,提高资源的有效利用。同时,在环境绩效评估中,通过民众意见反馈,可以加强地方政府与民众之间的沟通,提高民众的环境参与热情,有利于地方政府环境工作向"阳光行政"转变,形成环境治理合力,实现生态文明。

3. 政府环境绩效评估的标准和内容

20 世纪 80 年代,英国学者提出政府绩效评估"3E"标准,即经济性（Economy）、效率性（Efficiency）和效果性（Effectiveness）。随着理论研究的发展,相关学者增加了公平性（Equity）和环境性（Environment）两个标准，将绩效评估标准扩展为"5E"。环境绩效评估的目的就是为了促进经济、社会等方面与环境和谐发展，其中公平性逐渐成为各国环境绩效评估的主要考虑因素，围绕其展开的评估活动不断增多。目前，世界各国都在遵循这个评价标准，将"5E"作为环境绩效评估的重要标准。

环境绩效评估内容主要包括国民经济和社会发展规划纲要中确定的资源环境约束性指标，以及党中央、国务院部署的生态文明建设重大目标任务完成情况，突出公众的获得感。考核目标体系由国家发展和改革委员会、生态环境部会同有关部门制定，可以根据国民经济和社会发展规划纲要以及生态文明建设进展情况作相应调整。

环境绩效评估主要是评估各地区上一年度生态文明建设进展总体情况，引导各地区落实生态文明建设相关工作，每年开展1次。考核主要考查各地区生态文明建设重点目标任务完成情况，强化省级党委和政府生态文明建设的主体责任，督促各地区自觉推进生态文明建设，每个五年规划（计划）期结束后开展1次。年度评价按照绿色发展指标体系实施，主要评估各地区资源利用、环境治理、环境质量、生态保护、增长质量、绿色生活、公众满意程度等方面的变化趋势和动态进展，生成各地区绿色发展指数。

4. 加强政府环境绩效评估的实施

1996年，我国环境绩效观念已经开始萌芽，当年8月，国务院颁布了《关于环境保护若干问题的决定》，要求地方官员要对辖区的环境质量负责。2004年，随着领导干部政绩考核指标体系建立起来，我国开始制定符合国情的"绿色GDP"体系，党中央先后在海南、重庆等地开展环境绩效评估试点，将环保法律法规执行、污染排放强度、环境质量变化、公众满意程度等四项指标纳入地方政府官员政绩考核体系之中。党的十七大报告首次提出生态文明理念以后，由试点省市带动的环境绩效评估考核体系在全国推广开来，地方政府根据各地特点,建立符合本地发展需要的环境绩效评估标准。如 2011 年 8 月 7 日,南京市正式宣布,对辖区郊县不再进行 GDP 考核,而实行分类考核,考核指标中突出强调"民生"和"生态"。特别是党的十八大提出建设"美丽中国"以后,我国地方政府日益加强"五位一体"总体布局建设,朝绿色 GDP 发展。为了加快绿色发展,推进生态文明建设,规范生态文明建设目标评价考核工作,中共中央办公厅、国务院办公厅于 2016 年 12 月 22 日印发了《生态文明建设目标评价考核办法》,自 2016 年 12 月 2 日起施行。

(1)加强环境绩效评估的基础理论研究

理论是行动的先导。绩效评估理论决定实际评估工作,直接影响评估过程与结果。一个相对完备的理论体系可以为我们的环境绩效评估提供正确的思路和方法。因此,我们要加大人财物的投入,加强环境绩效评估的理论研究,论证环境绩效评估的可行性,制定环境绩效评估体系和指标,既要考虑政府环保部门产出和结果方面的指标,也要考虑政府环保质量和人民环境满意度方面的指标,因地制宜,根据各个区域的差异性研究不同的思路,尽量少走弯路,节约资源。比如,我们要着力进行生态环境评估指标的研究及应用,保证评估结果的科学性,对于污染物排放总量、能源消耗量、空气质量指数、森林覆盖率等这些可以用数据衡量的指标,要设立环境绩效评估量化指标;对于无法量化的政绩,如生态环保理念建设、组织建设等,可以通过组织内部上下级、组织外部公众满意度、评估小组评定等形式设立考核指标。另外,我们可以设置环境绩效评估三级指标:一级指标应该放在与地方政府经济建设、社会发展同等重要的地位,甚至比例应该大于经济建设与社会发展指标;二级指标应将生态文明建设细分为环境保护、环境污染治理、环境管理、组织及理念建设等;三级指标则进一步细化为各项任务完成情况,并按照各地区、各项目实际完成情况实行五级评分制。

(2)树立正确的政绩观,实行党政同责

绿色发展是生态文明建设的必然要求,我们要以新发展理念为指导,遵循绿色发展理念,不断增强生态责任意识,转变传统的政府政绩观,形成正确的政绩观。只有树立环境绩效评估的正确思想理念,才能在实际行动中约束地方政府环境行政行为,从根本上落实生态文明建设,构建生态型社会。为了落实绿色发展理念,我们可以提高环境绩效评估考核在整个地方政府政绩考核中的权重,合理设定不同区域生态考核权重在整体考核中的比例。无论评估结果如何,必须与领导干部晋升、处分、奖励等联系在一起,对于破坏生态的,实行"一票否决制"和生态问责制,以达到惩戒效果;对于地方政府生态建设好的,则给予更多的项目资助,以鼓励地方政府生态文明的持续发展。

环境绩效评价考核要实行党政同责,地方党委和政府领导成员生态文明建设一岗双责,按照客观公正、科学规范、突出重点、注重实效、奖惩并举的原则进行。生态文明建设目标评价考核在资源环境生态领域有关专项考核的基础上综合开展,采取评价和考核相结合的方式,实行年度评价、五年考核。目标考核采用百分制评分和约束性指标完成情况等相结合的方法,考核结果划分为优秀、良好、合格、不合格四个等级。考核牵头部门汇总各地区考核实际得分以及有关情况,提出考核等级划分、考核结果处理等建议,并结合领导干部自然资源资产离任审计、领导干部环境保护责任离任审计、环境保护督察等结果,形成考核报告。同时,要把环境绩效评估结果作为地方党政领导班子和领导干部综合考核评价、领导干部奖惩任免的重要依据。对考核等级为优秀,生态文明建设工作成效突出的地区,给予通报表扬;对考核等级为不合格的地区,给予通报批评并约谈其党政主要负责人,提出限期整改要求;对生态环境损害明显、事件多发地区的党政主要负责人和相关负责人(含已经调离、提拔、退休的),按照《党政领导干部生态环境损害责任追究办法(试行)》等规定,进行责任追究。①

---

① 《生态文明建设目标评价考核办法》。

（3）健全环境影响评价制度

环境影响评价,是指对规划和建设项目实施后可能造成的环境影响进行分析、预测和评估,提出预防或者减轻不良环境影响的对策和措施,进行跟踪监测的方法与制度。环境影响评价必须客观、公开、公正,综合考虑规划或者建设项目实施后对各种环境因素及其所构成的生态系统可能造成的影响,为决策提供科学依据。[①] 因此,我们要加强环境影响评价的基础数据库和评价指标体系建设,鼓励和支持对环境影响评价的方法、技术规范进行科学研究,建立必要的环境影响评价信息共享制度,提高环境影响评价的科学性。扩大环境影响评价主体范围,拓宽社会参与形式,进一步发挥环保 NGO 等社会组织的作用,加强组织化参与,利用问卷分析、实地调查、专家咨询、座谈会、听证会等多种渠道对决策或项目进行平等充分的沟通协商,提高环境管理和环境决策的科学性。建立利益反馈机制,强化信息公开,注重公民参与,将环境影响报告在一定时限内向社会予以公开,接受公众质询评论,根据社会合理意见修改报告,将公民参与贯穿环境影响评价全过程。

（4）加强环境绩效评估立法,提供法律保障

建立健全相关法律法规,让法律成为行动的保护伞,是环境绩效评估的前提和基础,可以为环境绩效评估提供法律依据和政策指导。首先,我们需要制定专门的政府环境绩效评估法律,如《政府环境绩效评估条例》,对环境绩效评估主体、评估对象、评估原则、评估指标、评估方法、评估程序、评估结果应用等进行明确规定,同时将评估结果运用到生态建设实际中。各级地方政府则根据《政府环境绩效评估条例》,结合各地区实际,细化环境绩效考核标准和任务,实事求是建设生态文明。其次,我们可以重新修订公务员考核相关法规,将生态政绩考核写入《中华人民共和国公务员法》,以此规范公务员行为,树立绿色发展政绩观,体现生态政绩考核的权威性与合法性。再次,我们可以

[①] 《中华人民共和国环境影响评价法》。

制定《企业环境治理条例》，鼓励我国企业加入 ISO14031 环境绩效评价指标体系，对企业内部开展环境绩效评估，规定企业生产"三废"（废水、废气、废渣）的排放标准，严格控制企业的污染排放量，对违反法律或者污染排放量超过许可证标准的企业进行高额罚款，对配合地方政府环境治理且取得一定成效的企业给予适当奖励或者提供优惠政策，通过企业环境治理，促使企业形成"自我约束、自我激励、自我协调"的环境管理机制。此外，政府还可以制定相应的环境保护制度，如针对汽车尾气、放射性废物等污染环境的行为，实行单双号限行、设立旧电池回收箱、鼓励使用太阳能等措施，以实现环境的良性循环。

（5）建立科学的监督反馈机制和责任追究机制

开展政府环境绩效评估，必须公正、客观地运用科学的技术和方法对环境管理活动进行审查与检验，建立科学的监督反馈机制和责任追究机制，确保评估工作合理、合法、有效。在环境绩效评估工作中，首先，要对进行环境绩效评估的地区作可行性分析，待出具可行性报告再制定相对应的评估方案，并对方案进行讨论、预测和定夺，最后开始实施方案。其次，要核对和检验环境管理活动过程中的资金流向与下拨，环保计划的实施及目标的实现是否与预期的一致，是否出现违纪违法行为，比如环保资金的不拨、少拨、延迟拨付、被挪作他用或者被贪污等，在开展环境保护工作过程中出现了技术性难题或其他原因导致评估延期或者失败的都要调查清楚。审查结果出来后还需要进一步进行总结与改进，为下一步的评估提供借鉴，通过经验积累与探索逐步发展我国的环境绩效评估体系。

参与评价考核工作的有关部门和机构应当严格执行工作纪律，坚持原则、实事求是，确保评价考核工作客观公正、依规有序开展。各级地方政府及工作部门不得篡改、伪造，或者指使篡改、伪造相关统计和监测数据。对于存在问题并被查实的地区，考核等级确定为不合格。对徇私舞弊、瞒报谎报、篡改数据、伪造资料等造成评价考核结果失真失实的，由纪检监察机关和组织（人事）部门按照有关规定严肃追究有关单位和人员责任；涉嫌犯罪的，依法移送司法机关处理。①

此外,我们可以成立由政府官员、民众代表、社会组织、环保专家等组成专门的环境绩效督察小组,赋予其一定的权力,实时监督检查,及时向上反馈环境监督结果,对弄虚作假抑或违规行为,作出相对应的处罚,并严格追究其责任,以确保环保目标的实现,保证环境绩效评估客观、民主与公平。我们还可以建立政府主导的、广大民众参与的科学有效的监督机制,实行多向监督,包括政府部门自我监督、政府内部自上而下监督及由公众参与的自下而上的监督,政府环保部门尤其要加强中小型企业的环保监管工作,促使企业形成"自我约束、自我激励、自我协调"的内部管理机制。同时,实行环保责任追究制,避免环保执法不作为,督促环保行政人员尽职尽责,以保证环境绩效评估的顺利进行。

(6)学习国外经验,自主研发环保技术

国外对于环境绩效评估的经验比我国丰富,机制也相对成熟,因此,我们应该积极借鉴国外的管理理念和技术,加强国际合作,推广循环经济及相关环保产业的发展。我们可以设立相关基金鼓励环保技术研发,把该领域的科学家、发明家送到国外接受培训和学习,或者聘请国外相关专家与我们合作,以推动环境绩效评估上新台阶。如2007年经济合作与发展组织(OECD)与我国联合启动的OECD中国环境绩效评估项目取得圆满成功,OECD副秘书长根据我国环境的现状、特点提出了51条建议,对我国环境绩效评估的发展起到了重要的推动作用。另外,我们要创新环境绩效评估方法,有针对性地设立环境绩效评估标准和指标,运用先进的计算机技术和定量分析、定性分析方法,加强环境绩效评估数据的快速处理、分析和储存,缩短数据处理时间,降低资源消耗,提高环境绩效评估的效率,完善环境绩效评估体系。

---

① 《生态文明建设目标评价考核办法》。

（7）多渠道宣传环境科学知识

现实生活中,社会公众对环境管理的关心不够,对政府环境绩效评估的关注较少。因此,地方政府应该进一步公开环境信息,积极开展环境保护和环境科学知识的宣传工作,尤其是环保部门、宣传部门、教育部门要加大对不同群体的生态文明宣传教育工作,充分利用现代传媒,普及环保知识,定期公布辖区内的环境污染情况,调动人民群众参与环境治理与环境保护的积极性,使生态文明建设成为普遍关注的重点话题,让公众关心环境绩效评估结果,让公众成为生态环境的自觉保护者和推动政府环境绩效评估的中坚力量,形成全民环保氛围。地方政府要开放生态参与机制,引导公众参与生态管理,关注政府的生态建设、生态考核过程、考核结果,自觉参与环境政绩评估和管理,维护自身的生态权益,将环保大事细化到生活中,多方向、多渠道、多举措地保护环境,建设资源节约型和环境友好型社会,实现生态环境的永续发展。

总之,政府环境绩效评估作为一种新的环境管理工具,是社会转型时期深入贯彻落实新发展理念的必然要求,是推动国家绿色 GDP 增长的保障性政策,有着举足轻重的地位。我们要不断完善政府环境绩效评估,加强环境治理,以生态观念转变为前提,以评估指标建设为核心,以评估制度为保障,为实现"美丽中国"和生态文明奠定坚实的基础。[①]

（二）实施环境绩效问责

如果没有实施绩效问责,行政权力或将处于无责任、无风险运行的状态。因此绩效问责是推进行政问责制的重要突破口,引入环境绩效问责制,可以增强地方政府的责任意识,树立绩效观念,提高行政效能。近年来,我国政府越来越重视绩效问责,并通过建立健全问责制度来规范和引导政府行为,提升政府组织绩效。

[①]　卢智增:《我国政府环境绩效评估的实施困境及对策研究》,《桂海论丛》2015 年第 1 期。

1. 环境绩效问责制的含义

环境绩效问责制,就是问责主体根据环境绩效评估的结果和法定程序,对没有实现基本环境绩效目标的政府机关及其公务员进行责任追究,并依照相关法律规定予以惩罚的制度。环境绩效问责是一种以结果为导向的衡量机制,将问责制度和政府的环境绩效管理结合在一起,根据在处理日常事务、突发事件等政府活动中政府环境绩效目标的完成情况对政府成员进行问责,进行恰当的激励与约束。这种衡量机制并不注重政府环境管理的过程及方式方法,而是关注政府环境管理的结果,如社会大众对大气污染治理的满意度等,解决环境绩效结果无人负责、难以进行有效的绩效激励和约束问题。

2. 环境绩效问责制的实施

(1)转变政府绩效考核指标的价值取向,改革绩效考核机制

我们要强化环境保护考核评价,建立"经济与生态环境协调发展"的绩效考核制度,转变党政领导干部执政理念,落实生态责任。建立政府生态环境绩效评估制度,构建绿色 GDP 计算指标体系,把公共部门决策或实施项目所产生的生态环境资源损耗、环境损害、环境效益、环境质量变化、综合产出等要素纳入绩效考核指标,加大生态环境保护在干部考核指标体系中的考核权重,权重不低于 8%。实行环境保护"一票否决"制,将考核结果与官员提拔任用直接挂钩。经常开展县域生态环境质量评估考核,并将考核结果与重点生态功能区财政转移支付资金分配挂钩。

(2)科学制定绩效评估指标,促进生态问责内容全面化

建立科学、合理、有效的绩效评估对于促进生态环境治理具有极其重要的意义。当前,我国对于官员的绩效评估很大程度上取决于其经济方面的政绩,较少涉及生活环境、生态环境的评估。虽然经济发展能够保证民众的基本生存条件,但是并不能把经济发展当作唯一的绩效评估指标,这也是一些官员在

政绩观上存在的误区。因此,要树立正确的政绩观,科学地看待 GDP,要摒弃"以 GDP 论英雄"的政绩观念,既要注重经济上的 GDP,也要高度重视生态环境上的 GDP,也就是说,不能以牺牲环境为代价去换取经济上的富足,要将资源利用程度、环境质量状况和生态环境保护体现在 GDP 的评判标准上。可以建立起一套科学的生态价值评估体系,比如可以将万元 GDP 消耗的资源、群众满意度等纳入绩效考核指标当中,并逐步增加其在考核体系中的权重,建立健全生态地区领导干部政绩考核的指标体系。

(3)成立环境绩效问责督察小组

我们可以由地方发展改革委、生态环境部门、组织部门牵头,会同财政、自然资源、水利、农业农村、统计局、林业局、海洋局等部门组织实施环境绩效问责,由党委、人大、政协、社会组织、绩效评估专家、民众代表、企业代表等组成专门的绩效问责督察小组,赋予其一定的权力,实时监督检查,及时向上反馈绩效评估结果,对弄虚作假抑或违规行为,作出相对应的处罚,并严格追究其责任,以此避免行政不作为,督促行政人员尽职尽责,保证环境绩效问责结果的公平公正。

第七章　西部地区生态问责制的配套措施

一、培育公务员政治素养

马克思说,人脑的属性,是在社会实践基础上和过程中形成的,包括感觉、知觉、表象等感性形式和概念、判断、推理,以及形象思维等理性形式。可见,后天的成长和社会实践的过程对人的影响是巨大的,因此,生态责任追究主体的素质高低与生态责任追究的效果息息相关。习近平总书记经常以"严峻复杂""常抓不懈""警钟长鸣""坚定不移"等关键词,特别强调反腐问题的重要性,多次提出"全党必须警醒起来""我们要警醒啊",要求必须保持反腐高压态势,否则将面临"民愤","必然会亡党亡国"。为此,习近平总书记提出了为官者的道德要求——"慎"。习近平总书记在党的十九大报告中则强调,要"把党的政治建设摆在首位","建设高素质专业化干部队伍"。

一是扛起生态文明建设的政治责任。党的十八大以来,以习近平同志为核心的党中央站在坚持和发展中国特色社会主义、实现中华民族伟大复兴中国梦的战略高度,把生态文明建设纳入中国特色社会主义事业"五位一体"总体布局,将"生态文明建设""绿色发展""美丽中国"写进党章和宪法,成为全党的意志、国家的意志和全民的共同行动,进一步彰显了生态文明建设的战略地位。可以说,生态文明建设是关系中华民族永续发展的根本大计,生态环境保护是关系党的使命宗旨的重大政治问题,也是关系民生的重大社会问题。

生态环境保护能否落到实处,关键在各级政府。各级政府公务员必须扛起生态文明建设的政治责任,坚决把思想和行动统一到党中央决策部署上来,坚决把生态文明建设摆在全局工作的突出地位抓紧抓实抓好。各地区各部门必须把加强生态文明建设作为树牢"四个意识"、坚定"四个自信"、做到"两个维护"的政治要求和具体行动,不断增强贯彻落实政治自觉、思想自觉和行动自觉,进一步压实生态环境保护"党政同责、一岗双责"。我们可以选任一批在生态文明建设中涌现出的想干事、会干事、干成事的好干部,优化干部队伍结构,树立干事创业的鲜明用人导向,以"建功环保"的实际行动,打造生态环境保护铁军,进一步筑牢国家西部重要生态安全屏障。

二是坚持以民为本,提高公务员的宗旨意识。法国思想家卢梭认为行政人员以公民为服务对象,他曾经说过:"政府中的每个成员首先应是公民,然后才是行政官,然后才是他自己本人。"①马克思主义也十分注重对人民的来历关怀,力求建设一个合乎人性、公平正义的社会。我们党中央始终坚持以人民为中心的发展思想,要求各级官员必须以人民为中心,执政为民,始终把人民放在心中最高位置,实现人民对美好生活的向往。在生态文明建设中,我们要紧盯生态环境重点领域、关键问题和薄弱环节,层层落实生态环境保护责任清单,以钉钉子精神下大气力解决好人民群众反映强烈的生态环境突出问题。同时,我们要加强教育,采取一些强化措施,坚定不移走绿色发展复兴之路,加快实施重点生态工程,提高生态责任追究主体的素质,增强责任追究主体的责任意识和道德品质,强化对生态责任追究主体人员的思想教育和行为监督,规范责任追究行为,保证责任追究的有效性。

三是加强公务员理想信念教育,为深入推进生态文明建设提供精神动力。

---

① [法]卢梭:《社会契约论》,何兆武译,商务印书馆1980年版,第83页。

习近平总书记曾指出,对马克思主义的信仰,对社会主义和共产主义的信念,是共产党人的政治灵魂,是共产党人经受住任何考验的精神支柱。① 因此,要以踏石留印、抓铁有痕的劲头加强官员理想信念教育,经常抓、长期抓,形成廉洁政治"大宣教"格局,实现共产主义理想信念在广大党员、干部、群众中入耳、入脑、入心,生根、开花、结果。尤其是切实增强推进生态文明建设的责任感、使命感,牢固树立人与自然和谐共生的科学自然观和绿水青山就是金山银山的发展理念,牢固树立绿色发展理念和正确政绩观,认真履行自然资源资产管理和生态环境保护责任,紧盯贯彻落实党中央关于生态文明建设决策部署不力、作出的决策严重违反生态环保方面政策法律法规、对群众关于环境污染的举报置之不理、问题整改不及时不到位和虚假整改等重点问题强化监督执纪问责,推动解决自然资源资产和生态环境领域突出问题,切实维护生态环境安全和人民群众利益。

四是从党性教育入手,增强公务员的自律意识。为了达到崇高的道德境界,各级公务员平时要从慎言、慎行、慎微、慎欲、自律做起,谨言慎行,防微杜渐,节制欲望,养成良好的行为习惯。正如古人所言:"罪莫大于多欲,欲不除,如蛾扑火,粉身乃止。""行发于迩者,不可禁于远。""不能自律,何以正人?""虽居官久,家无赢赀,亦以俭自律,不少变。"只有在须臾之间、细微之处加强自我修养,提高自我戒备,严格自我要求,常思贪欲之害,常怀律己之心,常修为政之德,才能达到自我完善的思想境界。尤其是环保部门更应该严格落实《生态环境部污染防治攻坚战强化监督工作"五不准"》要求,不准违反组织纪律,不准违反工作纪律,不准出现不良工作作风,不准滥用职权、以权谋私,不准违反廉洁纪律,树立污染防治攻坚战强化监督工作的良好形象。

---

① 　人民日报评论部:《习近平讲故事》,人民出版社 2017 年版,第 128 页。

二、强化生态责任嵌入

弗雷德里克·莫舍认为,在公共行政领域,责任是最重要的,[1]权力只是履行责任的手段。以责任意识为核心的问责文化是问责制的灵魂,是刚性法律制度的补充,是一种软文化。问责制的良性发展,需要问责文化这种"软实力"作为支撑,"问责"的落实有赖于在政府系统乃至整个社会中形成一种"保护环境,人人有责"的问责文化氛围,强化生态责任嵌入,通过问责文化建设来增强国家公职人员的生态责任意识,增强公民的权利意识和监督意识,确保责任追究过程不受人情等因素的影响,有效实现生态责任追究,促进生态文明建设。

(一)增强公务员生态责任意识

政府利用手中的公权力进行理性的生态决策时,要对已做的决策承担相应的政治、法律、经济及道德上的责任。目前,我国在决策责任追究方面仍然存在一定的问题,比如有时会责任划分不明确,特别是集体责任与个人责任容易混淆,导致有时候以集体责任替代个人责任,无法追究到个人,没有起到应有的警示作用。有时针对一些重大决策失误只追究单位责任不追究决策人责任的问题,要嵌入责任意识,并按照"谁决策、谁负责"的原则,明确每个决策者的权限及应当承担的责任。哪个环节发生决策失误,就在哪个环节追究责任。对违反法定程序,损害国家和集体利益的行为,要严格追究其责任。

1. 培养公务员生态责任意识

"有权必有责,用权受监督,违法受追究。"行政责任的履行取决于公务员

---

[1] [美]弗雷德里克·莫舍:《民主与公共服务》,牛津大学出版社 1968 年版,第 7 页。

对客观行政责任的认同和接受程度,而行政责任的实现最终离不开公务员的行政责任意识。行政责任对公务员的基本要求是公利至上、公平正身、遵守法纪、自我约束,尤其是要"自觉自愿地遵守从心底里拥护的、大家共同分享的道德价值观念的要求和约束"①。维护公共利益是公务员遵守的最基本准则,是公务员的第一要务。因此,我们要坚持公共利益至上,进一步强化公务员的行政责任意识和依法行政的良好习惯,强化公务员的"有权必有责"的责任感和问责意识,让公务员意识到权力与责任不可分割的关系,"常修为政之德,常思贪欲之害,常怀律己之心",做到"我当多大官就有多大责任",实现对行政责任的理性自觉,形成良好的责任习惯。

2. 营造良好的问责文化氛围

行政责任意识中包含着公正、仁爱、宽容、求实、节制等意识,它们都是行政文化环境长期熏陶的结果。实际上,良好的行政文化环境能够影响公务员的精神品质,改造公务员的习性和气质,提高公务员的道德水平,塑造公务员的行政责任意识,使行政责任伦理成为具有普遍意义的积极力量,从而成为公共行政过程中一个不可或缺的价值因素。因此,我们要积极探索可能性的途径,加强行政责任伦理建设,营造良好的问责文化氛围,实现问责文化的现代化。

3. 进一步强化"无为问责"理念

2015 年的国务院政府工作报告指出:"对实绩突出的,要大力褒奖;对工作不力的,要约谈诫勉;对为官不为、懒政怠政的,要公开曝光、坚决追究责任。"②为了贯彻落实"无为问责"理念,西部地区地方政府纷纷出台一些无为

---

① ［美］巴尔:《三种不同竞争的价值观念体系》,力文译,《现代外国哲学社会科学文摘》1993 年第 9 期。

② 《2015 全国两会文件学习读本》,人民出版社 2015 年版,第 135 页。

问责办法,将各级政府公务员的工作能力、态度、言行等都置于问责的高压之下,有效地增强了各级政府公务员的责任意识、宗旨意识、效率意识,提高了政府的公信力。

"无为问责"强调权责对等,强调行政责任的至上性和绝对性,将公务员的履职情况与其职务晋升挂钩,从而实现"有为者有位,无为者让位",有利于全面提升行政效能和政府形象,加快建设高效政府、责任政府。① 在生态环境督察执法中,要坚决查处曝光生态环保平时不作为、急时"一刀切"问题,既查不作为慢作为,又查乱作为滥作为,发现一起,严惩一起。

(二)构建现代政治良心

良心是人类最古老的道德范畴,被誉为人的内心世界沙漠中的一块绿洲。虽然人类几经沧桑,而良心却经久不衰,一直被世人所赞颂。卢梭曾给予良心最高赞颂:"良心呀! 良心! 你是圣洁的本能,永不消逝的天国的声音……是你使人的天性善良和行为合乎道德。没有你,我就感觉不到我的身上有优于禽兽的地方。"②在以德治国的今天,政府及公务员更要发挥良心的作用,构建现代政治良心。

政治良心,是相对于"暴力政治"的一个政治学术语,是为权力的爱国理性战胜权力自利之心的过程,归结到底是指对人民利益的忠诚。其本质是要求公权不偏离服务人民的目的;其功用在于张扬人的物理存在和精神存在中的一切有利于社会关系优化的积极方面,抑制其消极方面。

政治良心作为政府及公务员道德规范自律性的最高体现,对于党的思想作风、工作作风、领导作风、学风和干部生活作风建设都具有重大的现实意义。对良心拥有者个体而言,表现为超越自身物理存在和精神存在的障碍,使自我

---

① 卢智增:《问责文化建设路径研究——我国异体问责机制创新研究系列论文之二》,《天水行政学院学报》2017年第2期。

② [法]卢梭:《爱弥儿·论教育》(下卷),李平沤译,商务印书馆1983年版,第417页。

通过行为选择的途径成为对他人对社会有价值的存在物。因此,良心作用于人的行为全过程,起着指导、监督和评价的作用。

在社会主义改革开放和发展市场经济的进程中,在政治生活领域,受拜金主义、享乐主义和极端个人主义的影响,个别公务员道德堕落,以权谋私,贪污腐化,大搞权钱交易、权色交易,甚至充当黑社会的"保护伞",而完全置国家和人民的利益于不顾,给国家和人民造成重大损害。

虽然在现代社会中,法律制度在不断完善,但法律是一种刚性规范,具有时滞性,它只能靠强制性来约束和规范官员的行为,却不能实现官员真正地靠内在驱使规范自身日常行为。面对社会转型时期出现的政治良心异化,我们要走出法律制度"盲区",重扬良心意识,构建现代政治良心。[①]

1. 保障良心自由

良心是人的个性的重要标志,良心得到充分的自由,也就意味着个性得到全面的发展。良心自由权不仅与思想自由、信仰自由、宗教自由、学术自由、受教育权和学习权等精神权利密不可分,而且是贯穿于这些精神权利领域的主线。而良心自由必须由一定的制度来保障,制度化自律就是强调正式制度对道德主体的"刚性"约束,经常实施这种约束,会使道德行为产生惯性并最终转化为道德主体的"自然反应",此时,他律就转化为自律。我国如今正实施以德治国方略,可以通过制定和完善在良心自由权领域的现行制度来保障和实现良心自由。

2. 提倡共产主义良心

执政党的党风,关系社会风气的好坏,关系党的生死存亡。针对官德良心异化,各级党政干部要加强道德自律,提高官德修养,以臻于道德理想人格和

---

① 卢智增:《论现代政治良心的构建》,《天水行政学院学报》2013 年第 2 期。

至善道德境界。首先,要加强习近平新时代中国特色社会主义思想的学习,自觉将改造客观世界与改造主观世界相结合,将社会道德教育与主体道德修养相结合,牢固树立正确的世界观、人生观、价值观,以期提高思想道德素质,培养道德理想人格,坚定共产主义理想信念,提高为人民服务的本领。其次,要自觉自愿地以党章作为镜子,对照检查自己的思想和行为,反省自新,特别是要按照"四个意识"的要求严格自律、自省、自警、自励,无论何时何地都体现出道德意志和道德信念的坚定性。再次,要坚持批评与自我批评,通过开展积极的思想斗争,坚持真理,修正错误,既要严于律己,虚心接受别人的批评意见;又要敢于同不道德行为及歪风邪气作坚决斗争。此外,要加强监督机制和群众评议制度,加强权力制约,把党内监督与行政监督、法律监督、群众监督、舆论监督、民主党派和无党派人士的监督结合起来,把自上而下和自下而上的监督结合起来,形成强有力的监督网络,以制止违背良心、违反法律的权力腐败现象发生。

3. 进一步提升地方政府信用

缺乏政治良心,会导致政府信用危机。当今社会也面临着一些信任危机,如地方政府信任危机问题,个别民众对政府的办事效率产生质疑,不信任政府,甚至出现"仇官"现象。这是行政文化问题的一个突出表现,一定程度上影响着问责文化建设。因此,必须增强公务员的政治良心,坚持为人民服务原则,培育和促进行政问责文化,维护公共利益,建立负责、诚信的政府。

(三)培养公民环境参与意识

社会性是生态问题的本质属性,解决生态问题的根本途径在于发动广大人民群众的力量,公众参与已经成为生态文明建设的重要手段,它要求公众具有环境保护意识,具有科学的生活方式和消费方式,提高环境参与的积极性。当前我国生态文明建设主要是以政府为主导,存在民众参与不足,导致生态文明建设进展缓慢的问题。意识能够影响行为,加强公民的生态教育活动能够增强公民的生态危机意识,树立生态环境保护的坚强信念,进而落实到日常生活中去,落实到实践活动中去,在一定程度上有助于生态环境保护工作的顺利进行。

同样的,问责文化的形成除了对政府公务员进行问责教育之外,还有赖于公民的积极参与,离不开与现代社会和市场经济相适应的"公民意识"的觉醒。如果公民的问责意识淡薄,不对政府机关及公务员的不当与不合法行为进行监督,那么政府公务员就不会进行自我批评与反省。各级地方政府应当加强环境保护宣传教育,普及环境保护知识,提高全社会环境保护意识,营造保护环境的良好风气。教育行政部门、学校应当将环境保护知识纳入学校教育的内容,培养学生的环境保护意识。

首先,要加强对公民的教育,加强公众环境参与的科学指引,将有关环境保护的规范条文及其他具有宣传性的专业知识进行口语化宣传教育,提高公民素养,培育公民精神,增强人民当家作主的权利意识和生态责任感,激发人们的生态监督热情,增强公众环境参与意识,提高公众环境参与能力,积极参与政治生活,加大对地方政府的监督力度,使每一个公民都意识到自己也是问责主体中的一员,懂得运用手中的权利,使用正确的问责方法,对行政人员进行批评与监督,使问责文化深植于公民心中,在全社会形成一种积极的、健康向上的问责氛围,使问责成为一种社会常态,促使地方政府认真履行生态职能,最终形成生态责任追究体系。通过公民广泛的政治参与,推动公民自觉参与问责与监督,对政府公务员形成无形的压力,促使政府公务员勇于承担责任。①

其次,为了提高民众参与的能力和水平,我们要对公众环境参与的方式、技术等进行规范化引导,以集中民智,发挥公众参与的作用,同时支持并规范

---

① 卢智增:《问责文化建设路径研究——我国异体问责机制创新研究系列论文之二》,《天水行政学院学报》2017 年第 2 期。

民间环保组织的发展,修正并完善现有的环境信息反馈机制,以使民间环保组织的意见和建议得以吸收采纳。比如,广西完善环境违法行为有奖举报办法,对5种违法行为举报线索给予人民币2000元至10万元的奖励,鼓励群众成为执法人员的"望远镜""显微镜""夜视镜",紧盯各个角落里隐藏的环境违法企业,一旦群众举报的情况可能涉及环境犯罪的重大问题线索,环保和公安将迅速启动联合调查取证,最大限度降低环境违法行为的公共危害性。自2013年广西实施环境违法行为有奖举报以来,全区形成了全民参与环保监督的良好氛围。

三、扩大环境信息公开

"阳光是最好的防腐剂"。政府信息公开作为最重要的反腐利器,是当代社会对政府的基本要求,是政府应尽的义务,是民主政治的发展趋势,政务公开,既可以方便公众了解政府信息、把握政府动态,又可以增强政府自身的透明度,方便群众监督,防止官员腐败的发生。中国共产党第十八届中央委员会第四次全体会议通过的《中共中央关于全面推进依法治国若干重大问题的决定》明确规定,要全面推进政务公开,实现决策、执行、管理、服务、结果等环节公开。可见,加强政府行为的透明度,推行政务公开化,既是尊重公民知情权的重要体现,也是树立政府良好形象的重要途径,更是完善官员问责制的重要措施。

因此,我们要实行生态问责信息公开,进行"阳光问责",建设透明政府,让权力在阳光下运行。地方政府和有关部门应当定期公布生态环境信息,对于一些生态工程的建设情况,要随时向公众公开,以保证社会监督的有效性。生态决策要公开、透明,在确定需要决策生态问题相关事项时,应及时向社会发布消息,并通过座谈会、听证会、论证会等形式,广泛听取民意。决策过程中,要允许媒体参与,并通过电视、网络等形式向社会公开相关信息。生态项目的相关材料,只要不涉及国家和企业秘密,也应该尽可能向社会公开。

（一）建立健全环境信息公开的法律制度

20 世纪 70 年代,在世界一些组织和国家中建立起了环境信息公开法律制度,我国 2007 年以后才逐渐完善环境信息公开立法。因此,目前我们要结合本国国情并不断借鉴世界各国的经验,进一步建立健全环境信息公开法律制度。

首先,我们可以借鉴国外的经验,效仿欧盟的企业环境信息公开制度,以立法的形式明确政府生态环境责任,确立并保障公民的环境知情权,管理公民参与环境行政管理和环境决策。

其次,要结合我国国情,同时借鉴国外理念、技术、经验,整合现有的环境信息公开法律制度,形成一部全国统一的《环境信息公开办法》,细化环境信息公开的内容和范围,凡与公众生产生活相关的环境信息,包括与公众居家健康相关的各类产品信息均应主动公开,为公众了解环境信息提供更方便、快捷的渠道,以此发挥人民群众的监督作用,及时发现并纠正行政失职行为,切实保证问责全过程置于人民的监督之下。

最后,要建立环境污染责任追究机制和奖惩机制,形成生态问责文化,加强对企业的约束,对违反环境法律制度、不及时准确公开环境信息的企业除了进行经济制裁之外,还应该让其承担相应的法律责任,对环境监管失职的行政部门也要进行问责,促使环境信息由被动公开转变为主动公开、规范公开。

（二）扩大环境信息公开的主体

省(自治区、直辖市)级地方政府生态环境主管部门应当每年向社会发布本行政区域环境质量状况公报以及污染防治和生态保护工作情况。县级以上人民政府生态环境主管部门应当定期公布环境质量信息。县级以上人民政府生态环境主管部门和其他负有环境保护监督管理职责的部门,应当建立健全环境信息公开制度,依法将环境质量、环境监测、突发环境事件,以及环境行政许可、行政处罚、排污费的征收和使用情况等信息,通过政府网站、公报、新闻发布会、报刊、广播、电视等方式公开。公民、法人和其他组织可以依法向县级以上人民政府生态环境主管部门申请获取政府环境信息。

为了保证环境信息公开的全面性、真实性,在政府层面,除了生态环境部门之外,我们可以扩大环境信息公开的主体,将立法机关、司法机关也纳入环境信息公开主体,同时加强生态环境信息数据共享平台建设,建立健全政府环境信息管理体系,在环境信息公开主体之间建立工作协调机制,以避免互相推卸责任。在非政府层面,我们可以发动非政府组织积极参与到环境信息公开中来。如今,随着国家治理体系的创新和国家治理能力的提升,非政府组织日益增多,其对公共事务的参与日益增强,社会影响力也越来越大,成为处理社会问题不可缺少的重要组织,尤其在生态文明建设中,非政府组织的作用日益凸显,其权威性和处理公共事务的效率并不比政府部门低。因此,把非政府组织纳入环境信息公开主体,既可以发挥非政府组织的技术优势,丰富环境信息公开的内容,也可以增强公众的环保意识,提高全社会的生态文明水平。

(三)拓宽环境信息公开的内容和形式

我们要创新信息公开的方式方法,拓宽信息公开的内容,丰富信息公开的形式。目前虽然各级政府基本建立了政府网站,但大多是一些管理规定、规章制度,官员问责信息较少。因此,我们应按照《中华人民共和国政府信息公开条例》的要求,把与人民息息相关的信息,如政府的工作安排、财政收入情况、决策情况、财政支出领域、支出力度及支出效果等政府日常管理信息,以及问责渠道、问责程序、问责结果等问责信息通过一定的形式公开。就生态问责制度本身而言,环境信息公开不应局限于事件说明、处理结果,还应包括公共部门环境责任义务、履职状况、问责程序、实践调查、问责过程等各环节信息内容,应将生态环境责任追究的问责标准、程序规定、追究过程、处理结果等各环节具体实施状况及时向社会公开,在一定时限内接受社会监督评议,将多方参与融入环境问责工作推进的全过程,增加环境问责的独立性与透明度。

县级以上人民政府生态环境主管部门和其他负有环境保护监督管理职责的部门应当定期公布以下信息:

1. 违反环境保护法律法规规定的企业事业单位和其他生产经营者名单;

2. 污染严重的企业事业单位和其他生产经营者名单;

3. 发生重大、特大突发环境事件的企业事业单位和其他生产经营者名单;

4. 拒不执行已生效的环境行政处罚决定的企业事业单位和其他生产经营者名单。

我们还要不断创新信息公开的具体形式,比如,利用新闻媒体、互联网等来公开地方政府的政务信息,利用政报、综合年鉴等出版物公开地方政府的政务活动,还可以利用政府文件、简报、专栏、布告等方式公开政务信息。为此,我们要立足于现代科学技术,依托网络,打造广泛的网络监督平台,构建一个集反腐倡廉、了解民意、覆盖城乡的网络体系,重视网站信息更新质量,实现政务动态栏目、公告栏每天更新,其他栏目及时更新,促进公共事务的公开透明,提高政府信息的透明度,扩大政府网站的群众影响,切实解决群众反映强烈的问题,塑造公正、透明、高效、廉洁的政府形象。积极推动新闻媒体和社会组织的问责参与,利用新媒体传播手段进行调查和舆论监督,将其作为环境问责信息的发布渠道,实现环境信息资源共享。

（四）畅通环境信息公开的渠道

各地政府要加强互联网政务信息数据服务平台和便民服务平台建设,努力形成政府网站政务服务中心、档案馆、公共图书馆等,覆盖城乡、全方位、多层次的主动公开渠道,在政务服务中心设立政府信息公开查询点和电子公告栏、触摸屏查询系统等,并延伸至乡镇。根据各地实际情况,也可以在图书馆、档案馆、电子阅览室等公众聚集较多的场所,设立电子公告栏、政务信箱、查询点等,以便于人民群众获取和利用公共信息资源,及时参与政府事务,监督政府行为。

同时,我们还要强化环境信息公开与社会参与联动,完善环境信息公开监督救济手段,加强公众参与机制建设,打破环境信息不对称格局,实现环境问责信息有效交流反馈。[①]

(五)建立环境信息公开的考核机制

首先,我们可以整合生态环境部门、立法部门、司法部门、社会团体、企业、科研院所等单位的力量,在各级政府设立生态文明建设委员会。在生态文明建设委员会下面成立环境信息公开工作小组,培养一批专门的、高素质的环境执法行政人员,严格审查相关部门关于环境信息公开的法定执行程序,做到执法必严,违法必究。还要制定明确的环境信息公开奖惩制度,将环境信息公开情况纳入地方政府年度绩效考核体系中,比如考核政府信息是否及时公开、政府信息是否客观准确、政府信息是否具体便民、政府是否依公民申请公开信息、公众对政府信息公开是否满意等。其次,为了加大企业环境信息公开工作力度,鞭策企业环境信息公开,政府部门可以运用税收、收费、资助、补贴等多种经济杠杆,刺激企业"主动"向社会公开环境信息。再次,鼓励民间机构和行业组织对企业公开环境信息的状况进行评估。同时在评估的基础上进行多样化的支持和奖励,对于任何拒绝提供环境信息和提供虚假环境信息的违法人员和违法企业,都要进行曝光并加大惩罚力度,以威慑潜在的违法人员和违法行为。与此同时,还要建立一套针对信息公开不健全的监督检查机制,对违反环境信息公开的行为进行责任追究,以督促政府官员在生态文明建设中认真履行公共服务的职责,确保环境信息及时、准确、完整地公开。

---

① 万寿义、刘正阳:《制度安排、环境信息披露与市场反应——基于监管机构相关规定颁布的经验研究》,《理论学刊》2011年第11期。

（六）形成环境信息公开合力

我们必须充分利用现代互联网信息技术,推行政务信息公开化,创新多层次的电子政府建设体系,实现政府、公众、媒体之间相互协作,形成环境信息公开合力。在全球化信息高速发展的今日,信息的传播日益快速与丰富,媒体在政府和公众中起到一个桥梁的作用,有利于信息公开和对公众情绪的疏导,对环境危机事件的妥善处理起到"催化剂"的作用。因此,在生态文明建设中,要加强政府与公众、媒体之间的合作,让媒体获取的信息与政府协调一致,既充分发挥媒体的正面作用,保证信息获取的及时与真实,又能够减少小道消息的扩散,争取公众的支持,使环境危机事件的处理更为及时、高效。

（七）加强环境信息公开的监督

即使有严格的法律制度,有的地方政府部门和企业出于对自身的保护以及历史的惯性,可能不会主动地执行法规,将环境信息如实地大白于天下。因此,在建立健全环境信息公开法律制度之外,还必须加大监督力度,强化对环境信息公开的监督。根据 2007 年《中华人民共和国政府信息公开条例》第二十九条规定,应当通过工作考核、社会评议和责任追究等方式,加强对各级政府信息公开的监督。因此,我们应该建立政府信息公开的评估机制,由人大、政协、媒体、公民代表等组成专门的政府信息公开监督机构,定期或不定期对地方政府信息公开情况,如信息公开度、信息真实度、公开及时度等进行考核、评议,并将考核结果通过媒体公开。

首先,我们可以结合党的巡视制度,将生态文明建设情况纳入到中央下派的各巡视组的工作内容之中,考核督察各地环境信息公开,并把地方环境信息公开的成效作为地方政府绩效考核的重要指标,以此督促落实环境信息公开法律制度,实现地方的绿色 GDP。其次,我们要高度重视网络、媒体等舆论监督的独特作用,发挥新旧传媒的优势,形成强大的媒体监督力量。随着现代信息技术的迅速发展,网络、媒体成为反腐败的新载体、新平台、新形式,环境信息公开同样离不开网络、媒体的监督,通过网络、媒体对环境信息以及一些环境问题的披露,可以引起全社会对环境问题的高度关注,并对造成这些环境问题的人和事产生强大的社会压力,敦促相关责任人改进自己的行为,倒逼地方政府重视生态文明建设。再次,环境问题的解决离不开社会公众的有力监督,在环境信息公开监督方面,我们还要加强公众监督,充分发挥公众参与环境监督的积极性。与其他的政治监督形式相比,公众监督更具有公开性、灵活性、广泛性、社会性等特点。我们可以考虑成立专门的公众环境监督机构,定时、定点或者采取随机抽查等方式来对政府部门和相关企业环境信息公开进行监督,确保环境信息公开的及时性、准确性,满足公众需求,落实公众的环境知情权。此外,还要加强对农村地区企业的管理。地方政府部门应该深入了解设在农村地区的企业运作情况,对农村企业严格把关,尤其是对高污染企业要严格审批程序,尽可能在审批的第一关就把危害地方环境的企业拒之门外。对于已经成立的企业,要制定各项规章制度,加强监管,约束企业环境违法行为。生态环境部门要定期进行实地考察,定期对当地的环境进行评估,及时公开环境信息,发现超标的企业要立即勒令整改,整改过程要进行公示,同时邀请当地群众对企业的运作进行全程监督,充分发挥农民的环保积极性。①

总之,环境信息公开问题归根到底是利益问题,也是发展问题,只有把与之相关的各方利益处理好了,生态文明才可以早日建成,经济才可以跨越式发展,中国梦才可以全面实现。

四、完善政府生态效益补偿机制

实施生态保护补偿是调动各方积极性,保护好生态环境的重要手段,是生

---

① 卢智增:《我国环境信息公开存在的问题及其完善路径》,《中学政治教学参考》2017 年第 15 期。

态文明制度建设的重要内容。近年来,各地区、各有关部门有序推进生态保护补偿机制建设,取得了阶段性进展。但总体看,生态保护补偿的范围仍然偏小、标准偏低,保护者和受益者良性互动的体制机制尚不完善,一定程度上影响了生态环境保护措施的成效。因此,我们要进一步健全生态保护补偿机制,加快推进生态文明建设,建立多元化补偿机制,建立符合我国国情的生态保护补偿制度体系,促进形成绿色生产方式和生活方式。

(一)政府生态效益补偿机制的内涵

1. 生态效益补偿的含义

"生态效益补偿"一词最早出现在 19 世纪 70 年代西欧、北美等一些国家的生态文明研究中。当时西方国家经历了工业革命,资源枯竭和环境恶化,使得自然资源与可持续发展之间的矛盾日益突出,于是,生态效益补偿随之得到社会各界的普遍关注,并成为西方社会科学研究的热点之一。

虽然学者们对生态效益补偿的界定有所差别,但基本上包含以下四个主要观点:一是对生态系统本身保护或破坏进行的成本补偿;二是运用经济手段将经济效益的外部性内部化;三是对个人或区域保护生态系统和环境的投入或放弃发展机会的损失的经济补偿;四是对具有重大生态价值的区域或对象进行保护性投入。

综合国内外学者的研究,笔者认为,生态效益补偿是指以政府、企业、社会组织等为补偿主体,为了保护生态环境,通过政策、经济、法律等有效手段对自然资源开发者和生态环境破坏者强制性征收一定的费用,提高其环境行为成本,从而激励行为主体减少环境损害,同时对因保护生态环境而个人利益受损或在保护生态环境过程中有巨大贡献的个人或组织给予经济形式或非经济形式的补偿,提高其行为的收益,达到激励目的。生态补偿的本质变化可以被视为社会资本与财富冲突的缓冲剂和润滑油,其目的是平衡利益集团的利益,最终促进人与自然的和谐,推动可持续发展,实现生态文明。

2. 政府生态效益补偿的含义

生态资源具有社会公共物品属性,它不仅为人类提供各种类型的生态产品,还为人类提供重要的服务功能。生态效益补偿实质上是基于对生态补偿研究所细化的一个部分,由于我国市场经济体制处于不断完善阶段,加之生态效益具有外部性和公共物品特征,决定着政府在生态效益补偿中居于领导和支配地位,决定着我国要实行政府主导的生态效益补偿机制。具体言之,政府主导的生态效益补偿是指政府凭借其行政力量,通过制定法律法规,制定和执行公共政策等,对生态效益补偿过程进行有效引导和控制,将生态环境的经济外部性内部化,达到惩戒破坏生态行为、激励保护生态行为的目的,以保证生态环境安全,实现可持续发展的一套生态保护机制。

（二）建立政府生态效益补偿机制的意义

1. 建立生态效益补偿机制是建设责任政府的客观要求

生态环境是我们生存与发展的物质基础,它为我们提供了生存空间与生态服务功能,具有消费的非竞争性和使用的非排他性,是典型的公共物品,而政府作为公共管理的主体,是人民权利的授予者和公共权力的执行者,也是公共物品的主要提供者。生态资源的保护和生态系统功能的重建就是政府提供公共物品和公共服务的过程,是政府义不容辞的责任,而生态保护的过程中,政府有义务制定相应的法律法规和政策来确保其行为的有效性和结果的可观性。因此,建立生态效益补偿机制是建设责任政府的客观要求。

2. 建立生态效益补偿机制是保护生态资源的必要手段

目前,我国生态资源存在总量不足、分布不均、增长缓慢、破坏较重等特点。而且,随着工业化、城镇化的迅速发展,生态资源的面积还在日益缩减。因此,有必要通过建立生态效益补偿机制,增加破坏生态资源的成本,抑制生态资源使用者的违法行为,同时对保护生态资源的组织和个人给予一定奖励,以激励他们继续保护生态资源,并且吸引其他人也加入到生态资源保护中。

3. 建立生态效益补偿机制是实现生态价值,保障国家生态安全的现实选择

生态安全已逐渐成为国家安全的重要组成部分,它不仅影响着人类的生存和发展,也严重制约了经济和社会发展。当前,我国经济和社会的可持续发展已经受到资源匮乏和环境容量的严重制约,而生态效益补偿机制的建立,可以发挥生态资源的生态系统功能,改善我国的生态环境容量,从而实现生态价值,有效保障我国的生态安全。

（三）政府生态效益补偿机制的特点

1. 强制性和稳定性

政府作为行政管理的主体,具有一定的权威性,其所制定的规制生态效益补偿的制度、政策及法律法规,具有强制性。而且,相对于市场自我运行所产生的补偿机制而言,政府所制定的生态补偿效益制度具有一定的稳定性。通过生态补偿效益政策的实施,破坏生态资源者无法逃避处罚,受害者也不必担心补偿资金落实不到位。

2. 公平性

以市场为主导的生态效益补偿,由于市场信息的不对称性,会造成市场生态效益补偿的不均衡。而政府是公共利益的代表,由政府主导的生态效益补偿,秉持生态效益补偿的公平性原则,可以有效避免市场生态效益补偿存在的缺陷,可以保障受害者的利益不受侵犯,可以减少生态效益补偿过程中的不公平现象。

3. 广泛性

以市场为主导的生态效益补偿仅限于单一的、专项的补偿,而政府主导型生态效益补偿的最大优势之一就是对某一补偿客体实施生态效益补偿的同时,还兼顾其他客体的补偿,其补偿内容的广泛性和补偿手段的多样性是市场主导型生态效益补偿所不能比拟的,政府主导的生态效益补偿,能够综合运用各种生态补偿政策与手段对生态资源进行效益补偿,对因生态资源遭受破坏而受损的受害者进行补偿。[1]

（四）政府生态效益补偿机制的原则

一是权责统一、合理补偿。谁受益、谁补偿。科学界定保护者与受益者的权利义务,推进生态保护补偿标准体系和沟通协调平台建设,加快形成受益者付费、保护者得到合理补偿的运行机制。

二是政府主导、社会参与。发挥政府对生态环境保护的主导作用,加强制度建设,完善法规政策,创新体制机制,拓宽补偿渠道,通过经济、法律等手段,加大政府购买服务力度,引导社会公众积极参与。

三是统筹兼顾、转型发展。将生态保护补偿与实施主体功能区规划、西部大开发战略和集中连片特困地区脱贫攻坚等有机结合,逐步提高重点生态功能区等区域基本公共服务水平,促进其转型绿色发展。

四是试点先行、稳步实施。将试点先行与逐步推广、分类补偿与综合补偿有机结合,大胆探索,稳步推进不同领域、区域生态保护补偿机制建设,不断提

---

[1] 卢智增、刘启红:《西部民族地区政府主导型森林生态效益补偿机制研究——以广西龙胜各族自治县为例》,《桂海论丛》2015年第6期。

升生态保护成效。①

（五）完善政府生态效益补偿机制的路径

1. 明确政府责任，发挥政府主导功能

（1）明确政府的生态补偿责任

由于生态环境具有公共物品的属性，因此，政策手段和公共财政手段被认为是生态效益补偿的主要手段，生态效益补偿是各级政府无法推卸的责任和义务。政府作为生态文明建设的领路人，在生态效益补偿中扮演着决策者的角色，起着关键作用，在生态效益补偿机制构建中，政府应该自觉承担生态责任，以利益相关者的利益为重，努力提高生态效益补偿资金的利用率。

（2）明晰生态效益补偿的内容，划清生态效益补偿的边界

生态效益补偿不仅仅是林业部门的职责，也是政府各个组成部门的共同责任。因此，地方政府既可以组织各个部门通过实地考察，了解当地的生态资源状况，强化其生态责任意识，改变其生态价值观念，又可以通过专题讲座、主题学习会等形式，在强化生态责任意识的基础上，提高政府工作人员对生态效益补偿的认知，明晰生态效益补偿的概念、目标、手段、方式、意义等内容，划清生态效益补偿的边界，并进一步引导民众增强对生态效益补偿的认知和了解，从而实现森林、草原、湿地、荒漠、海洋、水流、耕地等重点领域和禁止开发区域及重点生态功能区等重要区域生态保护补偿全覆盖。

（3）加强宣传引导，营造生态文明建设氛围

生态效益补偿的实施，需要加强宣传引导，营造一种良好的社会氛围，地方政府应加大对生态效益补偿的宣传力度，通过海报宣传、知识小手册、下乡

---

① 《国务院办公厅关于健全生态保护补偿机制的意见》。

下村专题讲座等方式进行知识普及,还可以通过电视、报纸等各种媒体进行宣传和引导。与此同时,地方政府部门要在民众对生态效益补偿初步了解的基础上,加强与民众沟通,在内部成立专门的生态效益补偿管理小组的同时,可以通过开通微博、热线等渠道,有效反映民意,解决民情,解释民众对生态效益补偿所提出的任何问题。

2. 扩大财政生态转移支付,实现补偿资金筹集多元化

(1)继续加大财政生态转移支付力度

财政生态转移支付是一种"输血型"补偿,在我国构建生态效益补偿机制中起着非常重要的作用。因此,我们必须进一步完善"输血型"生态补偿,国家和地方财政应按照完善生态效益补偿机制的要求,进一步调整生态环境财政支出结构,优化公共财政体制,加强政府的生态财政功能,增加财政转移支付中动态的生态效益补偿资金,在中央和省(区)级政府设立生态环境转移支付专项财政预算,地方财政也要加大对生态效益补偿的支持力度。完善省级以下转移支付制度,建立生态保护补偿资金投入机制,加大对省级重点生态功能区域的支持力度。

(2)坚持"受益者合理负担"原则

生态资源是一个内在效益价值较强、完整度较高的生态循环系统,在现代社会,生态资源的正外部性已经不再是"免费的午餐",享受了"生态服务"的受益者需要公平分摊责任,承担相应的费用。国外很多国家在实施生态补偿的过程中,都特别重视"受益者合理负担"原则。"受益者合理负担"原则不仅可以提高民众生态意识,减少"搭便车"现象,而且可以将受益者上缴的费用直接收归于生态效益补偿资金。因此,我们要推动建立绿色利益分享机制,支持重点生态功能区发展绿色循环经济,使其在同等条件下获得更多的发展机会,引导生态受益地区加强对生态保护地区的交流、协作和帮扶,通过对口协作、园区共建、项目支持、飞地经济、产业转移、异地开发等方式,不断拓宽合作

领域,丰富补偿方式,让生态价值得以充分体现。

（3）设立生态环境税

一些西方国家,如瑞典、荷兰、丹麦等已经设立并开征生态环境税,以增加生态补偿资金。瑞典于1991年颁布了世界第一个生态税调整法案,为生态效益补偿提供资金保障。日本也积极探索生态补偿机制,征收水源税,又称为森林环境税。巴西在森林生态效益补偿中遵循"谁保护、谁受益"的原则,生态增值税已相继在各个州征收。[1] 因此,我们可以学习借鉴德国的做法,在能源税的基础上开征生态税,开辟稳定的资金渠道;或者借鉴日本的经验,开通水源税,充当生态效益补偿资金;或者学习巴西的做法,引入生态增值税,专用于生态文明建设。按照中央统一部署,统筹推进绿色税制建设,深化资源税改革,积极推进环境保护费改税,研究论证水资源税在调入区与水源区之间的合理分享,逐步将资源税征收范围扩展到各种自然生态空间,支持相关收入用于开展相关领域生态保护补偿。

（4）构建生态效益市场补偿机制

当前,国外已有25个国家在生态效益补偿中引入市场机制。哥斯达黎加成功地在森林生态效益补偿机制中引入市场手段,有效保障了森林生态补偿资金来源。美国引入市场法则和竞争机制,通过购买或行政合同等方式实施市场化生态补偿。澳大利亚通过排放许可证交易,使生态服务商品化,并在市场交易中使生态服务提供者获得收益。[2] 我国也可以构建生态效益市场补偿机制,将生态服务功能和生态效益打包推入市场,通过市场交易或支付,实现生态环境服务功能价值。建立健全生态补偿投融资体制,支持鼓励社会资金参与生态建设、环境污染整治,切实改变目前政府环保支出责任过重的局面。探索在城乡土地开发中积累生态环境保护资金,利用国债资金、开发性贷款,

---

[1] 王世进、焦艳:《国外森林生态效益补偿制度及其借鉴》,《生态经济》2011年第1期。

[2] 何沙、邓璨:《国外生态补偿机制对我国的启发》,《西南石油大学学报（社会科学版）》2010年第4期。

以及国际组织和外国政府的贷款等,努力形成多元化的资金投入格局。

同时,鼓励跨省流域、区域开展生态补偿试点,按照"谁受益、谁补偿"的原则,引导建立科学合理、操作性强、互利共赢的横向生态补偿机制,提高生态补偿效率。鼓励受益地区与保护生态地区、流域下游与上游通过资金补偿、对口协作、产业转移、人才培训、共建园区等方式建立横向生态保护补偿关系。鼓励在具有重要生态功能、水资源供需矛盾突出、受污染危害或威胁严重的地区探索开展横向生态保护补偿试点。

3. 构建生态资源价值评估体系,制定合理的生态效益补偿标准

我们要综合考虑营林造林的直接投入、生态系统服务功能的效益、保护生态功能所放弃的发展机会成本等进行科学合理的生态效益核算,加强生态保护补偿效益评估,积极培育生态服务价值评估机构,健全自然资源资产产权制度,建立统一的确权登记系统和权责明确的产权体系,构建生态资源价值评估体系。同时,我们要根据不同地区的经济发展水平,因地制"标",采用不同的价值评估体系,制定不同的生态效益补偿标准。

4. 实行多元化的补偿形式

(1)经济补偿

经济补偿,也就是资金补偿,是当前全世界进行生态效益补偿的最主要形式,是指补偿主体通过向生态环境保护者和恢复者提供补偿资金的形式,是最能直接反映受偿区所获补偿的形式,也是受偿者得到的"最实实在在的好处"。

(2)实物补偿

实物补偿,是一种非经济补偿,指运用粮食、土地、劳动力等要素对生态资源受损者进行补偿,给其提供部分生产、生活要素,从而帮助其弥补生态资源破坏带来的损失,一定程度上可以改善受偿者的生活状况并增加其效益。

（3）技术支持

我们要加强研究,加大对受偿区技术方面的支持力度,在遵循自然规律的前提下,进行良好的人工干预,切实解决问题。为此,地方政府可以招贤纳士,直接从高校中引进环境工程方面的专业人才,也可以从现有工作人员中培养技术人才,向受偿地区输送,还可以加强对管护人员的专业培训,开发并推广适用于生态资源价值的数量化技术,实现生态资源发展的良性循环。

（4）发展机会补偿

发展机会补偿是指补偿主体对受偿区民众为了保护、治理、恢复当地生态资源,被迫放弃了一些自身发展机会而做出的填补与回复。如北京市聘用受偿区的民众为公益林的管护者,给受偿者提供了一个良好的发展机会,同时也提高了民众对生态效益补偿机制构建的参与度。

5. 建立生态补偿保障体系

（1）建立健全生态效益补偿法律制度

我们要加快生态补偿立法工作,出台生态补偿法,明确生态补偿的基本原则、主要领域、范围对象、补偿方式、补偿标准等,确保生态转移支付补偿机制有法可依;加快推进生态环保事权划分,中央主要承担关系国家生态安全格局、跨区域的环境治理和生态保护修复事项,地区性生态保护修复项目由地方负责,促进相关事权有效落实。

首先,要明确生态效益补偿的主客体、补偿范围及标准、补偿的形式和后续监督形式等一系列内容。其次,要创造出一个让生态效益补偿制度体系运行的良好政策环境,完善相关的配套体制机制,并提供相应的服务,使生态效益补偿的责任主体自觉履行义务。再次,要将生态效益补偿进一步法律化、制度化,确保生态效益补偿的权威性和合法性,即使涉及生态补偿的国家转移支付、财政补贴、财政预算等,也要按照生态效益补偿的制度体系进行,防止主管部门和责任主体缺位、越位。最后,要根据各地实际,制定具有地方特色的生态补偿法律制度。各地应充分利用自己的优势条件,在中央出台的法律政策的指导下,开展生态效益补偿的立法调研项目,并以此为基础,尽快出台符合各地实际、操作性强的生态效益补偿地方性法律法规或条例,规制生态效益补偿机制实施过程中的各种失范行为,保证生态效益补偿工作有法可依,有效维护受偿者的根本利益。

(2)建立生态效益补偿监督机制

为了保证生态效益补偿的实效性,有必要建立相应的监督机制,监督补偿制度是否认真执行,监督补偿资金运行是否合理、发放是否到位,有无挪用、侵吞、截留、串用等违规现象。为此,我们可以成立专门的监督机构或者委托专业机构行使监督权利,一方面,可以充分利用专业机构的人力、技术和经验的优势,保证补偿制度的落实和补偿资金的合理利用;另一方面,可以利用专业机构的权威性,对补偿资金的发放和运作进行监督。此外,各级生态环境主管部门可以建立生态效益补偿资金支出档案,并建立生态效益补偿资金落实情况监督卡,上级部门可以根据补偿标准定期通过支出档案、监督卡进行检查,发现问题及时纠正。

(3)建立生态政绩考核制度

把领导干部的生态文明建设效果作为政绩考核的重要依据,把生态补偿工作列入官员政绩考核内容,是提高生态效益、保护生态资源的重要环节。为此,我们要结合当地的经济、社会、人文等多重因素,建立包含生态文明环境建设标准的政绩考核体系,以此来鼓励和引导基层干部了解生态环境参与和保护的重要性,主动投身于生态环境治理,从而把生态补偿责任落实到位。[①] 我们要以“生态成绩单”为基础,强化资金分配导向。生态环保资金的安排使用要着重向欠发达地区、重要生态功能区、水系源头地区和自然保护区倾斜,优先支持生态环境保护作用明显的区域性、流域性重点环保和污染防治项目,以及污染防治新技术新工艺的开发和应用。进一步加大生态扶贫力度,实现生

---

① 卢智增、刘启红:《西部民族地区政府主导型森林生态效益补偿机制研究——以广西龙胜各族自治县为例》,《桂海论丛》2015年第6期。

态保护与减贫脱贫双赢。同时,我们要完善生态保护成效与资金分配挂钩的激励约束机制,完善因素指标体系,加强对生态保护补偿资金使用的监督管理,强化生态环境质量考核结果在生态补偿资金分配中的运用。①

五、严守生态保护红线

（一）生态保护红线的内涵

2017 年 2 月,中共中央办公厅、国务院办公厅印发了《关于划定并严守生态保护红线的若干意见》,要求 2018 年底前,其他省(自治区、直辖市)划定生态保护红线;2020 年底前,全面完成全国生态保护红线划定,勘界定标,基本建立生态保护红线制度,国土生态空间得到优化和有效保护,生态功能保持稳定,国家生态安全格局更加完善。到 2030 年,生态保护红线布局进一步优化,生态保护红线制度有效实施,生态功能显著提升,国家生态安全得到全面保障。党的十九大报告明确提出,要完成生态保护红线、永久基本农田、城镇开发边界控制线划定工作,而生态保护红线是生态空间范围内具有特殊重要生态功能、必须强制性严格保护的区域,是保障和维护国家生态安全的底线和生命线。

生态空间是指具有自然属性、以提供生态服务或生态产品为主体功能的国土空间,包括森林、草原、湿地、河流、湖泊、滩涂、岸线、海洋、荒地、荒漠、戈壁、冰川、高山冻原、无居民海岛等。生态保护红线是指在生态空间范围内具有特殊重要生态功能、必须强制性严格保护的区域,是保障和维护国家生态安全的底线和生命线,通常包括具有重要水源涵养、生物多样性维护、水土保持、防风固沙、海岸生态稳定等功能的生态功能重要区域,以及水土流失、土地沙

---

① 张衡:《民盟中央:五大举措完善生态补偿机制》,《中国财经报》2019 年 3 月 5 日。

化、石漠化、盐渍化等生态环境敏感脆弱区域。①

划定并严守生态保护红线,是贯彻落实主体功能区制度,实施生态空间用途管制的重要举措;是提高生态产品供给能力和生态系统服务功能,构建国家生态安全格局的有效手段;是健全生态文明制度体系,推动绿色发展的有力保障。其内涵概括为以下"四条线",一是生态保护红线是优质生态产品供给线。目的就是为人民群众提供清新的空气、清洁的水源和宜人的环境。二是生态保护红线是人居环境安全保障线。避开水土流失、土地沙化、石漠化等生态环境敏感脆弱区域,保障人居安全。三是生态保护红线是生物多样性保护基线。将生物多样性保护的空缺地区纳入保护范围,确保国家重点保护物种保护率达 100%。四是生态保护红线是国家生态安全的底线和生命线。在维护生物多样性、提供优质产品、保障人居环境安全等方面支撑着经济社会发展,也为国家生态安全提供了坚实支撑和保障。

(二)严守生态保护红线的原则

一是科学划定,切实落地。落实环境保护法等相关法律法规,统筹考虑自然生态整体性和系统性,以生态功能重要区、生态环境敏感区脆弱区和科学评估结果为基础,结合各类受保护地区边界校核,并与经济社会发展规划、主体功能区规划及相关空间规划充分协调,按生态功能重要性、生态环境敏感性与脆弱性划定生态保护红线,并落实到国土空间,系统构建国家生态安全格局。

二是坚守底线,严格保护。生态文明建设是个由表及里、由浅入深的过程,在这一过程中,必须强化制度执行,让制度成为不能越雷池一步、越过则必受惩罚的红线,以保证美丽中国建设顺利进行。自实行最严格的生态环境保护制度以来,中国自上而下落实执行、问责考核的力度不断加大。党的十九届四中全会进一步强调严明生态环境保护责任制度,对树立制度的刚性和权威、

---

① 《关于划定并严守生态保护红线的若干意见》。

提高违法违规成本作出具体规定。因此,必须牢固树立底线意识,将生态保护红线作为编制空间规划的基础,强化用途管制,严禁任意改变用途,杜绝不合理开发建设活动对生态保护红线的破坏。

三是部门协调,上下联动。地方党委和政府出台技术规范和政策措施,落实划定并严守生态保护红线的主体责任,上下联动、形成合力,确保划得实、守得住。加强各地各部门间沟通协调,强化监督执行,可以由地方生态环境部门、发展改革委牵头建立生态保护红线管理协调机制。地方生态环境部门、发展改革委会同有关部门定期发布生态保护红线监控、评价、处罚和考核信息,各地及时准确发布生态保护红线分布、调整、保护状况等信息,保障公众知情权、参与权和监督权,同时加大政策宣传力度,发挥媒体、公益组织和志愿者作用,畅通监督举报渠道。

(三)制定生态保护红线严守措施

一是明确生态保护范围,划定生态保护红线。西部地区各级地方政府要按照生态环境部、国家发展改革委等有关部门制定的生态保护红线划定技术规范,明确水源涵养、生物多样性维护、水土保持、防风固沙等生态功能重要区域,以及水土流失、土地沙化、石漠化、盐渍化等生态环境敏感区及脆弱区域的评价方法,识别生态功能重要区域和生态环境敏感区及脆弱区域的空间分布。明确生态系统类型、主要生态功能,明确生态保护红线可保护的湿地、草原、森林等生态系统数量,并与生态安全预警监测体系做好衔接,建立划定生态保护红线责任制和协调机制,明确责任部门,组织专门力量,制定工作方案,全面论证、广泛征求意见,有序推进划定工作,形成生态保护红线。如重庆市生态保护红线管控空间格局呈现为"四屏三带多点",生态保护红线包含水源涵养生态保护红线、生物多样性维护生态保护红线、水土保持生态保护红线、水土流失生态保护红线、石漠化生态保护红线等 5 种类型。四川省将生态保护红线分为 4 个重点区域和 13 个区块。4 个重点区域分别为若尔盖草原湿地生态功能区、川滇森林及生物多样性生态功能区、秦巴生物多样性生态功能区、大小凉山水土保持及生物多样性生态功能区。13 个区块分别为雅砻江源水源涵养生态保护红线、大渡河水源涵养生态保护红线、若尔盖湿地水源涵养—生物多样性维护生态保护红线、沙鲁里山生物多样性维护生态保护红线、大雪山生物多样性维护—水土保持生态保护红线、岷山生物多样性维护—水源涵养生态保护红线、邛崃山生物多样性维护生态保护红线、凉山—相岭生物多样性维护—水土保持生态保护红线、锦屏山水源涵养—水土保持生态保护红线、金沙江下游干热河谷水土流失敏感生态保护红线、大巴山生物多样性维护—水源涵养生态保护红线、川东南石漠化敏感生态保护红线和盆中城市饮用水源—水土保持生态保护红线。广西生态保护红线基本格局为"两屏四区"，"两屏"为桂西生态屏障和北部湾沿海生态屏障，主要生态功能是水源涵养、生物多样性维护和海岸生态稳定；"四区"即桂东北生态功能区（包括都庞岭、越城岭、萌渚岭山地）、桂西南生态功能区（西大明山地）、桂中生态功能区（包括大瑶山地）、十万大山生态保护区，主要生态功能为水源涵养、生物多样性维护和水土保持。

二是加强生态保护与修复。我们要以县级行政区为基本单元建立生态保护红线台账系统，制定实施生态系统保护与修复方案，优先保护良好生态系统和重要物种栖息地，建立和完善生态廊道，提高生态系统完整性和连通性。分区分类开展受损生态系统修复和退化生态系统修复，采取以封禁为主的自然恢复措施，辅以人工修复，改善和提升生态功能，在水源涵养生态保护红线内，结合已有的生态保护和建设工程，加强森林、草地和湿地的管护和恢复，提高区域水源涵养生态功能；在水土保持生态保护红线内，实施水土流失的预防监督和水土保持生态修复工程，加强小流域综合治理；在生物多样性维护生态保护红线内，建立和完善生态廊道，促进自然生态系统的恢复，加强外来入侵物种管理。

比如，2019 年 10 月，贵州省出台的《贵州省生态环境损害修复办法（试行）》规定,生态环保等相关部门可启动生态损害赔偿机制,根据"谁污染、谁治理;谁破坏,谁恢复"的原则,由造成生态环境损害的责任者承担赔偿责任,修复受损生态环境,解决"企业污染、群众受害、政府买单"的问题。《贵州省生态环境损害修复办法(试行)》明确规定,不管单位或个人,造成以下 8 种情况,生态环保等相关部门可启动生态损害赔偿:发生较大及以上突发环境事件的;在国家和省级主体功能区规划中划定的重点生态功能区、禁止开发区发生环境污染、生态破坏事件的;自然保护区、森林公园、地质公园、湿地公园、风景名胜区、世界文化和自然遗产地、水产及野生植物种质资源保护区受到严重环境污染或生态破坏的;饮用水水源保护区受到环境污染或生态破坏导致水质下降的;擅自在水土保持方案确定的专门存放地以外的区域倾倒砂、石、土、矸石、尾矿、废渣等,造成严重环境污染或生态破坏的;擅自采矿、挖沙取土、掘坑填塘等改变地形地貌等活动,对生态环境造成严重破坏的;石漠化地区造成严重的表土资源破坏的;违法排污、不按方案下放生态流量等造成严重环境污染或生态破坏,导致省级水功能区水质下降或不达标的。

广西也大力加强生态保护与修复工程,于 2019 年 3 月编制了《桂林漓江流域山水林田湖草生态保护与修复工程实施方案(2019—2023 年)》,计划投资 190 亿元,实施土地综合整治、矿山生态环境修复、流域水环境保护治理、污染与退化土地修复治理、生物多样性保护、重要生态系统保护修复等 6 大类工程,涉及 1316 个工程子项目,全力推进漓江流域生态保护和修复治理。通过生态保护与修复,进一步擦亮桂林作为世界著名风景游览城市、中国首批历史文化名城及生态山水名城这一亮丽名片,形成可复制的"桂林经验"。

三是建立资源有偿使用机制。《生态文明体制改革总体方案》明确提出,要健全完善全民所有自然资源资产有偿使用制度,并将制定出台指导意见列为重要改革任务。完善资源有偿使用制度是为了适应时代发展趋势,要认真贯彻落实党的十九大精神,以习近平新时代中国特色社会主义思想为指导,坚持人与自然和谐共生,树立和践行绿水青山就是金山银山的理念,按照节约优先、空间均衡、系统治理、两手发力的新时代环境治理新思路,全面落实最严格资源管理制度,切实发挥资源有偿使用制度对资源节约、保护与合理开发利用行为的调节引导作用,促进资源的可持续利用,保障经济社会可持续发展。

资源有偿使用机制需以健全的法律法规体系为基础,而系统完善的法律法规也是实施资源有偿使用的根本依据和保障,坚持和完善国家对资源的所有权制度,明确国家对资源市场的所有权和调控权,将环境修复、恢复和保护纳入资源有偿使用体系,对资源的开发按照风险程度进行设置和管理。我们应开辟多元化补偿渠道,建立生态税收制度,加大政府干预行为,针对不同的补偿内容可采取等价补偿和加倍补偿的不同补偿方式。如对重要水电站、水库等关键水资源进行加倍补偿,而对同类型流域河道进行等价补偿,同时可以对地表水、地下水、其他水资源采取同类补偿和异类补偿等。

比如,广西为了牢固树立保护优先、尊重自然、绿水青山就是金山银山等重要理念,加快建立健全国有林场森林资源资产有偿使用制度建设,统筹协调森林资源保护和合理利用,为建设生态文明和"美丽广西"提供重要制度保障,于 2018 年制定了《广西壮族自治区国有林场森林资源资产有偿使用改革指导意见》。文件规定,要正确处理森林资源保护与开发利用的关系,坚持保护优先、合理利用,对可开发利用区域的国有林场森林资源资产,实行科学规划,有序利用,禁止过度开发,杜绝不符合森林资源保护和生态环境保护要求的项目有偿使用国有林场森林资源资产。要充分发挥市场配置资源的决定性作用,鼓励社会资本、金融资本开展国有林场森林资源资产有偿使用,利用国有林场森林生态景观和森林生态功能开展森林旅游和森林康养等。要依法开展国有林场森林资源资产有偿使用,合理划分各级政府对国有林场森林资源资产的处置权限,明确国有林场森林资源资产所有者、经营者和有偿使用者的权利义务,有效维护国有林场森林资源资产所有者、经营者和有偿使用者的合法权益,防止国有林场森林资源资产流失,建立健全国有林场森林资源资产有偿使用监管体制和责任追究机制。

四是建立监测网络和监管平台。地方政府要积极发挥生态环境、发展改革、国土资源等有关部门的作用,建设和完善生态保护红线综合监测网络体系,充分发挥地面生态系统、环境、气象、水文水资源、水土保持、海洋等监测站点和卫星的生态监测能力,布设相对固定的生态保护红线监控点位,及时获取生态保护红线监测数据。依托国家生态环境监管平台和大数据,运用云计算、物联网等信息化手段,加强能力建设,实施分层级监管,加强监测数据集成分析和综合应用,建立本行政区监管体系,强化生态气象灾害监测预警能力建设,全面掌握生态系统构成、分布与动态变化,及时评估和预警生态风险,提高生态保护红线管理决策科学化水平。实时监控人类干扰活动,及时接收和反馈信息,及时发现破坏生态保护红线的行为,及时核查和处理违法行为,对监控发现的问题,通报当地政府,由有关部门依据各自职能组织开展现场核查,依法依规进行处理。

五是落实责任主体,强化执法监督。西部地区省(自治区、直辖市)级政府统筹研究制定全省生态保护红线重大政策和措施,及时准确发布生态保护红线分布、调整、保护状况等信息。对生态保护红线保护成效突出的单位和个人予以奖励;对造成破坏的,依法依规予以严肃处理。省级政府有关行政主管部门要按照职责分工,履行生态保护红线划定和管控职责,加强监督管理,做好指导、协调和执法监督,共守生态保护红线,推动落实生态保护红线内生态空间用途管制,对划入生态保护红线的各类已有禁止开发区域,相关责任部门要依法严格管理。各地级市(州)政府要落实严守本行政区生态保护红线的主体责任,负责生态保护红线的日常监管,建立目标责任制,把保护目标、任务和要求层层分解,落到实处,并定期公布生态保护红线信息,并将生态保护红线纳入国民经济和社会发展规划、土地利用总体规划和城乡规划。县(区)级政府要落实严守本行政区生态保护红线的主体责任,负责将生态保护红线落地、勘界定标,开展生态保护红线的政策宣传、日常巡查和管理。根据需要设置生态保护红线管护岗位。

要坚持党政同责和一岗双责,强化过程严管,明确规定责任清单,要把职责一直延伸到各乡镇(街道)党委、政府,实现"纵向到底";还要全面厘清责任,做到"横向到边",确保责任落实。各级生态环境部门和有关部门要加强源头防控,从单一的生产性污染防控转变为综合的生产、生活、生态三方立体的源头防控,从污染要素管控向生态空间管控转变,从传统手段向绿色科技创新转变。要按照职责分工加强生态保护红线执法监督,建立生态保护红线常态化执法机制,定期开展执法督察,不断提高执法规范化水平,及时发现和依法处罚破坏生态保护红线的违法行为,切实做到有案必查、违法必究。有关部门要加强与司法机关的沟通协调,健全行政执法与刑事司法联动机制。

六是建立考核机制,严格责任追究。西部地区各级地方政府要加强生态保护红线日常监管,不定期开展生态保护红线执法专项行动,及时发现和严肃查处破坏生态环境的违法违规行为。根据评价结果和目标任务完成情况,开展生态保护红线保护成效考核,制定生态保护红线绩效考核管理办法,将生态保护红线目标任务完成情况、管控措施执行、保护修复情况、工作成效等纳入生态文明建设目标考核体系和年度环境保护目标责任管理及环保督察重要内容,对地方政府生态保护红线工作进行量化考核,并作为党政领导班子和领导干部综合评价及责任追究、离任审计的重要依据。对违反生态保护红线管控要求,造成生态破坏的部门、地方、单位和有关责任人员,按照有关法律法规和《中国共产党问责条例》《党政领导干部生态环境损害责任追究办法(试行)》等规定实行责任追究。对推动生态保护红线工作不力的,区分情节轻重,予以诫勉、责令公开道歉、组织处理或党纪政纪处分,构成犯罪的依法追究刑事责任。对造成生态环境和资源严重破坏的,要实行终身追责,责任人不论是否已调离、提拔或者退休,都必须严格追责。

六、规范生态问责程序

（一）问责程序的含义

程序是问责制沿着法治的轨道前进，防止陷入人治误区的保证。地方政府生态责任追究机制的完善，依赖于一套符合时代发展需要的、设计合理完备的、操作性充足的程序。因此，要严格规范问责程序，在法律的框架之下，设定和规定生态问责程序运行，以此确保问责程序的规范性、严谨性和实效性，通过程序追究这种"看得见的正义"，可以最大限度地实现生态责任追究的公平公正。所谓问责程序，就是问责主体针对问责客体进行监督和问责的具体方式、步骤、顺序、时限等。①

（二）生态问责程序的步骤

从法规规范上看，2006 年颁布的《环境保护违法违纪行为处分暂行规定》虽明确规定了生态问责主体、问责客体、责任认定等一系列实体性内容，但未涉及程序规范问题。2015 年颁布的《党政领导干部生态环境损害责任追究办法（试行）》第十一条规定："各级政府负有生态环境和资源保护监管职责的工作部门发现有本办法规定的追责情形的，必须按照职责依法对生态环境和资源损害问题进行调查，在根据调查结果依法作出行政处罚决定或者其他处理决定的同时，对相关党政领导干部应负责任和处理提出建议，按照干部管理权限将有关材料及时移送纪检监察机关或者组织（人事）部门。"这对于推动我国生态问责走向程序化具有重大作用。然而，《党政领导干部生态环境损害责任追究办法（试行）》虽对问责程序有所提及，但对于生态问责程序的启动、

---

① 关保英：《行政问责程序研究》，《东方法学》2013 年第 6 期。

调查核实、问责时限、问责申诉等内容没有具体说明。在对两批环保督察案例进行查阅统计时发现,各大门户网站只公开了案例概况和处理结果,相关媒体新闻网也只是对案例进行抽象化跟踪报道,而对于问责案例的责任追究程序、实施进度等各环节具体内容均没有说明。

因此,我们要进一步规范生态问责程序。依据中共中央办公厅、国务院办公厅发布的《关于实行党政领导干部问责的暂行规定》,生态责任追究程序应包括以下几个环节:

一是责任追究的启动程序。责任追究机关应于作出受理决定之日起 3个工作日内,将事件受理情况予以公开,并成立专项小组进行事件状况调查。在问责程序的启动方面,应采取多样化的问责主体,由原先政府机关和纪检部门启动逐步转向人大、司法机关、社会公众及新闻媒体启动,强化公民、媒体等其他组织的投诉、检举和控告,人大、司法机关、社会新闻媒体等理应成为程序启动的依据。生态责任追究的启动不能局限于发生重大环保事件,还应包括热点网络和环境执法平台的环境监管信息、"12369"群众举报环境问题投诉受理问题、环保部门工作推进与工作作风问题、环境监管部门环境数据虚报瞒报等范围。

具体而言,各级政府负有生态环境和资源保护监管职责的工作部门要主动作为,发现有规定的追责情形的,必须按照职责依法对生态环境和资源损害问题进行调查,在根据调查结果依法作出行政处罚决定或者其他处理决定的同时,对相关党政领导干部应负责任和处理提出建议,按照干部管理权限将有关材料及时移送纪检监察机关或者组织(人事)部门。需要追究党纪政纪责任的,由纪检监察机关按照有关规定办理;需要给予诫勉、责令公开道歉和组织处理的,由组织(人事)部门按照有关规定办理。负有生态环境和资源保护监管职责的工作部门、纪检监察机关、组织(人事)部门应当建立健全生态环境和资源损害责任追究的沟通协作机制。司法机关在生态环境和资源损害等案件处理过程中发现有本办法规定的追责情形的,应当向有关纪检监察机关或者组织(人事)部门提出处理建议。①

二是生态责任的调查认定程序。责任追究决定机关根据环境事件或问题所涉及的相对人员管理权限对其开展详细调查,然后由责任追究决定机关领导班子进行集体讨论,整合认定责任追究对象的归属,从而保证责任认定的正确性和科学性。

三是生态问责决定程序。启动纪检、监察、组织和人事协调机制,对环境问责调查结果与问责对象责任归属状况进行再次审查认定,保障责任认定的正确公正。同时,要建立生态问责结果公示程序,负责作出责任追究决定的机关和部门,一般应当将责任追究决定向社会公开,将问责处理结果在政府网站、各大新闻媒体予以公开,接受社会监督评议。

四是责任追究的回应程序。要启动完善纪检、监察、组织和人事责任追究处理协调机制,会商探讨整合处理意见,并将生态问责结果交由问责对象查阅,听取申辩意见,在法定规定时间内可对处理结果提出异议,必要时启动抗辩申诉与救济机制,避免重大失误的发生,确保责任追究的公正性。

五是追究的申诉程序。有权力,就必须有救济,调查结果要与追究对象本人见面并听取其陈述申辩,并且可以依法在规定时期内提出异议,再进行处理。②《党政领导干部生态环境损害责任追究办法(试行)》第十四条规定:"受到责任追究的人员对责任追究决定不服的,可以向作出责任追究决定的机关和部门提出书面申诉。作出责任追究决定的机关和部门应当依据有关规定受理并作出处理。申诉期间,不停止责任追究决定的执行。"责任追究决定被撤销的,应当恢复被追究人员原有待遇,不影响评优评先和提拔重用,因责任追究造成工资福利损失的,应当依法给予补偿,并在适当范围内为被追究人员恢复名誉。要进一步完善《中华人民共和国行政诉讼法》《中华人民共和国

---

① 参见《党政领导干部生态环境损害责任追究办法(试行)》第十一条。
② 卢智增:《欠发达地区义务教育问责制度重构研究》,《教育理论与实践》2013 年第14 期。

国家赔偿法》等法律,制定合理可行的官员问责救济制度,实现对问责客体的救济,进而实现生态问责的公正性和合法性,使被问责官员的利益有了更切实的保障。

另外,为了强化追责者的责任,确保对生态环境损害行为"零容忍",我们要设置对启动和实施主体的追责条款。政府负有生态环境和资源保护监管职责的工作部门、纪检监察机关、组织(人事)部门对发现本办法规定的追责情形应当调查而未调查,应当移送而未移送,应当追责而未追责的,追究有关责任人员的责任。

当然,综合考察各地方的生态问责程序办法,发现各个地方的问责程序之间存在差异,出现一些问题,如在生态问责程序启动环节的启动主体、调查环节的调查时限、救济环节的救济时限等存在较大的差异,缺乏统一性。各地方的生态问责程序之间存在的差异,给生态问责的实践带来诸多困难,也影响了生态问责的效率。而且当前我国生态问责程序的内容规定还不够明确、全面、规范,可操作性和透明度还有待进一步提高。因此,针对生态问责程序不统一的问题,我们应构建全国统一的生态问责程序法,规范生态问责程序。这样,就能实现问责程序的法制化、规范化,使生态问责过程真正做到"有法可依",实现法律面前人人平等,保证问责结果公平公正。

结　语

随着社会主义市场经济体制的进一步完善和美丽中国建设的快速发展，生态文明建设作为我国"五位一体"总体布局的重要组成部分，也如火如荼地推进，建设生态文明，不仅成为公众的热切期待，而且也是政府的政治承诺。而构建一套操作性和实践性强的生态问责机制，以系统的制度形式和组织设计，约束政府及其环保部门、公务员的环境行政行为，促使其忠实履行法定义务，承担相应职责，则是建设责任政府、生态型政府的重要途径，是实现依法行政、实现生态文明的重要举措，也是实现国家治理体系和治理能力现代化的重要表现。

党的十九届四中全会第一次系统描绘了中国特色社会主义制度的"图谱"，而坚持和完善生态文明制度体系成为其重要组成部分。全会对生态文明建设和生态环境保护提出了新的更高要求，进一步明确了生态文明建设和生态环境保护最需要坚持与落实的制度、最需要建立与完善的制度，为加快健全以生态环境治理体系和治理能力现代化为保障的生态文明制度体系，提供了行动指南和根本遵循。

当前西部地区生态文明建设和生态环境保护领域遇到的一些问题、矛盾，必须依靠制度的改革创新来解决。为了更好地推进西部地区生态文明建设，把中国特色社会主义制度优势转化为治理效能，我们要结合我国国情和西部地区的实际情况,结合市场经济的发展,从制度建设入手,综合人大、司法、政党、媒体、公民、社会组织等生态问责主体力量,强化权力机关问责,完善司法机关问责,加强党委问责,加强党际监督,深化媒体问责,促进社会问责,建立健全环境审计问责,优化环保督察制度,推行环境绩效问责机制,构建以政府生态责任为导向,既合乎问责的一般规律又合乎中国逻辑,具有西部地区特色的系统完备、科学规范、运行有效的政府生态责任追究机制,化解西部地区生态文明建设的实践困境。

为了提高西部地区政府生态责任追究机制的实效性,我们还要积极探索生态问责的配套改革措施,通过加强公务员政治素养、强化生态问责嵌入、扩大环境信息公开、完善政府生态补偿、规范生态问责程序等,使西部地区政府生态责任追究机制更加具有针对性和现实可操作性。

总之,创新西部地区政府生态责任追究机制,是一个重大而崭新的课题,需要我们在实践中不断探索、不断总结、不断完善。我们相信,随着"四个全面"的逐渐推进,生态问责领域和范围将不断拓展,生态问责主体之间将形成问责合力,政府生态责任追究机制将更科学、更有效,将有力推动西部地区地方政府科学执政、民主执政、依法执政,加强西部地区系统治理、依法治理、综合治理、源头治理,加快推进西部地区生态环境治理体系和治理能力现代化,为推动高质量发展和高水平保护,实现西部地区生态文明永续发展,建设美丽中国奠定更加坚实的基础。

参 考 文 献

一、著 作 类

［1］马戎编著：《民族社会学——社会学的族群关系研究》，北京大学出版社 2004 年版。

［2］文传浩、马文斌、左金隆等：《西部民族地区生态文明建设模式研究》，科学出版社 2013 年版。

［3］李俊清：《中国民族自治地方公共管理导论》，北京大学出版社 2008 年版。

［4］任勇、冯东方、俞海等：《中国生态补偿理论与政策框架设计》，中国环境科学出版社 2008 年版。

［5］包智明、任国英主编：《内蒙古生态移民研究》，中央民族大学出版社 2011 年版。

［6］李浩淼编著：《西部地区生态文明建设与经济发展关系研究》，西南财经大学出版社 2013 年版。

［7］李彦、宋才发：《民族地区退耕还林（草）及其法律保障研究》，中央民族大学出版社 2006 年版。

［8］李妙然：《西部民族地区环境保护非政府组织研究：基于治理理论的视角》，中国社会科学出版社 2011 年版。

［9］邓正来主编：《布莱克维尔政治学百科全书》，中国政法大学出版社 1992 年版。

［10］张清宇、秦玉才、田伟利：《西部地区生态文明指标体系研究》，浙江大学出版社 2011 年版。

［11］雷振扬、朴永日主编：《中国民族自治地方发展评估报告》，民族出版社 2006 年版。

［12］周世中主编：《民族法制论》，广西师范大学出版社 2015 年版。

［13］李长亮：《西部地区生态补偿机制构建研究》，中国社会科学出版社 2013 年版。

［14］蔡绍洪等：《西部生态脆弱地区绿色增长极的构建——基于循环产业集群模式的研究》，人民出版社 2015 年版。

［15］孔凡斌：《中国生态补偿机制理论、实践与政策设计》，中国环境科学出版社 2010 年版。

［16］陈祖海：《西部生态补偿机制研究》，民族出版社 2008 年版。

［17］中国 21 世纪议程管理中心可持续发展战略研究组：《生态补偿：国际经验与中国实践》，社会科学文献出版社 2007 年版。

［18］项继权、李敏杰、罗峰：《中外廉政制度比较》，商务印书馆 2015 年版。

［19］张丽君：《中国西部民族地区生态城市发展模式研究》，中国经济出版社 2016 年版。

［20］中国生态补偿机制与政策研究课题组编著：《中国生态补偿机制与政策研究》，科学出版社 2007 年版。

［21］邓集文：《中国政府公共信息服务问责制改革研究》，知识产权出版社 2012 年版。

［22］方兵、彭志光：《生态移民——西部脱贫与生态环境保护新思路》，广西人民出版社 2002 年版。

［23］韩志明：《中国问责：十年风雨路》，新华出版社 2013 年版。

［24］谢丽霜：《西部生态环境建设的投融资机制——主体维度分析》，中央民族大学出版社 2006 年版。

［25］俞可平主编：《治理与善治》，社会科学文献出版社 2000 年版。

［26］肖建华：《生态环境政策工具的治道变革》，知识产权出版社 2010 年版。

［27］康慕谊、董世魁、秦艳红：《西部生态建设与生态补偿——目标　行动　问题　对策》，中国环境科学出版社 2005 年版。

［28］张雪梅：《西部地区产业生态化提升体系研究》，经济科学出版社 2017 年版。

［29］监察部法规司编译：《国外监察法律法规选编》，中国方正出版社 2004 年版。

［30］李康：《环境政策学》，清华大学出版社 2000 年版。

［31］侯志山编著：《外国行政监督制度与著名反腐机构》，北京大学出版社 2004

年版。

［32］世界银行专家组：《公共部门的社会问责：理念探讨及模式分析》，宋涛译校，中国人民大学出版社 2007 年版。

［33］乔世明：《少数民族地区生态环境法制建设研究》，中央民族大学出版社 2009 年版。

［34］娄胜霞：《西部地区生态文明建设中的保护与治理》，中国社会科学出版社 2016 年版。

［35］余谋昌：《生态哲学》，陕西人民教育出版社 2000 年版。

［36］曹荣光、胡峰、黄河：《中国西部地区能源产业发展研究》，中国经济出版社 2016 年版。

［37］杨玉珍：《中西部地区生态—环境—经济—社会耦合系统协同发展研究》，中国社会科学出版社 2014 年版。

［38］王兆峰：《民族地区旅游扶贫研究》，中国社会科学出版社 2011 年版。

［39］国家民族事务委员会编：《中国共产党关于民族问题的基本观点和政策》，民族出版社 2002 年版。

［40］马丽：《环境规制对西部地区资源型产业竞争力影响研究》，经济科学出版社 2017 年版。

［41］何怀宏主编：《生态伦理：精神资源与哲学基础》，河北大学出版社 2002 年版。

［42］杨通进、高予远编：《现代文明的生态转向》，重庆出版社 2007 年版。

［43］雷毅：《深层生态学思想研究》，清华大学出版社 2001 年版。

［44］本书编写组编：《国外公务员惩戒规定精编》，中国方正出版社 2007 年版。

［45］应松年主编：《当代中国行政法》（上、下卷），中国方正出版社 2005 年版。

［46］叶平：《回归自然——新世纪的生态伦理》，福建人民出版社 2004 年版。

［47］洪冬星：《草原生态建设补偿机制——基于中国西部地区的研究》，经济管理出版社 2012 年版。

［48］曹孟勤：《人性与自然：生态伦理哲学基础反思》，南京师范大学出版社 2004 年版。

［49］蒙培元：《人与自然——中国哲学生态观》，人民出版社 2004 年版。

［50］［美］丽莎·乔丹、［荷兰］彼得·范·图埃尔主编：《非政府组织问责：政治、原则与创新》，康晓光等译，中国人民大学出版社 2008 年版。

［51］［美］莱斯特·R.布朗：《生态经济》，林自新等译，东方出版社 2002 年版。

［52］［美］特里·L.库珀：《行政伦理学：实现行政责任的途径》，张秀琴译，中国人

民大学出版社 2010 年版。

[53]经济合作与发展组织:《分散化的公共治理——代理机构、权力主体和其他政府实体》,国家发展和改革委员会事业单位改革研究课题组译,中信出版社 2004 年版。

[54][美]乔治·弗雷德里克森:《公共行政的精神》,张成福等译,中国人民大学出版社 2003 年版。

[55][英]克莱夫·庞廷:《绿色世界史——环境与伟大文明的衰落》,王毅、张学广译,上海人民出版社 2002 年版。

[56][美]戴斯·贾丁斯:《环境伦理学》,林官明、杨爱民译,北京大学出版社 2002 年版。

[57][美]霍尔姆斯·罗尔斯顿:《环境伦理学》,杨通进译,中国社会科学出版社 2000 年版。

[58][美]戴维·B.马格莱比、保罗·C.莱特:《民治政府:美国政府与政治》(第 23 版·中国版),吴爱明、夏宏图编译,中国人民大学出版社 2014 年版。

[59][德]汉斯·萨克塞:《生态哲学》,文韬、佩云译,东方出版社 1991 年版。

[60][法]塞尔日·莫斯科维奇:《还自然之魅:对生态运动的思考》,庄晨燕、邱寅晨译,生活·读书·新知三联书店 2005 年版。

[61][美]罗德里克·弗雷泽·纳什:《大自然的权利:环境伦理学史》,杨通进译,青岛出版社 2005 年版。

[62][美]麦克尔·巴泽雷:《突破官僚制——政府管理的新愿景》,孔宪遂、王磊、刘忠慧译,中国人民大学出版社 2002 年版。

[63][法]卢梭:《社会契约论》,何兆武译,商务印书馆 1980 年版。

[64][美]查尔斯·J.福克斯、休·T.米勒:《后现代公共行政——话语指向》,楚艳红、曹沁颖、吴巧林译,中国人民大学出版社 2002 年版。

[65][巴西]何塞·卢岑贝格:《自然不可改良》,黄凤祝译,生活·读书·新知三联书店 1999 年版。

[66][美]詹姆斯·W.费斯勒、唐纳德·F.凯特尔:《行政过程的政治——公共行政学新论》,陈振明、朱芳芳等译校,中国人民大学出版社 2002 年版。

[67][英]弗里德里希·奥古斯特·冯·哈耶克:《通往奴役之路》(修订版),王明毅、冯兴元等译,中国社会科学出版社 2013 年版。

[68][美]小威廉·T.格姆雷、斯蒂芬·J.巴拉:《官僚机构与民主——责任与绩效》,俞沂暄译,复旦大学出版社 2007 年版。

[69][美]唐纳德·沃斯特:《自然的经济体系——生态思想史》,侯文蕙译,商务

印书馆 1999 年版。

[70][美]乔万尼·萨托利:《民主新论》,冯克利、阎克文译,上海人民出版社 2009 年版。

[71][美]罗伯特·D.帕特南:《使民主运转起来:现代意大利的公民传统》,王列、赖海榕译,中国人民大学出版社 2015 年版。

[72][美]珍妮特·V.登哈特、罗伯特·B.登哈特:《新公共服务:服务,而不是掌舵》,丁煌译,中国人民大学出版社 2014 年版。

[73][美]B.盖伊·彼得斯:《政府未来的治理模式》,吴爱明、夏宏图译,中国人民大学出版社 2014 年版。

[74][美]理查德·C.博克斯:《公民治理:引领 21 世纪的美国社区》(中文修订版),孙柏瑛等译,中国人民大学出版社 2013 年版。

[75][美]约翰·克莱顿·托马斯:《公共决策中的公民参与》,孙柏瑛等译,中国人民大学出版社 2010 年版。

[76][美]约翰·罗尔斯:《正义论》,何怀宏、何包钢、廖申白译,中国社会科学出版社 1988 年版。

[77][美]约翰·罗尔斯:《作为公平的正义——正义新论》,姚大志译,上海三联书店 2002 年版。

[78][德]罗伯特·米歇尔斯:《寡头统治铁律——现代民主制度中的政党社会学》,任军锋等译,天津人民出版社 2003 年版。

二、论 文 类

[1]谢秋凌:《试论民族地区建立"环境侵权责任社会分担机制"的必要性》,《云南民族大学学报(哲学社会科学版)》2012 年第 2 期。

[2]刘少华、陈荣昌:《新时代环境问责的法治困境与制度完善》,《青海社会科学》2019 年第 4 期。

[3]谢中起、龙翠翠、刘继为:《特质与结构:环境问责机制的理论探究》,《生态经济》2015 年第 5 期。

[4]吴越、唐薇:《政府环境责任的规则变迁及深层法律规制问题研究——基于新〈环境保护法〉和宪法保护的双重视角》,《社会科学研究》2015 年第 2 期。

[5]杨朝霞、张晓宁:《论我国政府环境问责的乱象及其应对——写在新〈环境保

护法〉实施之初》，《吉首大学学报（社会科学版）》2015 年第 4 期。

[6]周霞、李永安：《论政府环境责任及其体系之完善》，《延边党校学报》2010 年第 4 期。

[7]叶彩虹、吴学兵：《生态文明制度视阈中的政府生态问责制探析》，《长春理工大学学报（社会科学版）》2014 年第 10 期。

[8]许继芳：《政府环境责任缺失与多元问责机制建构》，《行政论坛》2010 年第 3 期。

[9]司林波、徐芳芳、刘小青：《生态问责制之国际比较——基于英、美、德、法、加、中的生态问责制》，《贵州省党校学报》2016 年第 3 期。

[10]胡洪彬：《生态问责制的"中国道路"：过去、现在与未来》，《青海社会科学》2016 年第 6 期。

[11]仲亚东：《生态文明建设中的政府责任：政治责任与行政责任》，《吉首大学学报（社会科学版）》2015 年第 5 期。

[12]张为杰、郑尚植：《公共选择视角下中国地方政府竞争与环境规制政策执行机制》，《当代经济管理》2015 年第 6 期。

[13]丁长琴：《我国行政异体问责的现状及制度重构》，《国家行政学院学报》2012 年第 1 期。

[14]王树义、周迪：《生态文明建设与环境法治》，《中国高校社会科学》2014 年第 2 期。

[15]谢海波：《论我国环境法治实现之路径选择——以正当行政程序为重心》，《法学论坛》2014 年第 3 期。

[16]韩志明：《制度的虚置与行动者的缺席——基于同体问责与异体问责问题的分析》，《天津社会科学》2011 年第 4 期。

[17]李爱年、陈颖：《我国环境保护监督管理体制的现状及完善对策》，《环境保护》2013 年第 23 期。

[18]付华辉：《环境问责："离任审计"和"终身追究"如何落地》，《上海科技报》2013 年 12 月 4 日。

[19]司林波、刘小青：《加拿大生态问责制述评》，《重庆社会科学》2015 年第 9 期。

[20]竺效：《论中国环境法基本原则的立法发展与再发展》，《华东政法大学学报》2014 年第 3 期。

[21]李明辉、张艳、张娟：《国外环境审计研究述评》，《审计与经济研究》2011 年第 4 期。

［22］王树义、周迪:《论法国环境立法模式的新发展——以法国〈综合环境政策与协商法〉的制定为例》,《法制与社会发展》2015 年第 2 期。

［23］孔祥利、郭春华:《试论异体多元行政问责制的价值理念及其建构》,《陕西师范大学学报(哲学社会科学版)》2008 年第 4 期。

［24］李醒:《加拿大环境影响评价程序及对我国的启示》,《比较法研究》2013 年第 5 期。

［25］任恒:《我国环境问责制度建设中的"党政同责"理念探析》,《北京工业大学学报(社会科学版)》2018 年第 2 期。

［26］韩志明:《公民问责:概念建构、机制缺失和治理途径》,《探索》2010 年第 1 期。

［27］岳建华、骆武山:《以环保督查促使环保法律法规和国家决策部署落地生根》,《环境保护》2016 年第 7 期。

［28］万寿义、刘正阳:《制度安排、环境信息披露与市场反应——基于监管机构相关规定颁布的经验研究》,《理论学刊》2011 年第 11 期。

［29］谷茵:《公民问责与责任政府的构建》,《学术探索》2012 年第 3 期。

［30］周亚越:《网络问责:公民问责的范式转换与价值考量》,《江汉论坛》2012 年第 1 期。

［31］肖强、王海龙:《环境影响评价公众参与的现行法制度设计评析》,《法学杂志》2015 年第 12 期。

［32］伍洪杏:《公民问责的理论基础与制度构架》,《吉首大学学报(社会科学版)》2011 年第 2 期。

［33］尚宏博:《论我国环保督查制度的完善》,《中国人口·资源与环境》2014 年第 S1 期。

［34］张忠民:《环境司法专门化发展的实证检视:以环境审判机构和环境审判机制为中心》,《中国法学》2016 年第 6 期。

［35］陈海嵩:《环保督察制度法治化:定位、困境及其出路》,《法学评论》2017 年第 3 期。

［36］葛察忠、翁智雄、赵学涛:《环境保护督察巡视:党政同责的顶层制度》,《中国环境管理》2016 年第 1 期。

［37］刘春才:《生态环境治理专项资金审计监督机制构建》,《财会通讯》2018 年第 13 期。

［38］张成福:《责任政府论》,《中国人民大学学报》2000 年第 2 期。

[39]韩兆坤:《我国区域环保督查制度体系、困境及解决路径》,《江西社会科学》2016年第5期。

[40]葛察忠、翁智雄、李红祥:《环保督政约谈机制分析:以安阳市为例》,《中国环境管理》2015年第4期。

[41]方印:《我国区域环保督查中心论》,《甘肃政法学院学报》2016年第3期。

[42]张维炜:《人大监督护佑美丽生态——张德江委员长率队检查固体废物污染环境防治法实施情况》,《中国人大》2017年第20期。

[43]胡志英:《试析环境保护下的公众参与》,《资源节约与环保》2017年第3期。

[44]翁智雄、葛察忠、王金南:《环境保护督察:推动建立环保长效机制》,《环境保护》2016年第Z1期。

[45]周丽峰:《〈新闻追问〉:追出媒体问政新模式》,《新闻战线》2013年第7期。

[46]黄冬娅:《以公共参与推动社会问责:发展中国家的实践经验》,《政治学研究》2012年第6期。

[47]汪利锬:《社会问责与公共信息供给:理论与启示》,《上海财经大学学报(哲学社会科学版)》2011年第3期。

[48]胡志斌:《域外司法问责制度的考察与启示——以美国、加拿大、澳大利亚、德国、法国、日本为样本》,《湖南警察学院学报》2014年第1期。

[49]高国舫:《完善党政干部司法问责的三个关键问题》,《理论探讨》2014年第3期。

[50]叶肖华、颜翔:《域外司法问责研究——以主体、事由与程序为中心的考察》,《安徽农业大学学报(社会科学版)》2014年第5期。

[51]谭世贵:《试论构建新的司法问责制度》,《中国司法》2014年第9期。

[52]康建辉、李秦蕾:《论我国政府环境问责制的完善》,《环境与可持续发展》2010年第4期。

[53]汤艳春:《为什么要人大问责——以食品安全问责为例》,《人大研究》2013年第5期。

[54]雷俊生:《试论国家治理视角下的审计问责边界》,《现代财经(天津财经大学学报)》2012年第8期。

[55]孙洪波:《审计问责制的实践路径》,《税务与经济》2014年第1期。

[56]丁宇峰、孟翠湖:《我国审计问责制度的实施现状及完善》,《学海》2014年第4期。

[57]颜海娜、聂勇浩:《基层公务员绩效问责的困境——基于"街头官僚"理论的

分析》,《中国行政管理》2013 年第 8 期。

[58]徐元善、楚德江:《绩效问责:行政问责制的新发展》,《中国行政管理》2007 年第 11 期。

[59]阎波、吴建南:《绩效问责与乡镇政府回应行为——基于 Y 乡案例的分析》,《江苏行政学院学报》2012 年第 2 期。

[60]曾旗、王冠:《民族地区矿产资源开发企业的环境责任研究》,《贵州民族研究》2016 年第 3 期。

[61]阎波、吴建南:《目标责任制下的绩效问责与印象管理——以乡镇政府领导为例的分析》,《中州学刊》2013 年第 12 期。

[62]孙发锋:《绩效问责:行政效能建设的重要抓手》,《领导科学》2011 年第 8 期。

[63]韩建霞:《生态环境保护检察监督机制创新思考》,《人民检察》2015 年第 19 期。

[64]李洪佳:《生态文明建设的多中心治理模式——制度供给、可信承诺和监督》,《内蒙古大学学报(哲学社会科学版)》2016 年第 1 期。

[65]马志娟、梁思源:《大数据背景下政府环境责任审计监督全覆盖的路径研究》,《审计研究》2015 年第 5 期。

[66]高志宏:《我国行政问责制的现实困境、路径选择与制度重构》,《东北大学学报(社会科学版)》2010 年第 3 期。

[67]周联兵:《论我国行政问责制建设:成绩、问题与对策》,《理论月刊》2010 年第 4 期。

[68]张磊:《中国领导干部问责制度发展研究》,《中共福建省委党校学报》2010 年第 2 期。

[69]姜晓萍:《行政问责的体系构建与制度保障》,《政治学研究》2007 年第 3 期。

[70]辛桂香、王娅:《生态文明城市建设领域中的法律监督机制研究》,《人民论坛》2016 年第 11 期。

[71]张晓磊:《我国行政政治问责的问题与对策》,《中国行政管理》2010 年第 1 期。

[72]重庆环保世纪行组委会:《强化监督问效　助推重庆生态文明建设——重庆环保世纪行 2015 年工作纪实》,《环境保护》2016 年第 9 期。

[73]辛庆玲:《生态文明背景下政府环境责任审计与问责路径的现状分析》,《青海师范大学学报(哲学社会科学版)》2019 年第 4 期。

[74]姜国俊、罗凯方:《中国环境问责制度的嬗变特征与演进逻辑——基于政策文

本的分析》,《行政论坛》2019 年第 1 期。

[75]翟新明:《地方政府生态责任解析》,《陕西理工学院学报(社会科学版)》2013 年第 3 期。

[76]梁忠:《从问责政府到党政同责——中国环境问责的演变与反思》,《中国矿业大学学报(社会科学版)》2018 年第 1 期。

[77]刘海霞、胡晓燕:《我国生态问责制运行的困境与对策》,《中南林业科技大学学报(社会科学版)》2019 年第 1 期。

[78]柴茂:《健全生态环境绩效评价与问责机制》,《中国社会科学报》2018 年 12 月 26 日。

[79]郑培华:《强化监督执纪问责 推动生态环保工作》,《中国环境报》2019 年 1 月 17 日。

三、外 文 类

[1]Thanh Nguyet,Phan,Kevin Baird,"The Comprehensiveness of Environmental Management Systems:The Influence of Institutional Pressures and the Impact on Environmental Performance",*Journal of Environmental Management*,2015(160).

[2]David Held,Mathais Koening-Archibugi,*Global Governance and Public Accountability*,Oxford:Blackwell Publishing,2005.

[3]Roger Burritt,Stephen Welch,"Accountability for Environ-mental Performance of the Australian Commonwealth Publicsector",*Accounting,Auditing & Accountability Journal*,1997(4).

[4]Sumit Lodhia,Kerry Jacobs,Yoon Jin Park,"Driving Public Sector Environmental Reporting:The Disclosure Practices of Australian Commonwealth Departments",*Public Management Review*,2012,14(5).

[5]John P. Burke,*Bureaucratic Responsibility*,Baltimore:Johns Hopkins University Press,1986.

[6]Robert Pyper,*Aspects of Accountability in the British System of Government*,London:Tudor Business Publishing,1996.

[7]Jing Wu,I-Shin Chang,Qimanguli Yilihamua,et al.,"Study on the Practice of Public Participation in Environmental Impact Assessment by Environmental Non-

governmental Organizations in China", *Renewable and Sustainable Energy Reviews*, 2017 (74).

[8] William R.Sheate, *Purposes, Paradigms and Pressure Groups: Accountability and Sustainability in EU Environmental Assessment, 1985−2010, Environmental Impact Assessment Review*, 2012.

[9] Finer S.E., "The Individual Responsibility of Ministers", *Public Administration*, Vol. 24(1956).

[10] William C.Johnson, *Public Administration(Third Edition)*, Long Grove: Waveland Press, 2004.

[11] Daintith T., Page A., *The Executive in The Constitution: Structure, Autonomy and Internal Control*, Oxford: Oxford University Press, 1999.

[12] Michael Mason, "Transnational Environmental Obligations: Locating New Spaces of Accountability in a Post-Westphalian Global Order", *Transactions of the Institute of British Geographers*, 2001, 26(4).

[13] John Alder, *General Principles of Constitutional and Administrative Law(Fourth Edition)*, London: Palgrave Macmillan, 2002.

[14] Stewart J., *The Rebuilding of Public Accountability*, London: European Policy Forum, 1992.

[15] Jay V.Denhardt, Robert B.Dehardt, *The New Public Service: Serving, not Steering*, New York: M.E.Sharpe, 2003.

[16] Jessica Nihlen Fahlquist, "Moral Responsibility for Environmental Problems-Individual or Institutional", *Journal of Agricultural and Environmental Ethics*, 2009(2).

[17] Carol Harlow, "Law and Public Administration: Convergence and Symbiosis", *International Review of Administrative Science*, 2005, 71(2).

[18] Rosen, Bernard, *Holding Government Bureaucratic Accountable*, New York: Praeger, 1989.

[19] Stuart Weir, David Beetham, *Political Power and Democratic Control in Britain*, London: Routledge, 1999.

后　记

　　本书是在笔者的国家社科基金一般项目研究成果的基础上修改、整理而成的。

　　党的十八大首次提出建设"美丽中国"，首次把生态文明与经济、政治、文化、社会等并列为建设中国特色社会主义"五位一体"总体布局之一，要求"把生态文明建设放在突出地位"，将"中国共产党领导人民建设社会主义生态文明"写入党章，作为行动纲领，从而掀起了生态文明研究的高潮，这无疑凸显了政府生态责任的价值。党的十九大报告进一步指出，开展生态文明建设必须加快生态文明体制改革，着力解决突出环境问题，改革生态环境监管体制，建设美丽中国。党的十九届四中全会通过的《中共中央关于坚持和完善中国特色社会主义制度、推进国家治理体系和治理能力现代化若干重大问题的决定》明确提出，要坚持和完善生态文明制度体系，实行最严格的生态环境保护制度，严明生态环境保护责任制度，促进人与自然和谐共生。西部地区地处我国的江河源区及其上游地区，对其他地区的生态环境和经济发展有着极大的跨区域性负面外部性影响。因此，为了更好地推进西部地区生态文明建设，把中国特色社会主义制度优势转化为治理效能，本书结合我国国情和西部地区的实际情况，结合市场经济的发展，从制度建设入手，综合人大、司法、政党、媒体、公民、社会组织等生态问责主体力量，构建了以政府生态责任为导向，既合乎问责的一般规律又合乎中国逻辑,具有西部地区特色的系统完备、科学规范、运行有效的政府生态责任追究机制,为加快健全以生态环境治理体系和治理能力现代化为保障的生态文明制度体系,提供了行动指南和根本遵循。

"谁言寸草心,报得三春晖。"本书能够正式出版,离不开家人的大力支持和默默付出。所以,我要特别感谢我的家人,没有家人的默默付出,就没有我今天的成绩。我要感谢我年迈的父母和岳父母,是他们给了我精神上的支持,给了我成长的动力,给了我前进的方向。我要感谢我的妻子,是她在家不辞辛劳,养育小孩,使我能够集中精力学习和工作。我要感谢我的三个可爱的儿子,是他们的可爱激发了我的灵感和创作的激情,给了我奋斗的动力。

此外,我还要感谢桂林理工大学及桂林理工大学公共管理与传媒学院的领导和老师们,尤其是公共管理与传媒学院行政管理教研室的团结合作和蓬勃向上的精神给了我创作本书的动力。如果没有桂林理工大学公共管理一流培育学科建设基金的资助,本书也难以付梓。

"路曼曼其修远兮,吾将上下而求索。"本人虽竭尽心智,不断修改,但囿于水平有限,书中仍有一些纰漏,恳望专家学者和广大读者批评指正,有利于本书今后进一步修改、研究和完善。

卢智增

2019 年 12 月于桂林

责任编辑：王彦波
封面设计：石笑梦
封面制作：姚　菲
版式设计：胡欣欣

图书在版编目（CIP）数据

西部地区生态问责研究/卢智增 著. —北京：人民出版社，2022.1
ISBN 978－7－01－022531－9

Ⅰ.①西…　Ⅱ.①卢…　Ⅲ.①生态环境建设-责任制-研究-西部地区
Ⅳ.①X171.4

中国版本图书馆 CIP 数据核字（2020）第 189132 号

西部地区生态问责研究

XIBU DIQU SHENGTAI WENZE YANJIU

卢智增　著

人民出版社 出版发行
（100706　北京市东城区隆福寺街 99 号）

北京建宏印刷有限公司印刷　新华书店经销

2022 年 1 月第 1 版　2022 年 1 月北京第 1 次印刷
开本：710 毫米×1000 毫米 1/16　印张：19.75
字数：261 千字

ISBN 978－7－01－022531－9　定价：69.00 元

邮购地址 100706　北京市东城区隆福寺街 99 号
人民东方图书销售中心　电话（010）65250042　65289539